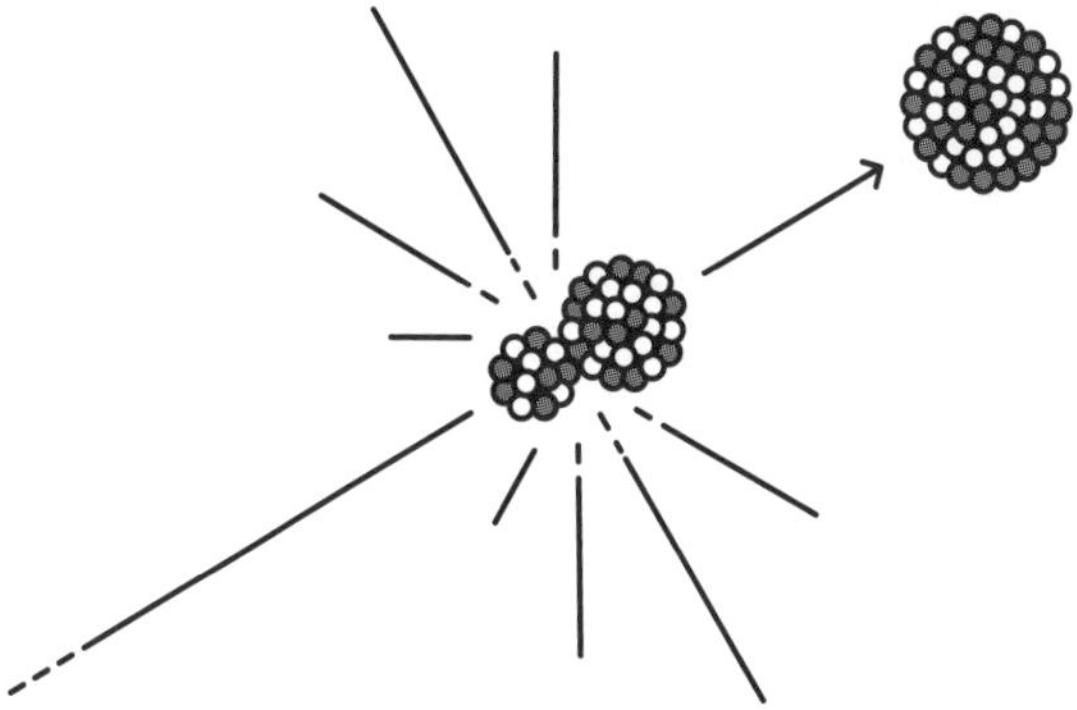

元素創造

93〜118番元素をつくった科学者たち

キット・チャップマン　渡辺 正〔訳〕

Superheavy

Making and Breaking the Periodic Table

Kit Chapman

白揚社

目次

はじめに　11
プロローグ　15

I　ウランの子たち

第1章　現代の錬金術　一七八七〜一九三八年……27
第2章　カリフォルニアの若者たち　一九三九〜四一年、93番・94番……47
第3章　原子爆弾と新元素　一九四一〜四三年、95番・96番……61
第4章　スーパーマン対ＦＢＩ　一九四五年、95番・96番……83
第5章　元素四つで大学名？　一九四六〜五一年、97番・98番……99
第6章　ある飛行兵の死　一九五二年、99番・100番……117
第7章　大統領とカブトムシ　一九五五年、101番……131

Ⅱ 超フェルミウム戦争

第8章 ノーベリウムか、ノービリービウムか ―一九五七年、102番…… 145
第9章 ソ連の参戦 ―一九五〇年代…… 153
第10章 東西対決 ―一九五九年～七〇年代、迷走の102～105番…… 167
第11章 長寿の島へ ―一九五〇～七〇年代…… 183
第12章 先端科学の鼓動 ―一九七〇～七五年、106番…… 201
第13章 ドイツの猛追 ―一九六九～八四年、107～109番…… 217
第14章 ルール変更 ―一九八〇～九一年、101～109番の出自…… 235
第15章 命名論争 ―一九九〇年代、101～109番の確定…… 247

Ⅲ 化学の果てへ

第16章 壁の崩壊 ―一九八九年～九〇年代、110～112番…… 267
第17章 元素詐欺 ―一九九九～二〇〇二年、幻の114～118番、本物の110～112番…… 277

第18章　米露の祝宴　一九九九〜二〇一二年、114番・116番　293
第19章　日いづる国のビーム　二〇一五年、113番　309
第20章　既知の終点　二〇一五年前後、117番・118番　329
第21章　未知の始まり　二〇一七年　343
エピローグ——元素ハンターたちのその後　353
謝辞　362
訳者あとがき　365
参考文献　375
索引　380

10	11	12	13	14	15	16	17	18
								2 He ヘリウム 4.0
			5 B ホウ素 10.8	6 C 炭素 12.0	7 N 窒素 14.0	8 O 酸素 16.0	9 F フッ素 19.0	10 Ne ネオン 20.2
			13 Al アルミニウム 27.0	14 Si ケイ素 28.1	15 P リン 31.0	16 S 硫黄 32.1	17 Cl 塩素 35.5	18 Ar アルゴン 40.0
28 Ni ニッケル 58.7	29 Cu 銅 63.5	30 Zn 亜鉛 65.4	31 Ga ガリウム 69.7	32 Ge ゲルマニウム 72.6	33 As ヒ素 74.9	34 Se セレン 79.0	35 Br 臭素 79.9	36 Kr クリプトン 83.8
46 Pd パラジウム 106.4	47 Ag 銀 107.9	48 Cd カドミウム 112.4	49 In インジウム 114.8	50 Sn スズ 118.7	51 Sb アンチモン 121.8	52 Te テルル 127.6	53 I ヨウ素 126.9	54 Xe キセノン 131.3
78 Pt 白金 195.1	79 Au 金 197.0	80 Hg 水銀 200.6	81 Tl タリウム 204.4	82 Pb 鉛 207.2	83 Bi ビスマス 209.0	84 Po ポロニウム (210)	85 At アスタチン (210)	86 Rn ラドン (222)
110 Ds ダームスタチウム (281)	111 Rg レントゲニウム (280)	112 Cn コペルニシウム (285)	113 Nh ニホニウム (278)	114 Fl フレロビウム (289)	115 Mc モスコビウム (289)	116 Lv リバモリウム (293)	117 Ts テネシン (293)	118 Og オガネソン (294)

64 Gd ガドリニウム 157.3	65 Tb テルビウム 158.9	66 Dy ジスプロシウム 162.5	67 Ho ホルミウム 164.9	68 Er エルビウム 167.3	69 Tm ツリウム 168.9	70 Yb イッテルビウム 173.0	71 Lu ルテチウム 175.0
96 Cm キュリウム (247)	97 Bk バークリウム (247)	98 Cf カリホルニウム (252)	99 Es アインスタイニウム (252)	100 Fm フェルミウム (257)	101 Md メンデレビウム (258)	102 No ノーベリウム (259)	103 Lr ローレンシウム (262)

元素周期表

原子番号 → 1
元素記号 ← H
元素名 → 水素
原子量 ← 1.0

周期↓ 族→	1	2	3	4	5	6	7	8	9
1	1 H 水素 1.0								
2	3 Li リチウム 6.9	4 Be ベリリウム 9.0							
3	11 Na ナトリウム 23.0	12 Mg マグネシウム 24.3							
4	19 K カリウム 39.1	20 Ca カルシウム 40.1	21 Sc スカンジウム 45.0	22 Ti チタン 47.9	23 V バナジウム 50.9	24 Cr クロム 52.0	25 Mn マンガン 54.9	26 Fe 鉄 55.8	27 Co コバルト 58.9
5	37 Rb ルビジウム 85.5	38 Sr ストロンチウム 87.6	39 Y イットリウム 88.9	40 Zr ジルコニウム 91.2	41 Nb ニオブ 92.9	42 Mo モリブデン 95.9	43 Tc テクネチウム (99)	44 Ru ルテニウム 101.1	45 Rh ロジウム 102.9
6	55 Cs セシウム 132.9	56 Ba バリウム 137.3	57 - 71 ランタノイド	72 Hf ハフニウム 178.5	73 Ta タンタル 180.9	74 W タングステン 183.8	75 Re レニウム 186.2	76 Os オスミウム 190.2	77 Ir イリジウム 192.2
7	87 Fr フランシウム (223)	88 Ra ラジウム (226)	89 - 103 アクチノイド	104 Rf ラザホージウム (267)	105 Db ドブニウム (268)	106 Sg シーボーギウム (271)	107 Bh ボーリウム (272)	108 Hs ハッシウム (277)	109 Mt マイトネリウム (276)

ランタノイド	57 La ランタン 138.9	58 Ce セリウム 140.1	59 Pr プラセオジム 140.9	60 Nd ネオジム 144.2	61 Pm プロメチウム (145)	62 Sm サマリウム 150.4	63 Eu ユウロピウム 152.0
アクチノイド	89 Ac アクチニウム (227)	90 Th トリウム 232.0	91 Pa プロトアクチニウム 231.0	92 U ウラン 238.0	93 Np ネプツニウム (237)	94 Pu プルトニウム (239)	95 Am アメリシウム (243)

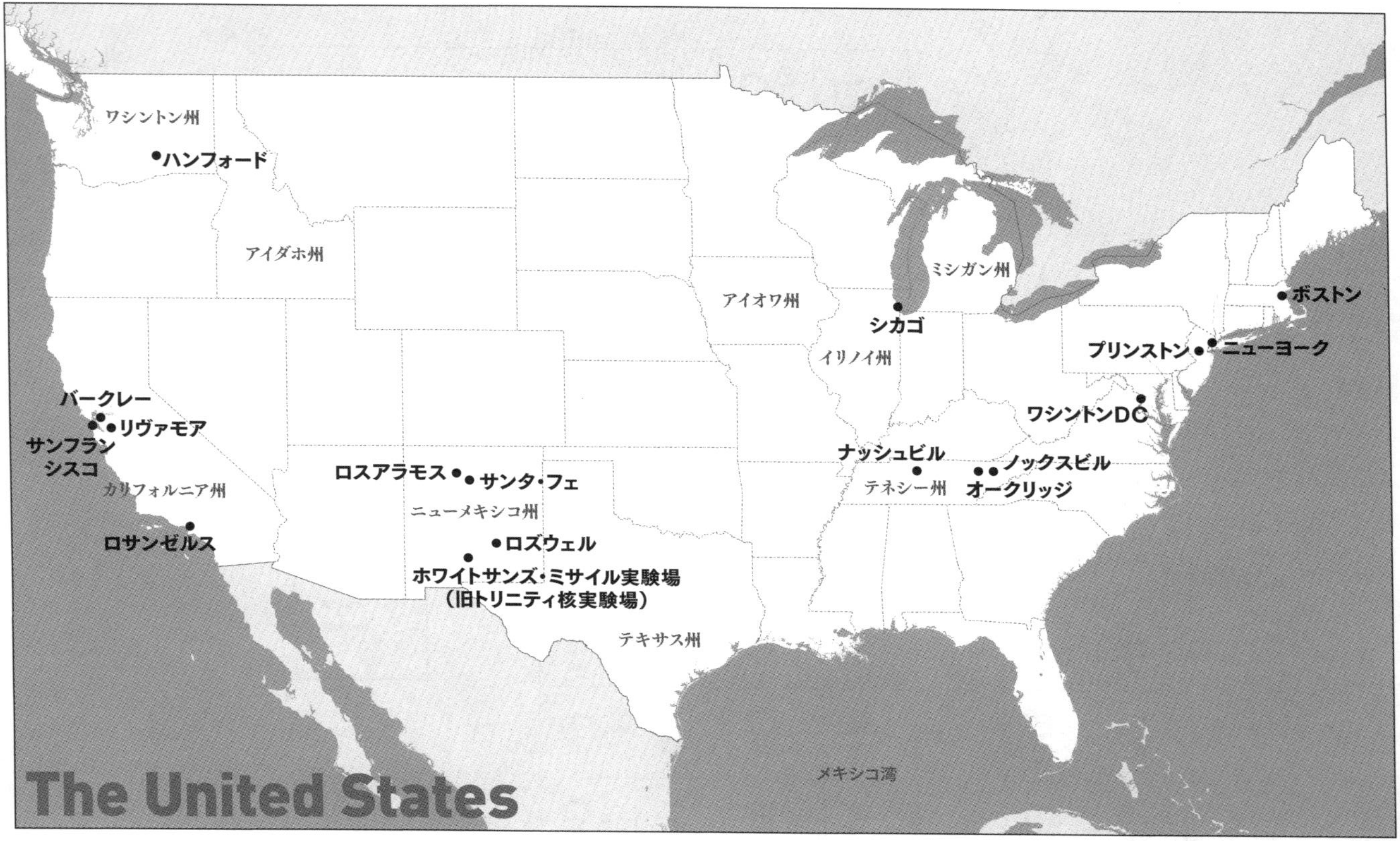
The United States
ワシントン州
ハンフォード
アイダホ州
バークレー
リヴァモア
サンフランシスコ
カリフォルニア州
ロサンゼルス
ロスアラモス
サンタ・フェ
ニューメキシコ州
ロズウェル
ホワイトサンズ・ミサイル実験場
（旧トリニティ核実験場）
テキサス州
アイオワ州
シカゴ
イリノイ州
ミシガン州
ナッシュビル
テネシー州
ノックスビル
オークリッジ
ワシントンDC
プリンストン
ニューヨーク
ボストン
メキシコ湾

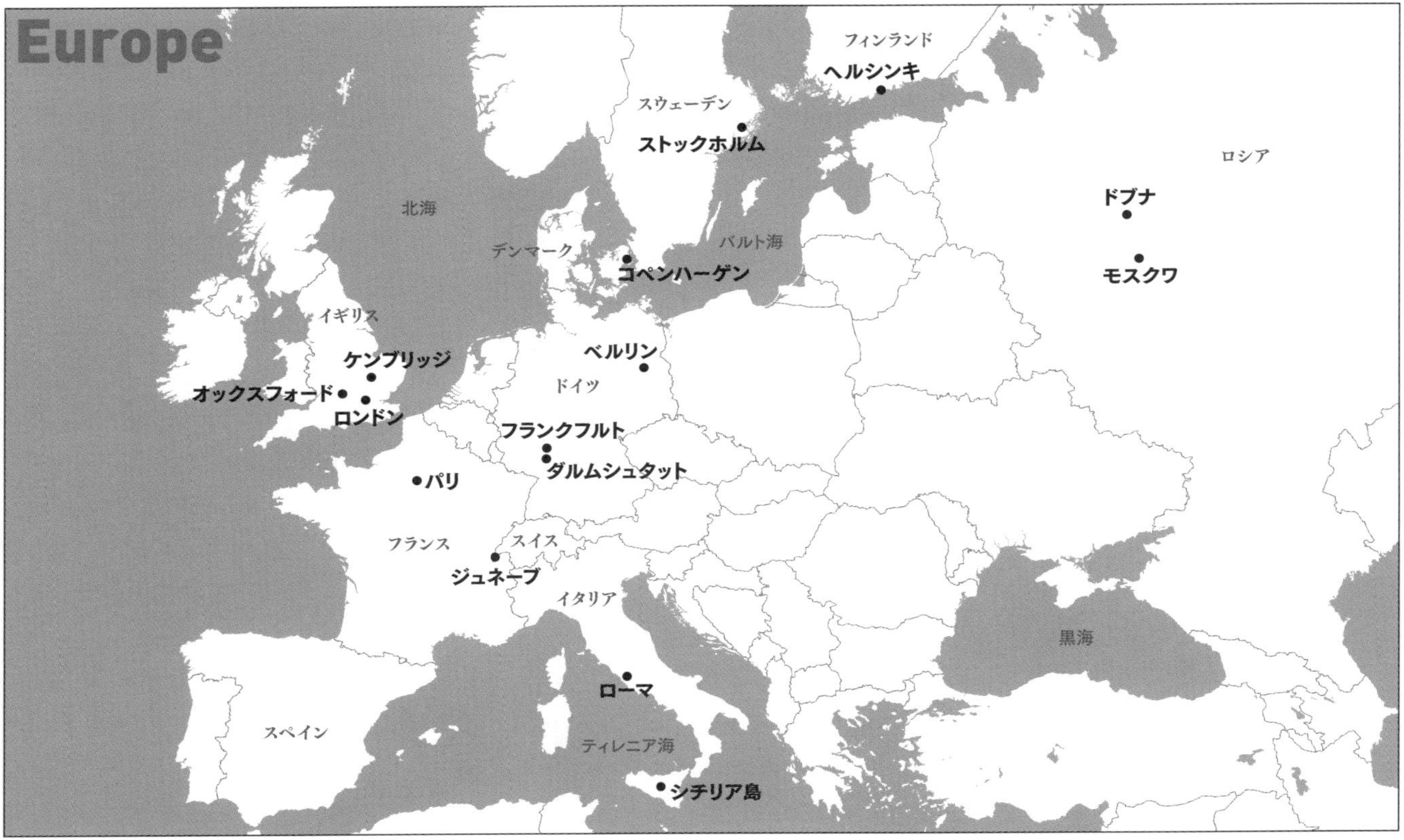
Europe
フィンランド
ヘルシンキ
スウェーデン
ストックホルム
ロシア
北海
ドブナ
バルト海
デンマーク
コペンハーゲン
モスクワ
イギリス
ベルリン
ケンブリッジ
ドイツ
オックスフォード
ロンドン
フランクフルト
ダルムシュタット
パリ
フランス
スイス
ジュネーブ
イタリア
黒海
ローマ
スペイン
ティレニア海
シチリア島

◉〔 〕で括った箇所は訳者による補足です。

はじめに

二〇一六年一月の某日、ラジオ番組のキャスターに、負ける喧嘩《けんか》を（心の中で）売ってしまった。出先でポッドキャストを聴いていたとき、「元素は全部でいくつ？」と訊《き》かれたBBCのサイモン・メイヨーが「一一八個だね」とあっさり返す。おいおい、ウソだろ……と思いきり顔をしかめたような気がする。

科学ジャーナリストを名乗る私も、周期表の底あたり、寿命が一秒を切るため「数に入れていいかどうか微妙な」元素のことはあやふやだった。でもたしか元素は一一四個だったような気が……112番まで完全に埋まり、飛び石ふうに114番と116番が名前をもつんじゃなかったか——帰宅後に調べてみたらそうだった。

じゃあ正解は一一四個だ。メイヨー氏のうっかりだろう。

けれど一週間後、新元素四つの名前がほぼ決まったと報道される。すると一一八個か。さっそく

「メイヨー氏は予知能力者？」とツイート。ほどなくご当人のコメントが来た。「だいぶ前から常識ですよ！」。そこで、次に何かあったら気の利いたことを言いたくて、元素のことを調べ始めた。三時間も調べてみると、おもしろい逸話だらけだとわかる。科学者ほぼ三世代分の期間に起きた元素の発見には、原子爆弾や暴風雨、スーパーマンと悪役、真夜中の爆走、戦闘機の遭難、粒子加速器などがからみ合っていた。新元素は核兵器や原発、がんの治療法、煙探知機を生み、なんとケンタッキーフライドチキンの創業にもかかわっている。元素の発見をめぐっては、敵国どうしが手を結んだり、同じ国のラボどうしがいがみ合ったりもしていた。

104番ラザホージウム以降の一五元素（超重元素＝スーパーヘビー・エレメント）には、寿命のそうとう長い同位体もありうるという。もしそんな原子をつくれたなら、それは地球上にたった一個しか存在しない原子だ。そんなことを胸に科学者は、探検家や夢追い人の気分で仕事を進めている。

本書は元素の紹介にとどまらない。自然科学の話となれば、気むずかしい高齢の白人男性を思い浮かべる人も多いと思うが、とんでもない。年齢も国籍も民族も多彩だし、女性だって少なくない。一九五二年に二八歳のジミー・ロビンソン大尉がキノコ雲への突入飛行で命を落とし、それが新元素二つの発見につながったことを知る人は少ない。104番の合成と確認でアフリカ系米国人のジェームズ・ハリスが活躍したことも、ある鉱石中に珍しい元素を見つけようと名高い女性化学者のダーリーン・ホフマンが奮闘した話も、ほとんどの人が知らないだろう。科学は容貌や出自に関係しないのだ。

自然科学には国境もない。私は取材のため、つごう四大陸の八か国を訪れた。応対してくれた人たちは、科学者というより探検家に近い。新元素づくりは、人跡未踏の地に踏み入るような営みなのだ。しかし超重元素の発見で、原子の成り立ちを表す従来の法則は早くも書き替えられつつある。そうした重い元素は、周期表が意味を失う地点に座を占めるのだ。さほど遠くない将来、いまの化学は通用しなくなるだろう。

二〇世紀の科学者は周期表の空席を埋めてきた。だが二一世紀の科学者は、もしかしたら周期表そのものを壊してしまう。

そんな人々の物語だ。

プロローグ

四〇歳のケネス・ベインブリッジは、ひどい仕事を命じられた。日本に落とす原子爆弾の実験に駆り出され、不発だとわかったら全力で走り、ブツをつついてみるのだ。史上初の核実験だから、史上最悪の任務だったといえよう。物騒な原爆はむろん初体験だし、そもそもが兵士でもない。ようやく仕事がおもしろくなりかけた、平凡な研究者だった。

一九四五年七月一六日の夜明け前。暗がりのなかベインブリッジは、ニューメキシコ州の砂漠に設営された、コンクリートブロックと土嚢《どのう》が囲む木造の狭いシェルターにいた。空軍が爆撃機クルーの訓練に使うその一帯は、スペインからの侵略者《コンキスタドール》が、ホルナダ・デル・ムエルト（死者の旅）と名づけた場所だ。なるほど、昼間は遠くにかすんで見えるオスキュラ山脈を越え、かのリオグランデ川にたどり着くまで、水たまりひとつない。

ベインブリッジがいるシェルターの正面ほぼ一キロ先に、鉄塔が立つ。その頂上あたりに置かれたブッは、新しいスーパー兵器——第二次世界大戦を終わらせたい連合軍が、マンハッタン計画でつくった原爆三個のうちひとつ——だった。居並ぶ大物には、科学面を率いたロバート・オッペンハイマー、軍側の総指令官レズリー・グローヴズ准将《じゅんしょう》、英国から参加した「中性子の父」ジェームズ・チャドウィックなどがいる。科学者や軍人は離れればなれに位置を占め、実験の成功をひたすら祈る。暗号名でトリニティ（三位一体《さんみいったい》）と呼ぶ核実験だった。

午前五時一〇分、カウントダウン開始。爆発までの二〇分間を、三〇年後にベインブリッジが『原子力科学者会報』誌上でこう振り返る。「不発なら私が真っ先に鉄塔まで駆けていく。悪夢だった」。マンハッタン計画で彼の感じた恐怖は、それが初めてではない。少し前にも、日本の戦闘機が銃弾を爆弾にみごと命中させたらどうなるかを調べる実験に動員されて、高性能爆薬の弾丸で射た本物の爆弾を丹念に調べさせられている。黒煙をあげ始めた爆弾を見て身がすくみ、体を吹き飛ばされないようダッシュで避難所に戻った。

爆撃訓練エリアの一角に機密基地をつくること自体も問題だった。ベインブリッジの回想記にこんなくだりがある。「五月中旬、週に二回も、空軍は夜間のトリニティ基地を訓練用の標的だと見誤ってしまう。爆弾が木工作業所のある兵舎に一発落ち、あと訓練所に一発落ちた」。そこで彼はオッペンハイマー博士にお伺いを立てる。「次に誤爆されたら、反撃してもよろしいか？」

さらに、将校連が核兵器を軽くみているという問題もあった。原爆のコア（心臓部）は本番の五日前、大牧場主の屋敷に運ばれた。レンガ造りの平屋で、居住用の部屋もいくつかある、西部劇でインディアンが舌なめずりしそうな屋敷だ。屋敷を接収した軍は、牧場主の寝室だった部屋の窓を幅広のテープで目張りし、にわか仕立てのクリーンルーム（減圧室）にしていた。ロバート・バッチャーという名の科学者が、コアを運び入れる際、進行中の試験を中断させた。運ばれてきたコアは、重さが六キロと少々、大きさはソフトボール大、純度の高い放射性金属の球で、カリフォルニア大学の所有物。数百万ドルの価値がある希少きわまりない物質を、たった一回の実験で使いきるのだ。その無念さゆえかバッチャーは、居合わせたうちでいちばんの大物トーマス・ファレル准将に受領書を要求した。

ベインブリッジにできたのは、准将が「もとをとろう」とするのを冷や冷やしながら見守ることだけ。ファレルの回想にこうある。「受領書にサインさせられるなら、ブツをいじってもよかろう。手のひらに乗せると、じわじわ熱くなった。得体の知れない力に背筋が寒くなる。［……］そのときやっと、科学者どもの『原子力』談義を信じてやる気になった」。准将がブツの怖さに気づいてくれて、ベインブリッジも胸をなで下ろす。准将はただちに「原爆遊び」をやめ、受領書にサインした。

ベインブリッジの忍耐力は、本番の前夜から試されどおしだった。同じ科学者のエンリコ・フェルミが、原爆は「空を燃やす」かどうかで兵士たちと賭《か》けをして回り、兵士たちはフェルミの冗談を真に受けていたのだ。それを見てベインブリッジは怒り心頭。だがそんなことも、カウントダウンが始まるときれいさっぱり忘れた。五時二九分、一分前の予告花火が上がる。ベインブリッジはバンカー（掩体壕《えんたいごう》）を出て、ゴム製シートの上にうつ伏せになり、溶接用の防護面を着けて爆風を直視しないようにした。ほかの面々も地面に伏せた。

しんと静まり返る。

突如、目もくらむ閃光を伴って「邪悪な化け物」が地平にその顔を見せた。化け物は紫から緑へ、白へと不気味に色を変えていく。グラウンド・ゼロ（爆心）には深さ三メートル、直径三三〇メートルの穴が開き、すさまじい高温が砂漠の砂を融かして緑色のガラス質に変え、そばにいたあらゆる動植物を蒸発させた。TNT（トリニトロトルエン）火薬で約二万トン相当、人類史上で最強の爆弾だった。

八キロ先の持ち場にいた人員も、地面に伏せろと厳命されていた。従う人もいたが、ほとんどの人は立ち上がり、声を失ったまま直径一八〇メートルの火球から届く熱を肌に感じ、身じろぎもせず史上初のキノコ雲に見入った。爆発から三〇秒後に強烈な衝撃波が通り抜け、あたり一面に砂が舞う。一九〇キロ離れた民家の窓さえガタガタ震えたという。翌日からの数日間、軍の職員たちは車であちこち走り回り、「あれは火薬庫の爆発事故でした」とごまかして住民を安心させなければいけなかった。

世に流布している話だと、オッペンハイマーは爆発の直後にヒンドゥー教の聖典『バガヴァッド・ギーター』の一節「われ死となれり。世界の破壊者となれり」を朗唱した。だが実のところ、オッペンハイマーはその一節を思い出しただけで、口を開いたのはベインブリッジだ。

「これで俺たち全員、ろくでなしになっちまった」

核時代の夜明けを告げるトリニティ実験は、新しい元素の顔見せ興行でもあった。ファレル准将が手のひらに乗せて同席者をはらはらさせたコア、放射能を出す銀色の玉は、ほとんどの人が存在することさえ知らなかった元素でできていた。
米国生まれの94番元素、プルトニウムだ。

＊　＊　＊

万物は元素からできている。いま一一八種の元素に名前がついて、周期表に行儀よく並ぶ。元素は一七二種までありうるという推定が的を射ているのなら、人類はまだその三分の一を見つけていない。というよりも、つくれていない。

3番元素（リチウム）以降の元素は、一三八億年前のビッグバンではほとんどできず、おもに原子の乱舞が生んだ。原子たちは激しくぶつかり合いながら、素粒子を交換したり、壊れたりをくり返したのだ。夜空に輝く星の中心で、まさにそういう乱舞が進む。恒星は核融合炉にほかならず、超高温・超高圧の中心部で26番元素の鉄までをつくる。それよりも重い元素は、臨終間際《まぎわ》の恒星が起こす「超新星爆発」で生まれ、爆発の衝撃で宇宙にばらまかれる。地球も月も、ヒトを含めた動植物すべての体も、そんな元素からできた。つまり元素をつくるということは、地球をはるかに越えた領域へ向かうロードマップをたどることに等しく、私たちの存在自体にかかわるプロセスを再現することに等しい。

いま私は別の道路地図《ロードマップ》に従っている。日盛りのなかニューメキシコ州を貫く高速道路を走り、まずは新元素が最強の兵器となった現場を見ようと思った。周期表の末尾に並ぶ二六元素（超ウラン元素。93番ネプツニウムから118番オガネソンまで）は、ほとんどの科学者には縁もゆかりもない。原子炉や加速器をもつラボだけが扱うからだ。104番ラザホージウム以降の一五元素（超重元素＝スーパーヘビー・エレメント）ともなれば、かつて一秒足らずの時間、原子が何個か顔を見せただけ。ラボ外で見つかったこともなく、何かに使えそうもない。一部は寿命が短すぎて、性質を調べる実験すらできていない。広い宇宙の全体でも、一立方センチあたり一〇億トンもの密度をもつ中性子星がぶつかり合っている場所以外では、ほとんどの超重元素は存在しない。伝説にいう竜や人魚のようなものだ。

重い元素はなぜ、どうやってつくられたのか？　いずれ何かに使えるようになるのか？　そうした問いに答える旅を始めよう。元素合成の物語は、あの「ブツ」を号砲にした、抜きつ抜かれつの壮絶な科学レースだ。

いまトリニティ実験の跡地は観光スポットになっている。サボテンやユッカ（竜舌蘭《りゅうぜつらん》）が生え、トカゲが棲みつく低木砂漠のなか、周囲を照らす灯台のようにオベリスクが立つ。跡地は軍が管理するホワイトサンズ・ミサイル発射試験場の一角にあり、年に二度だけ一般公開される。そこへ着くには、電波望遠鏡や集落を横目で見ながら長いドライブをする。西には、雨ざらしの無線設備が数基と（パイタウン）、ブラックホール観測用の皿型アンテナ（全米科学財団の超大型干渉電波望遠鏡群）がある。南には、エイプリルフールの冗談が売りのクイズ番組「トゥルース・オア・コンシクエンシーズ（正直に言わないとバチが当たるよ）」の題名をそのまま町名にした小さな町があり、地球上でここにしかない、ＵＦＯの発着基地を擁するのだそうな。東には、ロズウェル市〔一九四七年七月二日にUFOが墜落したといわれる町」があって、UFOオタクが上空に「未確認飛行物体」を探す。そうしたものに囲まれた趣で、七七七〇平方キロ〔ほぼ静岡県サイズ〕の軍用地が広がる。

高速を降りて少人数の核実験反対デモをやり過ごし、埃《ほこり》っぽい道路を進む。行く手のゲート前には訪問者の四輪駆動車がずらりと列をなし、熱い靄《もや》の中に車体をきらめかせている。そこでフッと途絶える道は、世界を変えたあの朝に、ベインブリッジたちがたどった道だ。トリニティ実験の直後ベインブリッジは、放心状態ながらも「たった一度しか道に迷わず」宿舎に戻る。すると超大物科学者のアーネスト・ローレンスが、バーボンのボトルを滑らせてきた。ボトルをひっつかんで胸に抱いたあとようやく「どうも」とだけ答え、二段ベッドによじ登って泥のように眠ったという。むろん彼の無作法をなじった者はいない。

トリニティ実験の爆心は、ゲートから八キロ奥の砂漠内にある。暑苦しい迷彩服を着こんだ陽気な海兵たちが、訪れる原爆オタクを待ち受けていた。

見学者のひとりが、なれなれしい口ぶりで女性海兵に声をかける。「ひょっとしてここ、海からだいぶ遠いんじゃないの？」

彼女は肩をすくめて「えぇ、まぁ」と応じ、全軍の全部門が最新兵器をテストする場所ですよ……と屈託もなく返す。「先週は鉄砲水にやられてたいへんでした」

なごやかな会話とは裏腹に、トリニティ実験の跡地は世界でいちばん奇妙な観光スポットだろう。規定の順路を外れたら海兵に射殺されかねない。周囲は高い鉄条網に囲まれ、放射能やガラガラヘビに注意を喚起する標識や、トリニタイト（七〇年前の核実験が生んだガラス質鉱物）の持ち出しに対する刑罰の表示があちこちにある。いまだに放射能を出すトリニタイトは、あたり一面に見つかる。アリがトリニタイトのかけらにご執心らしく、職員がアリの巣を定期的に「家宅捜索」して除染する。トリニタイトの持ち出しは連邦法に触れるというが、道端の露店では地元の住民が何人もトリニタイトを売っている。

トリニティ実験の跡地に見ものは少ない。爆心の穴は、とっくの昔に砂嵐がふさいだ。往時をしのぶよすがは、ブツを置いた鉄塔の残骸と、小さなコンクリート塊、ねじくれた鉄材くらい。その脇に軍は、真っ黒な溶岩で高さ三・六メートルの記念碑（オベリスク）を建てた。その不気味さを、そばで写真を撮りまくる観光客の群れがいくぶんか中和している。

実験場の歴史を語る説明員の声が聞こえる。そのうちのひとりは、トレーラーの後ろにつないで「ファットマン」*のレプリカさえ持ちこんでいた。白く塗られたレプリカは（実物は破片を見つけやすいようにレモンイエローだった）、成人の背丈ほどの卵型の本体に、安定性を増す小翼がつけてある。映画『ロードランナー』のワイリー・コヨーテがロードランナーを捕まえるのに使いそうな滑稽な外観だ。遠くには、口径三メートルの錆《さ》びた中空の金属筒が見える。連鎖反応が思いどおりに始まらなかったときに備え、貴重なプルトニウムが飛散しないよう、封じこめ状態で爆発させるためにつくった二四〇トンの容器「ジャンボ」の名残だという（ただし、ジャンボを運びこんだころ科学者は連鎖反応の開始を確信できていたため、巨費をつぎこんだジャンボも結局は不使用）。その巨大な物体が、ホットドッグの屋台やバーベキュー設備、仮設トイレのそばにあるせいで、格好の自撮りスポットになっている。

核実験の跡地にしては、思いのほか放射能は弱い。一時間あたり一〇マイクロシーベルトは、バナナ一〇〇本をイッキ食いした被曝線量にほぼ等しい。** だが実験の影響はいまも尾を引く。実験のとき生まれた放射性物質が地球全体に拡散し、大気の放射能を強めた。近ごろ製錬する鉄はみな、トリニティと以後の核実験が生んだ放射性物質により汚染されている。溶鉱炉に吹きこむ空気が、放射性のちりを必ず含むからだ。高感度ガイガーカウンターをつくるために低放射能の鉄がほしければ、一九四五年以前に製錬した鉄を再利用する。ふつうは沈没した戦艦（第一次大戦後に沈められたドイツの戦艦など）を引き揚《あ》げて使う。

実験室で生み出された人工元素は、こうして世界を変えていった。原子爆弾は、そのほんの一例にすぎない。

---

*ファットマンは、長崎に落としたプルトニウム原爆の通称。広島の合体方式ウラン原爆（魚雷形の「リトルボーイ」）とはちがい、爆縮《ばくしゅく》方式なので卵型につくった。

**バナナに多いカリウム40が天然放射線を出す。バナナ三五〇〇万本をイッキ食いすれば致死量だが、いざ試したら、たぶん別の要因で命を落とす。

Ⅰ　ウランの子たち

第1章　現代の錬金術

一七八七〜一九三八年

人工元素という語を目や耳にして、錬金術《アルケミー》を連想する人は多いだろう。人間は大昔から、手で触れるもの全部を金《きん》に変えたというギリシャ神話のミダス王にあこがれてきた。錬金術師たちは、鉄や鉛を金に変えようと、秘密の儀式や珍妙な実験に心血を注いだ。魔術師めいたガウンをまとい、占星術の秘図をにらむ。秘技を盗まれてはなるものかと、なぞなぞふうの記述を好んだ人も多い（「鉄を使う」なら、「秘奥《ひおう》の玉鋼《たまはがね》を呑みたる火龍《ドラゴン》の降臨を請《こ》う」とか）。名高い科学者もいて、かのアイザック・ニュートン卿《きょう》も錬金術にご執心だった。そんな人々は、アリストテレスが唱えた「土・空気・火・水」の四つを元素とみる時代を生きていた。

やがて一七八七年にパリのアントワーヌ・ラヴォアジエが、二〇〇〇年以上も定説だった「四元素説」に引導を渡す。* 元素は四つどころではない。科学書をさくさく翻訳できた妻マリー＝アンヌの助けもあって、科学の潮流はつかめていた。呪文が物質を変えるとは笑止千万。錬金術など、でたらめに決まっている……。

ラヴォアジエは「化学元素」を数え上げ、「三三元素の表」を世に問うた。「光」と「熱」も元素の仲間に入れたのは玉に瑕《きず》だったが、叩き台としては申し分ない。彼の遺産を、以後の科学者たちが整理、洗練、拡張していく。そしてラヴォアジエの処刑から七五年を経た一八六九年に、ロシアの化学者ドミトリー・メンデレーエフが周期表の原型をこしらえた〔二〇一九年には化学関係の諸団体がさまざまな「周期表一五〇周年」行事を展開した〕。

快挙だった。宇宙というジグソーパズルに、ピースの数も完成時の絵柄も知らないまま挑んだに等しい。当時の常識は、元素は水素から始まり、いろいろな元素が続いた末、いちばん重い元素がウランというところまで。メンデレーエフは、そのころ知られていた六三個の元素を「原子の重さ順」に並べ、さらに性質で元素をグループ化した。そのパターンに、既知の元素がどれひとつ当てはまらない場合、そこは空席とした。やがてメンデレーエフのねらいどおりに、三個の元素（21番スカンジウム、31番ガリウム、32番ゲルマニウム）が見つかって、周期表の空席が埋まり始める。ただし「原子の重さ順」は元素を並べる安直な方法にすぎず、いまの原子番号とはちがう。

原子が実在することは、一九世紀の末までにわかっていた。元素が万物の（抽象的な）成分なら、原子はミクロ世界の（具体的な）部品にあたる。原子のサイズは、一〇億倍に拡大して一～三センチといったところ。パリのアンリ・ベクレルやキュリー夫妻（ピエールとマリー）の研究により、放射能のことも知られていた。原子が出すエネルギーの不思議な力かと思えた。同じころ大西洋の向こう、カナダのマギル大学では、アーネスト・ラザフォードと六つ年下のフレデリック・ソディが、奇妙な現象に首をひねっていた。トリウムという元素の塊を実験台に放っておいたら、どういうわけか一部がラジウムに変わったのだ。

英国生まれのソディが、いつになく激して叫ぶ。「ラザフォード先生、元素変換ですよ！」いつも高飛車なニュージーランド生まれのラザフォードが釘を刺す。「よせソディ。元素変換など口にするんじゃない。錬金術師だと思われてギロチン行きだ」

むろん錬金術ではなく、新しい科学の幕開けだった。一九一一年にラザフォードは、核（原子核）の存在を突き止める。核は原子の真ん中にある小さな粒で、後日アーネスト・ローレンスはその大きさを、「原子一個が大聖堂なら、核は聖堂内を飛ぶハエ一匹」と表現した。ローレンスは言わなかったが、重さでいうとそのハエは、「大聖堂＋ハエ」全体のうち九九・九％以上を占める。

ラザフォードの成果をもとに一九一三年、デンマークのニールス・ボーアが原子の新しいモデルを考案し、ミクロ世界の素顔に迫る（一九二二年ノーベル物理学賞）。核のまわりには同心円の殻《シェル》があり（図1）、殻それぞれには、負電荷の電子が一定数ずつ入る。** そうした電子が、そばにある

*ラヴォアジエは一三歳のマリー＝アンヌと結婚して世のひんしゅくを買い、徴税請負人の仕事でタバコ業界の怒りも買ったこともあり、一七九四年に刑場（ギロチン）の露と消える。一八世紀フランスの貴族なら、珍しくもない話だけれど。

**電子は一八九七年にラザフォードの師J・J・トムソンが見つけていた（一九〇六年ノーベル賞）。彼は原子をスイカのようなものとみた（果肉が正電荷、種が電子）。なお息子のG・P・トムソンは（父親を否定するかのように）「電子は波だ」と実証し、一九三七年のノーベル賞に輝く。

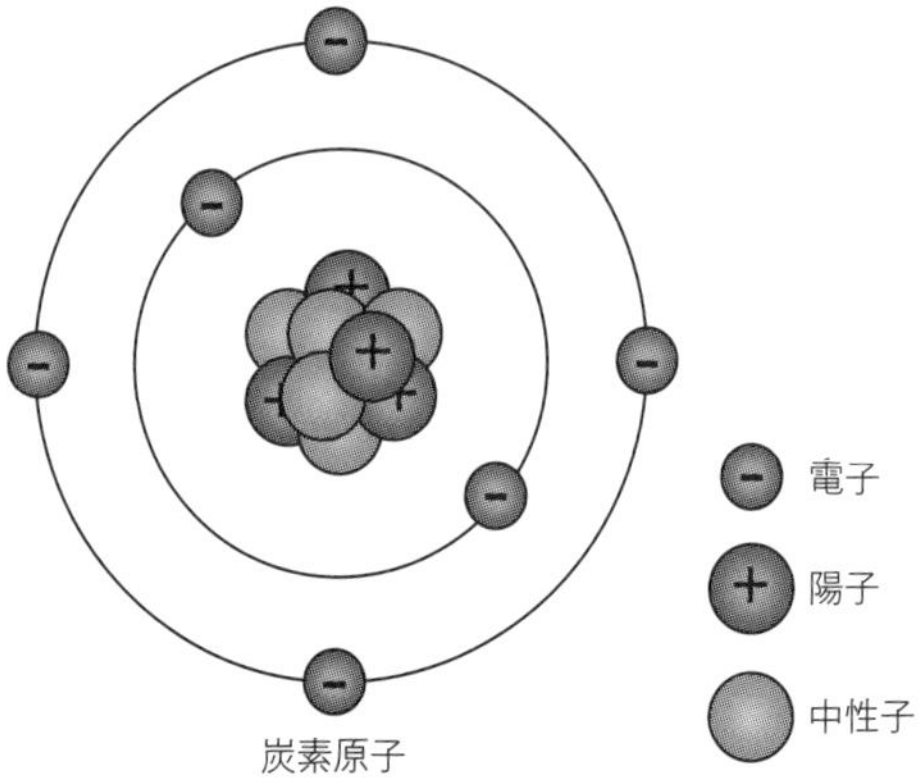

図1　炭素原子のモデル。核（陽子6個＋中性子6個）を囲むように、電子6個が二つの殻《シエル》に入っている。サイズは、原子（外側の円）と比べて、核は1万分の1に満たず、電子はさらに小さい（つまり粒子はものすごく拡大して描いてある）。

原子の電子と働き合い、原子どうしを結びつける（化学結合）。化学結合する原子たちは、核からいちばん遠い殻の電子を共有し、殻を満杯にすると考えてよい。重い元素ほど電子も多いが、単純に電子の数だけが元素の性質を決めるわけではない。

同じ一九一三年、オックスフォード大学の若きヘンリー・モーズリーが重要なピースを発見する。元素が重くなるごとに核の電荷が一単位ずつ増え、核内の何かが電子の負電荷を打ち消すのを突き止めた。あいにくモーズリーは、自分の成果が科学を変える現場に立ち会えていない。第一次世界大戦で志願兵となり、二七歳の夏にトルコ・ガリポリ半島の戦い（一九一五年）で戦死したのだ。その五年後にラザフォードが、実験で核の素顔を明るみに出す。

核は二種類の粒子からできている。ひとつは陽子（プロトン）といい、一九一九年にラザフォードが見つけた。陽子の数が元素の種類を決める。陽子が一個なら水素、二個ならヘリウム、……九二個ならウランと呼ぶ。陽子は正の電荷をもつため、互いに反発し合う。ではなぜ、核はばらばらにならないのか？　核内にある何かの働きが陽子をまとめ上げている、とラザフォードはみた。サイズは陽子に近くても、電荷をもたない未知の粒子が、ピーナツ形の梱包材に似た働きをするのだろう。それを彼は中性子（ニュートロン）と命名する。

中性子は一九三二年に見つかった。発見者はケンブリッジ大学キャベンディッシュ研究所の副所長、ジェームズ・チャドウィック（一九三五年ノーベル物理学賞）。そのころラザフォードは英国に渡り、同研究所の所長を務めていた。背がすらりと高い鷲鼻《わしばな》の偏屈者チャドウィックは、三時間睡眠を一〇日も続け、まだ見ぬ「電荷ゼロの粒子」を脇目も振らずに追いかけた。ついに見つけたとき、同僚に報告しながら話を急に中断し、「クロロホルムで二週間ほど眠らせてくれ」と頼んだらしい。五歳になる双子の娘がいたから、たぶん彼の願いはかなわなかった。「何日も死ぬような思いをした」と手記にある。

中性子が見つかって、核の素顔と周期表というジグソーパズルの全貌も見え始めた。まず、核内の陽子数（＝原子番号）が元素の種類を決める。陽子の数が増えると正電荷も増し、それに応じて電子数も増える（さらに、周期表の段を一つ下がるごとに、殻の数も増える）。また同じ元素（陽子数が共通）でも、中性子数のちがう原子があり、それを同位体（アイソトープ）という。たとえば、六個の陽子をもつ元素つまり炭素には、同位体がいくつかあって、おなじみの炭素12（陽子六個＋中性子六個）と炭素13（陽子六個＋中性子七個）、炭素14（陽子六個＋中性子八個）のほか、炭素22（陽子六個＋中性子一六個）なんてものまである。ごく軽い元素の原子なら、陽子と中性子がほぼ同数のとき安定になる。原子番号が上がって陽子が増えるにつれ、中性子を多めにしたほうが原子の安定度は上がる。ただしそれも程度の問題で、中性子があまりにも多いと、核をまとめ上げる力のバランスが狂う。不安定な核は、安定な状態になろうとして中性子や陽子（まとめて核子《かくし》）の一部を捨てるか、中性子を陽子（と電子）に変身させる。そんなときに核が放射線（放射能）を出すのだ。

陽子数と中性子数のセットでひとつに決まる原子核（核種）は、いま三三〇〇種ほどが知られる〔核内の陽子数と中性子数の和を「質量数」という。炭素12の「12」や鉄58の「58」が同位体の質量数を表す〕。大半の核は不安定なので、放射線を出しながら壊れていく（核の壊変《かいへん》）。その三三〇〇種も「存在可能な核種」の一部にすぎないけれど、ラザフォードやチャドウィックの時代には、核種が何千もあるなんて誰ひとり想像さえしていなかった。

そんな状況を、イタリアの貧しい若者たちが変え始める。

＊　＊　＊

一九三四年の五月。三二歳のエンリコ・フェルミは実験室を飛び出して、汚い白衣をはためかせながら学生のエドアルド・アマルディと廊下をどたばた走る。床板は軋《きし》み、死に物狂いの足音が、上階に住む指導教官のアパートに響き渡る。フェルミはローマでいちばん足の速い物理学者だと自負していた。速くなきゃいかんのだ……。廊下の突き当たりにある実験室で、元素づくりの最中だった。もたもたしていたら、できた原子も壊れてしまう。

ベニート・ムッソリーニが治めるファシズム政体のイタリアで、フェルミは期待の星だった。どちらかといえば小柄で、浅黒い顔に笑みを絶やさず、鼻筋が通って額が少し後退中。頭の回転が速く、どんな難問にも大まかな正解をすぐに弾き出す。* 弱冠二五歳で教授になり、都心のパニスペルナ通りから少し入った古い屋敷にローマ大学物理学科の研究室を立ち上げ、こう気を吐いた。二〇世紀イタリアの科学を率い、世界をあっと言わせるぞ……。たちまち参集した学生たちは、定説に歯向かい、定説をねじ曲げ、度外視するのも平気の平左。司令塔のフェルミを始め、誰も核物理の実験などしたことはない。それを誰ひとり気にしない。若手が「教皇」と仰ぐフェルミが「これ、できそうかな」とつぶやけば、てきぱきと仕事にかかる。「パニスペルナ通りの若者たち」はさしずめ核物理学のセックス・ピストルズで、常識に縛られない「パンク科学者」たちだった。

ムッソリーニの庇護《ひご》はあっても、若者たちにはお金がない。英・仏・米の競争相手は最新鋭の実験装置を使えたところ、あり合わせのものを使うしかなく、ガイガーカウンターも試行錯誤を重ねて自作した。力仕事をするときは、わずかな駄賃で学生を雇う。防護用の装備もないため、放射線が出る実験のときは、決死の覚悟で廊下の端へと走って逃げる――おかげでフェルミはローマ最速の物理学者という称号を得たのだ。

＊フェルミが瞬時に解いた問題のひとつが、「シカゴにピアノの調律師は何人いるか?」。ピアノがある家庭の数をさっと見積もり、調律を何か月ごとに頼むか考え、調律師の数をみごとに当てた（ご参考までに正解は二二五人）。

三六年前の一八九八年にアーネスト・ラザフォードが二種類の放射線を見つけ、ギリシャ語アルファベットの冒頭二文字からアルファ線、ベータ線と名づけていた。アルファ線とは、核から放出されるアルファ粒子（陽子二個＋中性子二個からなり、ヘリウムの原子核と同じ）のこと。ラザフォードとソディのトリウム（90番元素）がじわじわラジウム（88番元素）に変わったのは、アルファ粒子が放出されたからだ。核が二個の陽子を失うと、周期表上で二つ手前の元素に変わる。そのときに出る放射能が半分になるまでの時間を半減期という。

フェルミはベータ線に目をつけた。ベータ線を出す核の中で、陽子の数は減らない。それどころか、核内の中性子一個が陽子と電子に分かれ（陽子が増え）、周期表のひとつ先の元素になり、電子（ベータ粒子）だけが核から飛び出す。* だがそれだけだと、エネルギー保存則が成り立たない。エネルギーがもっと核外に出なければ、収支が合わないのだ。電子より小さい未知の何かが、一緒に飛び出すのではないか？　フェルミはそれを論文にして投稿するも、『ネイチャー』誌は突き返す。「あまりに現実離れした憶測で、誰も関心をもたない」が却下理由だった。むしゃくしゃしたフェルミは、一見ばかげた実験にのめりこんで気を紛らわせる。暗闇で何かを光らせる実験など、うっぷん晴らしにぴったりだった。やがて、ベータ線関係の理論を別の学術誌あれこれに投稿したのち、実用向きのテーマに移ることとした。次にフェルミの心をとらえたのは、「人工放射能」という新しい発想だった。

原子核にアルファ粒子を撃ちこめば、核がアルファ粒子と合体して陽子と中性子が二個ずつ増える。まさにその年（一九三四年）、フランスのイレーヌ・ジョリオ＝キュリーと夫フレデリックが、その方法で13番元素のアルミニウムを15番のリンに変えていた。イレーヌはキュリー夫妻の長女で、放射能の研究はお家芸のようなものだ。アルファ粒子は「電子を失ったヘリウム原子」だから正電荷をもつ。そうした電荷がアルファ粒子の撃ちこみを邪魔する。まず、標的原子にある電子の負電荷が、アルファ粒子の勢いを削《そ》ぐ。第二に、標的核の正電荷が強烈に反発するため、超高速でぶつけなければいけない（磁石のN極どうしをくっつけようとするようなもの）。電気的な反発（クーロン障壁）に打ち勝つには、超高速（大きな運動エネルギー）のアルファ粒子がいる。だからふつうは加速器を使い、アルファ粒子を光速（毎秒三〇万キロ）の近くまで加速する。

フェルミ研究室に加速器はない。ほしくても先立つものがなく、置き場所もない。そのかわり賢い頭があった。標的の核に、アルファ粒子ではなく中性子そのものをぶつけよう。電荷ゼロの中性子なら核の反発を受けない。核のど真ん中まで入りこみ、核を不安定にするだろう。そうなれば、おもしろいことが起こるんじゃないか？

パニスペルナ通りの若者たちは仕事にかかる。何はさておき中性子の調達だ。地下の部屋で某教授がラジウムの試料を金庫にしまっていた。たったの一グラムでも、お値段はフェルミ軍団が使える予算の二〇年分に近い。ラジウムはアルファ粒子を出して気体のラドンに変わる。ラジウム試料を盗み出すのは無理とみたフェルミは、金庫からラドンガスをポンプで吸い出す装置をつくった。

＊その現象をベータ壊変と呼ぶ。本書ではおもに、アルファ粒子を出すアルファ壊変を扱う。ベータ壊変も少し出てくるが、三つ目のガンマ壊変はほとんど扱わない。

吸ったラドンを小さな瓶（バイアル）に入れ、そこで4番元素ベリリウムの粉末と混ぜ合わせる。すると、放射能の強いラドンが出すアルファ粒子をベリリウム核が吸って、中性子を出す。こうしてフェルミは「中性子ビーム」を手づくりした。ビームを何にぶつけようか……。手当たりしだい、何にでもぶつけてやろう。

そこでフェルミは買い物のリストをつくる。標的によさそうな元素の単体や化合物を思いつくかぎりメモにして、四つ年下のエミリオ・セグレに手渡した（フェルミの妻ローラに言わせると夫は「買い物嫌い」だった）。当のフェルミが早引けしてのんびり昼食と昼寝をむさぼるあいだ、セグレのほうは市内を駆けずり回って「教皇」の要求に応えた。

フェルミの研究遂行でセグレは要石《かなめいし》になる。新聞界の大物を父にもつセグレは、工学の修業をひととおり積み、二年間の兵役で高射砲を操ったあと、物理の研究に進んだ。そんな彼が、フェルミの指令どおり商店主と交渉した。店主はどこかの方言しか話せなかったが、神父に育てられたそうで、ラテン語には明るい。セグレのほうも、なにしろイタリアの古語だからラテン語はわかる。薬品類の買い物はたちまち終わり、店主は「おまけ」だと、棚ざらしの試薬もくれた。買い手が一五年間つかない試薬だった。

若者たちは、原子番号の若い元素から順に中性子をぶつけていった。初めのころ試した元素では何も起きない。ターゲットの元素が重くなると、アルファ粒子が放出され、ターゲットは周期表で二つ手前の元素になった。だが一部の重い元素はアルファ粒子を簡単には放出しなかった。そうした元素では、核をまとめ上げている「強い力」が、吸った中性子を離さない。そのうち一個の中性子が「陽子+電子」に変身し（ベータ壊変を起こし）、ターゲットはひとつ先の元素に変わる。つまりフェルミは、中性子捕獲と呼ばれる現象に思いをめぐらした。

フェルミの爆走シーンに戻ろう。何週間か実験を続けた若者たちは、ついに周期表の末尾に到達する。そのころ知られていた最も重い92番元素、ウランに中性子をぶつけた。フェルミはアマルディを制して部屋に飛びこみ、試料を引っつかむ。急いで分析してみると、ウランは別の元素に変わっていた。知りたいのはただひとつ。アルファ壊変で少しだけ軽い既知元素のどれかになったか、それともベータ壊変でさらに重い未知の元素になったのか？

実験で生じた元素の半減期と化学的性質を、ウランより軽く鉛（82番元素）より重い偶数番の元素と比べてみた。[*] アルファ壊変が起こっていたら、ウランは「壊変系列」の出発点になり、90番、88番、86番……と順々に軽い元素ができたはず。ところがその気配は何ひとつない。するとベータ壊変が起きたのか？　実験をくり返すと、謎の元素がもうひとつつかまった。それもベータ壊変の産物にちがいない。

当時の物理学では、「ウランより重い元素はない」というのが定説だった。92番のウランが周期表の終着点というわけだ。ウランは、ラヴォアジエがまだ存命で、周期表が影も形もない一七八九年に発見され、当時からもう、ウランより重い元素はないと考えられていた。フェルミの軍団は、

＊85番アスタチンは未発見だったが（発見一九四〇年、命名一九四七年）、ウラン（92番）のアルファ壊変で生じる元素の原子番号は、92から二つずつ減るはずなので、奇数番の元素は考えなくてよかった。

手づくりの道具と店主にタダでもらった試薬を使い、高級な装置をもつ先端研究室さえ思いつかないことをやりとげた。メンデレーエフがつくった周期表の限界を突破した瞬間だった。

フェルミは高らかに宣言する。俺たちは93番と94番の元素をつくったぞ。

＊　＊　＊

それから約八〇年後の二〇一八年、私はローマの都心に身を置いている。元素の物語を書き起こすにあたって、「ウランの先」へと踏み出そうとする初の試みに立ち返る必要があった。エンリコ・フェルミの足跡をたどることだ。

ローマはフェルミの時代からあまり変わっていない。起伏の多い地に一見乱雑な迷路のような路地が刻まれた偉大な都だ。レストランやアパートやタクシーからの大声が響き渡る。ストリートアートの描かれた壁面に、チラシが点々と貼ってある。いまにも崩れそうな建物がひしめく狭い路地を出たとたん開ける大通りに、皇帝たちを讃える大理石の円柱が立ち並ぶ。歴史がこれほど残る町は、ローマ以外にはない。照りつける太陽のもと、特有のものうげなムードが漂う。フェルミのような人物を輩出したのも、そんな町だからこそだったのではないか。

ニューメキシコ州の殺風景な砂漠から活気あふれるローマへ旅をして、異次元世界に迷いこんだかのような錯覚に陥る。パニスペルナ通りはいまもある。サンタマリア・マッジョーレ大聖堂から延びるでこぼこの通りを歩いていくと、エスクィリーノの丘やヴィミナーレの丘を横切って旧市街の中心に着く。フィアットやベスパのタイヤがつるつるに磨き上げた石畳の道沿いに、最新モードのヘアサロンや上品なビストロ、風格ある画廊が軒を連ねる。通りが尽きるあたりで立ち止まって息を整え、名高いコロッセオを遠望した。一世紀から五世紀まで四〇〇年間も血なまぐさい見世物を続けた施設が落日に映える。

あいにく私にできるのは、そこまでだ。旧フェルミ研究室は、高さ一五メートルの壁の向こう、いまは内務省が入っている建物の中にある。入口という入口に軍の警務部が詰め、正面玄関にずらりと並ぶ監視カメラが不審者を見張る。だからできるのはせいぜい、建物前の石段に座ってアイスクリームをなめながら、超大物科学者の名を刻む銘板さえ置こうとしないローマ市の姿勢を訝《いぶか》るくらい。二五〇〇年以上の歴史を誇るローマにとって、数十年前の偉業などまだ「歴史」ではないというのだろうか。

一九三四年に戻ろう。「超ウラン元素の発見」は一夜にしてセンセーションを巻き起こした。ただし、その話を疑った人も少しいる。とりわけドイツの女性化学者、一九二五年に75番レニウムを見つけていたイーダ・ノダックは、核が分裂して小さな元素の核になったと解釈したが、彼女の意見にすぐ耳を傾けた人は少ない。ムッソリーニが創刊した新聞はこの偉業をローマ帝国成立に並ぶものと絶賛し、「文化面でファシストが挙げた戦果」と豪語する。ローラ・フェルミが遺した夫の伝記『フェルミの生涯――家族の中の原子』(法政大学出版局)によると、ある二流新聞は、「93番元素入りの小瓶をフェルミが女帝(ムッソリーニ夫人)に献上した」とまで書いた(むろんウソ。フェルミ自身はマリー・キュリーが放射線のせいでがん死したのを嫌というほどわかっていたし、彼女がいつも胸ポケットにラジウムの入った小瓶を入れていたのを愚の骨頂だと考えていた）。民の快挙にご満悦のムッソリーニは、新元素二つの名前を古代ローマのリクトル（執政官の警護役）二名からとれとフェルミに迫る。なにしろ「ファシズム」の由来は、リクトルの捧げもつ束桿《そっかん》（ファスケス）だった。だがそんな注目のされかたを不快に思ってか、フェルミは古代ギリシャ人が使ったイタリアの呼び名アウソニア（南部イタリア）とヘスペリア（西方の地＝イタリア全土）から、二元素を「アウソニウムAo」「ヘスペリウム（別名エスペリウム）Es」と命名する。

新元素の確認実験でフェルミは、さらに画期的な発見をした。中性子ビームの通り道にパラフィンワックスなどを置いたら、「元素合成」の効率が上がるのだ。ワックス分子の水素原子が中性子を減速させると見抜いたフェルミは、「おぉすごい！　信じがたい！　黒魔術だ！」と叫び、装置をつかんで階段を駆け下り、庭の池に飛びこんで水素原子だらけの環境（つまり水）に装置を浸した……という逸話も残る。そのときフェルミは、いまの原発にも使う原理を見つけたわけだ。中性子が減速すれば、標的核のそばにいる時間が長くなり、より捕捉されやすくなる結果、核反応の効率が上がる。ありふれた水は、中性子の減速にぴったりの物質だった。その夜遅くフェルミたちは新発見をタイプで清書した。廊下に漏れるご機嫌なやりとりを耳にした掃除婦は、若手たちが大酒を飲みながらドンチャン騒ぎをしていると思ったらしい。

「遅い中性子」を原子に当てるやりかたは、先端設備をもつ大規模なラボもたちまち真似し、新しい元素や同位体を見つけるレースの幕が上がった。周期表の空席を埋めようと、米・仏・独の研究者が先陣を争う。豊かな可能性を秘めた胸躍らせる新サイエンスだ。一九三六年にシチリア島のパレルモ大学物理学研究所長となったセグレは、かつて訪れたカリフォルニア大学バークレー校の知り合いに手紙を書いて、原子粉砕機（アトム・スマッシャー＝加速器）にかけたフィルターのうち余分なものを送ってほしいとせがむ。バークレーから届いたフィルターを調べたセグレは、それまで空席だった43番元素らしきもの〔やがてテクネチウムと命名される放射性元素〕を検出する。バークレーはそれを見逃していた。43番元素発見の栄冠はセグレらに輝く。こうしてイタリアの「パンク科学」が、周期表を埋めつつあった。

だが順風満帆の生活はあっさり消える。パニスペルナ通りの日々は終わろうとしていた。第二次世界大戦（一九三九年九月〜）を目前にした当時、アドルフ・ヒトラーのナチスドイツが反ユダヤ主義の風潮を煽《あお》り立て、イタリアのムッソリーニも同調する。フェルミも「若者たち」も庇護者に向ける認識を改め、国を出るしかないのを悟った。

一九三八年、43番元素を確認しようとセグレが船で米国に向かっていたころ、ムッソリーニは「ユダヤ人はイタリアの民ではない」と宣言し、大学の職員からユダヤ人を追放した。セグレはスペイン系のユダヤ人だし、細君もドイツを捨てたユダヤ人だ。二人はイタリアへ戻らず、カリフォルニアに定住しようと決める〔セグレの母アメリアはナチスに捕らわれ、一九四三年にアウシュヴィッツで殺害された〕。

フェルミの妻ローラもユダヤ人だった。妻子の身を守るには、身の回り品だけを手にとにかく国を出るしかない。脱出プランについては心当たりがあった。一九三八年の初め、研究集会に出たときニールス・ボーアから、自分がノーベル賞の候補だと耳打ちされていた。運よく受賞できたら、その賞金で米国暮らしに踏み切れる。スウェーデン王立科学アカデミーがボーアの意見を重くみて自分を選ぶ……そう祈りながらフェルミは待った。

一九三八年一〇月一〇日にフェルミ一家は、水晶の夜（クリスタルナハト）と呼ばれる事件の一報で目を覚ました。ドイツでナチスがユダヤ人の家族を暴行・殺害し、商店を壊し、シナゴーグ（礼拝堂）を焼いたという。と、そのとき電話が鳴った。ノーベル賞委員会が午後六時に電話をよこすかも……との報《しら》せだ。受賞確率を九割とみたフェルミは、ローラと街に出て高級腕時計を買った。フェルミは気晴らしに買い物などしない。亡命先で質入れできる品に換えているのだと、ローラにはわかった。そのときに思いを馳《は》せつつ、二人は手をつないでローマの街をあてもなく歩いた。そうして、なじんだ暮らしに別れを告げようとした。

夕方の六時、ローラはラジオのニュースを聴く。ユダヤ人排斥法がイタリア全土に施行された。ユダヤ人の権利も自由も制限し、子どもたちを学校から追い払い、パスポートを没収すると聴いて胸が詰まる。ややあって電話が鳴った。エンリコ・フェルミはノーベル物理学賞を受賞した。「中性子照射により新しい放射性元素の存在を実証し、熱中性子（減速させた中性子）が起こす核反応を発見した」ことが受賞理由だった。*

これでようやく解放される。毛ほどのためらいもなくフェルミはスウェーデンの授賞式に出かけ、米国の任期つき講師の身分をかしこまって受諾した。むろん家族もついていく。ファシストどもがフェルミの計画をつかんだころ、一家はもうニューヨークに向かう定期船の上だった。

しかし、フェルミはそこで仰天のニュースを聴く。彼も「若者たち」も完璧にまちがっていた。

おまけになんと、世紀の大発見を逃してもいた。

＊　＊　＊

ノーベル賞委員会は何度かひどいポカをした。一九四九年には、いまなら犯罪のロボトミー（前頭葉切除術）を創始したエガス・モニス（ポルトガル）とヴァルター・ヘス（スイス）に、また一九二六年は、がんの原因を寄生虫だと勘ちがいしたデンマークのヨハネス・フィビゲルに、それぞれ生理学・医学賞を授与している。そして一九三八年には、エンリコ・フェルミに物理学賞を与えた。授賞理由は「超ウラン元素の合成」だけれど、実際には合成できていなかった。

新元素づくりでは、それができたことを立証するのにひどく手こずる。なにしろ、誰ひとり見たことのないものを扱うのだ。フェルミはまったくのミスをやらかした。データをもう少しきちんと分析していれば、「新元素」は56番バリウムや36番クリプトンなど、ウラン核の分裂で生じた既知元素だとわかっただろう。

＊フェルミは、『ネイチャー』誌が却下した論文でもノーベル賞をとれたかもしれない。未知の中性粒子の存在を予言した論文だ。「中性子（ニュートロン）の赤ちゃん」を意味するイタリア語から「ニュートリノ」と名づけたその粒子は一九五〇年代に見つかり、その名はテレビドラマ『スター・トレック』でほぼ毎回、使われることとなる〔ニュートリノの研究で二〇〇二年に小柴昌俊《こしばまさとし》（二〇二〇年一一月他界）、二〇一五年には梶田隆章《かじたたかあき》がノーベル物理学賞を受賞した〕。

とはいえ、もしそれを突き止めていたら、フェルミは気落ちどころか狂喜しただろう。パニスペルナ通りの若者たちは、新元素など霞むほどの奇跡をなしとげていた。つまり原子核を爆破していたのだ。

核分裂発見の栄誉は、ドイツのベルリン郊外にあるカイザー・ヴィルヘルム化学研究所（現ベルリン自由大学）のオットー・ハーンのチームに回る。一九三八年の暮れ近くに五九歳のハーンは、フェルミの「発見」を自分でも再現してやろうと、助手のフリッツ・シュトラスマンを使い、減速させた中性子をウランにぶつけていた。実験の結果にハーンは頭を抱える。何度くり返しても93番元素などできず、確実につかまるのは56番のバリウム（いまX線撮影に活用される元素）だけ。どうみても、ウランの核が二つに分かれたとしか思えない。

たいていの同僚とはちがって、ハーンはナチス党員ではない。研究仲間のユダヤ系女性リーゼ・マイトナーをドイツから脱出させる際、国境守備兵への賄賂《わいろ》によさそうだと、母親の形見だったダイヤの指輪をプレゼントまでしている。奇妙な実験結果をどうやっても説明できず、行き詰ったハーンはマイトナーにこう書き送る。「うまい説明はないかな？……ウランの核が割れてバリウムになるなんてことがないのは自明だよね」

そのときマイトナーは、甥《おい》の物理学者オットー・フリッシュと、スウェーデンのクンゲルブにいた。ドイツを逃れ（フリッシュの父は収容所送り）、身寄りのない彼らは、誘ってくれた友人の家でクリスマスを過ごしていた。ジェスチャーゲームより原子物理学の話が好きな二人は、壁にぶち当たったハーンを助けようと考える。

たちまち「難民コンビ」は正答を出す。そのころ核（原子核）は、壊れたり割れたりするものというより、粘っこい液滴のようなものだと思われていた。そこに中性子が飛びこめば、液滴は震えるはず。マイトナーは鉛筆を手にスケッチを始める。飛びこんだ中性子のエネルギーが、液滴をダンベル形に変形させたらどうだろう？　核内の電気的な反発力と、核をまとめ上げている力が、互いに打ち消し合う状況ができるのではないか。すると、液滴はぐちゃぐちゃになり、小さい液滴いくつかに分かれるだろう。

要するに、フェルミの「発見」を疑う化学者イーダ・ノダックは正しかった。新元素の合成には、ジレンマというか板ばさみというか、そんな状況がある。十分に大きいエネルギーで中性子をぶつけなければ、クーロン障壁を破って核に入りこめないのだが、エネルギーが大きすぎると核は壊れてしまう（電流が大きすぎるとヒューズ自体が焼き切れるブレーカーに似ている）。マイトナーはハーンに考察結果を書き送り、二人はその現象を「核分裂」と名づけた。

中性子の発見以来、最大級の発見だった。フェルミも英米の科学者も完璧に見逃していた現象だ。フェルミの93番元素と94番元素はあっという間に消え失せ、同時に科学界はハーンとマイトナーが見つけたことの意味を考え始めた。核が分裂すると、核をまとめ上げていた大きなエネルギーが解放される。核一個なら、たいしたエネルギーではない。けれど無数の核が「連鎖反応」を起こし次々に分裂すれば、莫大なエネルギーがとり出せるだろう。核分裂をゆっくり起こせば町中に電気を供給できる……だが野放図に起こせば、町ひとつをまるごと破壊できよう。

フェルミの（解釈ミスの）発見は、新元素合成レースの幕を開けた。かたやハーンとマイトナーの発見は、学術をはるかに越えた関心を引き、原爆（原子爆弾）開発レースの火蓋を切った。

第2章　カリフォルニアの若者たち

一九三九～四一年、93番・94番

二七歳の物理学者ルイス・アルバレスは髪を切りたかった。午前遅くのバークレー校キャンパス内で坂道をゆるゆる歩き、ブロンドの巻き毛を風になびかせ、サンフランシスコ湾まわりの眺めを味わう。数キロ先にアルカトラズ島の連邦刑務所が見え、その先には開通したばかりで長さも高さも世界一の吊り橋、金門橋（ゴールデンゲートブリッジ）が威容を誇る。床屋に着いて理容椅子に腰かけ、満ち足りた気持ちで『サンフランシスコ・クロニクル』を開く。一九三九年一月三一日、木曜日だった。

紙面をちらりと見て心臓が跳ねる。オットー・ハーンとリーゼ・マイトナーの核分裂発見を外電が伝えていた。カットをやめさせ、新聞をつかんで椅子から飛び降り、放射線研究所へと走りだす。キャンパスの中心部、ボザール様式の優美な柱列が飾るルコント棟と、ヴェニスのサンマルコ広場にある鐘楼《しょうろう》ふうの時計台に挟まれた粗末な木造の小屋だ。生化学実験用マウスの飼育ケージや、数式を書き散らかした黒板、「陽子メリーゴーラウンド」と呼ばれる加速器の大きな磁石などで、「小屋」の中は乱雑をきわめている。小屋とはいえ、当時そこは最先端の物理研究室だった。

もつれる足で研究所に滑りこんだアルバレスは、アシスタントのフィル・アベルソンに駆け寄る。「いいか、すごいことを教えてやるぞ。俎板《まないた》の鯉《こい》になれ」。負けん気の強いアベルソンは、にやにやしながら実験台によじ登り、試薬や工具の間で仰向けになる。「核分裂だ！　原子核が壊れるんだよ！」。アベルソンの顔がひきつる。彼もウランの実験を続け、ハーンと同じ現象を見ていたのに、あと一歩のところで先を越されたというわけだ。

アルバレスは止まらない。不覚にも「発明」したマレットヘアなど気にもせず、駆けずり回って仲間にニュースを教えた。ゆくゆくマンハッタン計画の指揮をとるロバート・オッペンハイマーも含めた全員に、自分のラボの装置から、核分裂のエネルギーが飛び出してくるのだと語る。以前から「メリーゴーラウンド」が妙なノイズを出しているのはわかっていたけれど、マシンの狂いだろうとあえて問題にしなかった。早い話が、俺たちはみすみす世紀の大発見を逃したんだ――いつも目の前にぶら下がっていたというのに……。

夕刻には、そのニュースが輪読会の話題に上り、参加していた二六歳の化学者グレン・シーボーグの耳にも入った。彼は自伝『原子力時代の冒険（*Adventures in the Atomic Age*）』でこう回想する。「バークレーの街を何時間もぶらついた。大発見の報に接した高ぶりと、二年近くも気づかなかった寝覚めの悪さで、心ここにあらずのまま」

シーボーグは化学屋だったが、物理屋だらけの環境によくなじんだ化学屋だった。ずいぶんな長身で、笑顔がなんとも印象深く、頬《ほお》にあばたの散るシーボーグ青年は、カナダとの国境に近いミシガン州北部の寒々しい僻村《へきそん》イシュプミングに生まれた。シーボーク家はまだスウェーデンにいた曾《そう》祖父《そふ》の代から機械工を生業《なりわい》とし、みな頑丈で力仕事を得意とする。一八六七年に祖父がニューヨーク南端沖のエリス島（移民検査所）を抜ける際、税関の役人がShöberg（シェーベリ）を英語ふうにSeaborg（シーボーグ）と書き替えた。その役人には、自分の「発明」したスペルが歴史に刻まれるなど、思いもよらないことだったろう。

シーボーグは家ではスウェーデン語を話しながら育ち、「酸化鉄で赤っぽくなった土の道」の村で幼時を過ごす。つらい子ども時代だった。イシュプミングの名がメディアに出たのは、結成直後のアメフトチーム「グリーンベイ・パッカーズ」が同地でアウェー試合を挙行したことくらい（最初の三プレイでパッカーズの三選手が骨折し、救急車で搬送）。一一歳のとき一家はロサンゼルスへ越し、シーボーグはいきなり天然色の世界に放りこまれる。イシュプミングにはラジオもなく、三階より高い建物もなかった。かたや天使の街〔ロサンゼルスの原義〕では、煌々《こうこう》と明かりが灯り、自動車が列をなし、街は石油で潤っていた。ハリウッドに近い華やかな街がすっかり気に入ったシーボーグ少年は、そのほうが格好いいかと、親がくれた名前Glenに「n」を足してGlennと名乗り、科学の世界で自分の運《フォーチュン》を試すことにする。

しかし、科学で大金《フォーチュン》は稼げない。金欠のシーボーグは、工員や実験助手でカリフォルニア大学ロサンゼルス校の学費を稼ぎ、足りないときは高校時代の友人に借金をした。最後は同じ大学のバークレー校に移る。そして一九三七年、歴史を変える運命の歯車が動きだす。キャンパスを散歩していたシーボーグに、放射線研究所の誰かが声をかけ、水溶液からいろいろな元素を抽出するのを手伝ってくれないかと頼んだのだ――シーボーグは最初に目に入った化学屋だったにすぎないけれど、チームの誰よりも有能なメンバーになる。スズやコバルト、鉄の同位体、エミリオ・セグレが見つけた43番元素（一九四七年にテクネチウムと命名）を物理屋がつくり、シーボークは化学仕事を一手に引き受けた。テクネチウム99mやコバルト60など、放射性同位体が医療に使われ始める時期だった（いまもその二つはがんの治療や診断に世界中で使われる）。

バークレー放射線研究所の成功を後押ししたのは、革命的な研究スタイルだった。ローマ市パニスペルナ通りの若者たちとは真逆のアプローチといえる米国のお家芸、ビッグサイエンスだ。巨額の寄付金でそろえた大型の先端機器を、大きなチームで自在に使う。そのスタイルを確立したのがアーネスト・ローレンス。ノルウェーからサウスダコタ州へ移民した一家に生まれ、東海岸のお堅い名門校イェール大学の物理学科を卒業したあと、野望を胸に西海岸へ来た。そして、統括役として辣腕を振るうローレンスが、放射線研究所を近代科学研究の雛型《ひながた》にする。研究者に自分だけの実験は許されない。自分だけの試験管を振り、回路をつくり、化学反応を解析するのではなく、チーム全員が共同研究を進める。大集団が交代制で働き、各人が専門の腕を発揮する。そんな研究体制のゆりかごがバークレーだった。

一九三〇年代にローレンスは、そのころ最先端の装置、粒子加速器（サイクロトロン）の開発を率いた（図2）。部品のひとつを強引にもらって分析し、テクネチウムを見つけたのがセグレだった〔第1章〕。そしてチームの誰ひとり気づかないうち、サイクロトロンは別の新元素も生んでいた。

図2　ローレンスが設計した60インチ（1.5ｍ）のサイクロトロン（加速器）。

その元素は、アルバレスが床屋から駆け戻ったあと、さほど日をおかずに見つかる。チームには、カリフォルニア生まれながら東海岸の名門プリンストン大学で学び、ローレンスに誘われて故郷へ戻ったエド（エドウィン）・マクミランがいた。まだ三十代前半のエドは加速器の操作に習熟し、結果が出るまで匙《さじ》を投げない一徹の実験屋だった。

核は分裂したあと、同じ場所にとどまりはしない。軽い断片なら、四方八方に飛んでいく（さながらミニ核爆弾か）[*]。核分裂が起きていると知ったマクミランは、断片がどこまで飛ぶのか、実験で調べることにした。サイクロトロンで三酸化ウランに重水素イオンをぶつけた直後、おかしなことに気がついた。試料を置いた場所からほとんど動いていないものがある。ウランではないし、ほとんど動いていないため分裂後の断片でもない。しかもその放射性物質の半減期は二・三日と、そのころ知られていた放射性元素のどれにも合わない。ひょっとして、93番ではないか？

途方に暮れたマクミランは、いまやすっかりカリフォルニア人のセグレに助太刀を頼む。けれどセグレはまともな助っ人になりそうもない。周期表を素直に下へたどれば、93番は7族元素のようにふるまうと予想された。だが生じた原子の性質は、希土類やランタノイドと呼ばれる元素群に近い。ランタノイドは、57番ランタンから始まる、性質のよく似た元素の群れだ。性質が独特なため、いまは周期表の本体から外し、「脚注」のように並べる。フェルミの部下時代にやったぞんざいな化学分析からあまり進歩していないセグレは本質をつかめず、妙な結果を些末《さまつ》なことと考え、忘れていいよとマクミランに返答した。あろうことか、一九三九年六月の『フィジカル・レビュー』誌に「超ウラン元素合成の失敗例」という単名論文まで出している。

マクミランはまだ割り切れない。あれが核分裂でできた軽い原子なら、なぜ飛び散らない？　重いウランの同位体だとすれば、なぜ性質がウランとちがう？　疑問が頭から離れなかった。その冬いっぱいを使ってマクミランは、謎の試料をフッ化水素と還元剤で処理してみた。学生実験なみの操作で得た結果は、どれも希土類の性質に合わない。そうこうするうち世情は移る。ヨーロッパで第二次世界大戦が始まり、『風と共に去りぬ』や『オズの魔法使い』が封切られ、キャンパスにはグレン・ミラーやビリー・ホリデイの曲が流れた。そして一九四〇年五月、休暇でバークレーを訪れたアベルソンに（卒業後ワシントンに越していた）、マクミランは「セカンドオピニオン」を求める。アベルソンは二日のうちに、セグレには真似のできない精密な化学分析をしてみせた。

分析の結果は疑いようもない。エドウィン・マクミランとフィル・アベルソンは確実に93番を見つけていた。二人はそれを『フィジカル・レビュー』誌に発表する。だが第二次世界大戦まっただなかのご時世、ほとんど反響はなかった。英・仏・独の大物科学者たちは戦争に動員されていたのだ。核分裂の研究に関心を示したのはソ連だけ（二人の若手が天然で進む核分裂を実証していた）。マクミランとアベルソンの発見に世界の物理学界は興味を示さなかった。それどころか、ブリテンの戦いを前に身動きのとれない英国のジェームズ・チャドウィックから、「ナチスが利用価値を見つけかねない技術については、発言を厳に慎んでいただきたい」という公的な抗議文を受けとっているほどだ。アベルソンは東海岸に帰っていき、マクミランは実験を続けた。

マクミランにつきまとって研究の進捗を知りたがる人物がいた。シーボーグだ。マクミランの何部屋か隣に住んでいたシーボーグは、学内中、彼を追いかけまわして質問攻めにした。学食や廊下、ときにはシャワー室にまで追いかけは及ぶ。新元素のとりこになって、新元素のことなら何でも知りたかった。マクミランは喜んでシーボーグに、最新の試みについて教えた。ウランを重水素（陽子一個＋中性子一個）のイオンで叩き、93番の同位体をつくろうとした話だ。その不安定な同位体がベータ壊変すれば94番になる。しかも、うまくいきそうなのだという。だがある日、キャンパスからマクミランの姿が消える。

＊アルファ壊変でもベータ壊変でも原子はわずかに動く。核の壊変を調べる研究者には、それが頭痛のタネだった。ここだと見当をつけた場所に何もないのだから。

その理由はほどなくわかる。参戦準備中の政府がローレンスに、優秀な学生の「供出」を依頼していた。そこでアルバレスとマクミランをボストンに送り、レーダー監視技術の開発に当たらせたのだ。新元素にこだわるシーボーグはマクミランに手紙を書き、研究を引き継がせてくれと頼む。後日シーボーグは自伝にこう回想する。「エドは間髪いれずに返事をくれた。しばらくバークレーに戻れそうもないため、引き継いでくれるならうれしい、と」

化学者シーボーグは、絶好のチャンスに飛びついた。

＊　＊　＊

酒場で中性子がドリンクを注文する。「いくら?」。バーテンの答えはこう。「お客さんなら、ノーチャージですわ」〔チャージ（charge）は「料金」と「電荷」の両方を意味する〕。

この古くさい核物理学ジョークが、バークレー校化学科にある学内食堂のメニューに堂々と印刷してある。私はテラス席に腰を落ちつけて、カフェインと炭水化物で時差ボケと寒さを追い払う。カリフォルニアは太陽いっぱいじゃなかったのかい? 朝方はかなり涼しく、セーターを荷物に入れなかったのを悔やむ。安売りの店に走って、「I ❤ San Francisco」とプリントしたパーカーでも買おうか……と思ったりもするけれど、とりあえずはホットコーヒーで何とかなるだろう。

バークレーの街は小さい。静かな郊外にはそこかしこにカウンターカルチャーのショップや安いレストランやバーがあり、店を挙げてアメフトチームのゴールデンベアーズを応援している。南へ数キロ行けば、徐々に賑やかさを増しながらオークランドの街へと移り変わっていく。カリフォルニア大学はバークレー市を見渡せる場所に建つ。きれいに刈りこまれた芝生とスマートな建物が坂を覆い、標高五三六メートルのグリズリー・ピーク公園へとせり上がっていく。物質世界を否定したアイルランドの司教ジョージ・バークレーの名にちなむこの街は、いつの世も、左翼文学のアレン・ギンスバーグやロックバンドのグリーン・デイなど、進取の気に富む人々を引き寄せた。左翼思想に染まった名残が、街灯の柱や店々の窓に貼られた「Occupy（占拠せよ）」や「Resist（抵抗せよ）」の文字からうかがえる。一九六〇年代の湾岸地帯はヒッピーとベトナム反戦運動の震源地だった。いまはＬＧＢＴ（性的少数者）の権利運動が盛んで、エセ科学を断固否定している。

　カリフォルニア大学バークレー校は世界屈指の研究拠点だ。ローレンスの放射線研究所を皮切りに、ノーベル賞学者を続々と輩出し、科学の革新を八〇年間も率いてきた。構内をぶらぶらすれば、ビッグバンの世界的権威ジョージ・スムート〔二〇〇六年ノーベル物理学賞〕や、ゲノム編集の基本技術ＣＲＩＳＰＲ《クリスパー》－Ｃａｓ９《キャスナイン》で名高い女性化学者ジェニファー・ダウドナ〔二〇二〇年ノーベル化学賞〕の実物に出会えたりする。重要なことが進んでいる空気はキャンパスの隅々にまであふれ、さらには軽妙さやちょっとした悪戯心まで感じられる。精神世界に生きたバークレー司教の御心《みこころ》にかなうのかどうかは神のみぞ知る。

　ルコント棟と時計台は当時のままでも、木造の放射線研究所はとうの昔に解体された。学生のひしめく学内で放射能の実験はまずいというわけだろう、後継のバークレー研究所（現ローレンス・バークレー国立研究所）は、キャンパスの奥をさらに登った丘の中腹にある。坂登りには、徒歩でもいいし便利なシャトルバスに乗ってもいい。

この旅の目的はバークレー研究所の訪問ではない（それはまた別の機会にしようと思う）。今回は、ローレンス研に集う若手が育った建物、石造のギルマン棟を見学したい。一九四〇年にシーボーグは同輩のジョゼフ・ケネディとアーサー・ワールを引きこんで、マクミランの実験を続けた。自分たちの研究が原爆に転用できるとわかったあとは、秘密裏に実験を進める。新元素の大量製造に必須な分離法を仕上げるには、邪魔の入らない実験室が望ましい。ギルマン棟の三階はうってつけの場所だった。

オーク材の重厚な扉の玄関を入り、正面のコンクリート階段を上がる。手摺《てすり》はどっしりした金属とつるつるの塗装された木でできている。どんどん階段を上がり、最上階の屋根裏空間に着く。いまは化学科の事務室だが、シーボーグの時代は実験室で、流しや実験台、試薬瓶、ビーカー、蒸留器、ブンゼンバーナー、試料容器、水切りラックなどが縄張りを争っていた。ハリウッド映画に出てくるだだっ広い実験室とはちがい、長身のシーボーグには窮屈だったろう。天井にむき出しのパイプが走る色あせた廊下を進むと、緊急用シャワーの脇に頑丈な扉が現れる。扉に下がった二枚の額に、開かずの間となった307号室で起きた出来事が書いてある。まさしくここで、グレン・シーボーグと仲間がプルトニウムをつくったのだ。

一九四〇年の一二月中旬、マクミランの指示書どおりに実験した三人は、93番元素の新しい同位体を得た。ベータ粒子をさかんに出しているため、別の元素に変化している可能性が高い。けれど同時に、アルファ粒子を出すものもできている。93番はベータ壊変で娘（94番）を生みもしているのだろうか？

湿っぽい冬のあいだじゅう実験は続く。307号室はたちまち試薬や反応産物の悪臭に満ちたので窓を開け放ち、作業はおもにベランダで行う。まわりから丸見えのまま、二十代の三人は人類史上いちばんの機密物質をいじった。大半の作業は夜に行い、三人は放射性の試料をつかみ、隠れ家（ギルマン棟）と放射線研究所（サイクロトロン）の間を駆け足で往復した。何はともあれ94番が実在するのを確かめたい。

ブレークスルーの瞬間はお約束のパターンで到来した。研究では往々にして、ラボにひとり居残ったときにすごい結果が見つかる。一九四一年二月二一日の夜、[*]湾岸地帯を暴風雨が見舞った。屋根裏に残っていたのはワールだけ。風雨が荒れ狂い、部屋が軋む。ときおりとどろく稲妻が、どしゃ降りの戸外を照らす。真夜中を少し過ぎたころ、重たくなってきた瞼《まぶた》にあらがってワールは最後の化学操作をやり終える。注目点は、酸化数の変化（化合物をつくるときに原子がやりとりする電子の数）だった。ワールたち三人はちょうど、93番の放射性「娘」の酸化数が既知元素よりだいぶ大きいのを見つけたところだった。まさしく94番にちがいなかった。

歴史の重みを感じつつギルマン棟の中にたたずんでいると、想像せずにはいられない。ベランダのドアが暴風でバタンと開き、差しこむ稲光にぼんやり照らし出されたワールの引きつった笑顔を。

＊307号室の扉にかかった額には「二月二三日」とある。だがシーボーグは口を開くたび「大嵐の日」だと言っていた。私は彼を信じたい。

科学史の中で、マッドサイエンティストのイメージがこれほどふさわしいシーンはほかにないのではなかろうか。

＊　＊　＊

原爆は（原発も）連鎖反応のおかげで役目を果たす。原子一個が出すエネルギーで爆弾はできない。原爆には「分裂可能な」核が必要になる。一個の中性子を吸収したとき、ビリヤードの玉がスタック（玉の集団）に当たったときのように、「二個以上」の中性子を出す核だ。すると、飛び出した中性子が別の核に吸収され、新たな中性子が飛び出す。さらにその中性子がまた別の核に吸収され……とネズミ算式に核分裂が続く。分裂可能な核が一定量（臨界量）以上あれば、連鎖反応は途切れずに続く。原子一個の核分裂だと小さなちりを動かす程度でも、六キロならひとつの都市を破壊し尽くせる。

一九三九年の暮れには、アルベルト・アインシュタインの要請*に応え、フランクリン・ルーズベルト大統領が原子爆弾の実現可能性を検討する委員会をもう立ち上げていた。分裂可能な核の材料としてさしあたりの選択肢は、天然にもあるウラン235だ。天然ウランの中に〇・七％しかなくても（九九・三％はウラン238）、ガス拡散装置を使えば濃縮できる〔原爆にはウラン235の濃縮率九〇％以上が必要。原発は濃縮率三％でよい〕。

もうひとつの選択肢がシーボーグの94番元素だった。一九四一年の夏には、シーボーグらはそれが新元素にまちがいないと確かめているが、ワールが詰めにとりかかる前にも、新たにできた同位体のひとつは分裂可能だとわかっていた。そこへ、なじみの顔が加わる。マクミランの結果を否定したセグレは以後、別のチームと研究し、それまで空席だった17族の85番元素（一九四七年に命名されるアスタチン）を見つけていた。そのセグレに、ローレンスは85番も原爆になりそうかどうか、シーボーグと二人三脚で調べてくれと頼んだのだ。

声のかかったシーボークは気乗りがしない。セグレは三流の化学屋だし、イタリアはいまや敵国だから、研究の詳細を漏らすことは許されない。かなり異常な状況だった。なにしろ、試薬をそろえてセグレに指示を出したはいいが、どういう物質をどんな理由で使うのか、くわしく口にできない。だがセグレには、シーボーグにない絶好の伝手《つて》があった。かのエンリコ・フェルミだ。中性子を当てる標的のウランをチームが大量に必要としたとき、セグレはそのころ東海岸にいた「教皇」に電話する。ほどなくフェルミの手回しで、五キロのウランがバークレーに届く。うち一・五キロを「ちぐはぐコンビ」がサイクロトロンに入れて中性子照射したところ、わずか一マイクログラム（百万分の一グラム）とはいえ93番元素ができた。さらに、それがベータ壊変を起こして94番になるのも確かめた。

94番元素を手にした二人はやがて、同位体のひとつが分裂可能だという事実をつかむ。おまけに

＊一九三九年八月二日付の手紙は、ハンガリーを逃れて米国に来たユダヤ系物理学者のレオ・シラードが書き、署名して大統領に送ったのがアインシュタイン。アインシュタインの言葉となれば、誰もが耳を貸しただろう。

実験結果から、94番が核分裂するスピードはウランより一・七倍大きいとわかる。ただの選択肢どころか、ベストな選択肢だった。

大統領諮問委員会のメンバーだったローレンスは、シーボーグ青年を代理出張させ、発見したことをアーサー・コンプトンに伝えさせた。コンプトンも諮問委員会のメンバーで、原爆開発の実現可能性について報告書を作成する任を負っていた。コンプトンはシーボーグの話に耳を傾けたが、とりあえず94番元素のことは大統領に伏せておこうと決める。一九四一年一二月六日、諮問委員会が召集され、ウラン235を使う原爆の製造計画が立ち上がった。

会合後にコンプトンは委員会のメンバー二名と昼食をとり、ウラン235の代案として94番元素のことを口に出す。コンプトンはそれまでにローレンスらの話を聞いて、バークレーの発見はさらに調べを進める価値があると思うようになっていた。コンプトンは二人にこう話した。「シーボークが言うには、今回のもの［94番］は半年以内につくれる。しかも、爆弾に利用できる量を用意できるらしい」

同席していたハーバード大学のジェームズ・コナント学長は、コンプトンの提案を鼻であしらった。「グレン・シーボーグはまぁ切れる若手らしいが、そ
こ
ま
でじゃないぞ」。それでも三人は、米国の参戦を見越し、ウランの「代役」を用意しておくのは悪くない、という点で合意した。

合意から二四時間後、日本が真珠湾を奇襲する。

第3章　原子爆弾と新元素

一九四一～四三年、95番・96番

一九四一年の夏、新元素94番を売りこもうと米国の空を飛び回っていた二九歳のシーボーグは上の空だった。ある人のことが片時も頭を離れない。この一年、ローレンスの居室にしじゅう出入りしたのは、秘書のヘレン・グリッグスと話したかったからだ。二四歳のグリッグス嬢に夢中だった。アイオワ州スー市の施設で生まれた孤児のヘレンは、引きとってくれた養父母からしっかりした躾《しつけ》と職業倫理を教わった。養父が他界すると、養母とカリフォルニアへ越し、バイトをしながらカレッジを出て大学に入る。卒業研究のかたわら、放射線研究所の秘書室で仕事を始め、一九三九年に卒業したとき正規の秘書になった。皮切りの仕事は、ボスのローレンスにノーベル賞受諾を承知させること。そのときボスはテニスの最中で、前年のエンリコ・フェルミとはちがい、ストックホルムからの電話を待たせる余裕があった。

ローレンスの秘書だったグリッグス嬢はギルマン棟の屋根裏も知っていた――なにしろシーボー

グらの報告書を清書したのは彼女だ。シーボーグが新元素に熱を入れすぎて前のガールフレンドとのデートをすっぽかし、破局したばかりだということも知っている（そのことをシーボーグは自伝で、きまり悪そうにこう回想している。「前の子は、僕が自分より研究のほうを選んだと思ったんだ。でもまぁ、そういうことなんだと思う」）。

ともあれグリッグス嬢は、背が高くて純朴な彼に惹《ひ》かれた。あるときシーボーグは、友人のメルビン・カルビン〔光合成の研究で約二〇年後にノーベル化学賞〕に空港まで迎えに来てもらう。カルビンはそれにグリッグス嬢を誘ってみた。すると、彼女はいそいそとカルビンの「オールズモビル」に乗りこんだ。カルビンはシーボーグが秘書にぞっこんなのを知っていた。そこで、煮えきらないシーボーグにイラついていたカルビンは、恋のキューピッドになろうと心を決める。グリッグス嬢にとっては渡りに船というわけだ。

オールズモビルはかなり目立つオープンカーだ。ボンネットがタクシーの車体ほど長く、アールデコ調の流線形が豪華さを演出する。夜行便でオークランド空港に降り立ったシーボーグは、助手席のグリッグス嬢に気づいてどぎまぎする。シーボーグは運転席に座った（後日、自動車保険を肩代わりするかわりに、好きなときに車を使わせてもらえるようにした）。バークレーでカルビンを降ろし、そのままワイン畑が続くカリフォルニアの美しい丘をグリッグス嬢とドライブした。サンフランシスコ湾を囲むように連なる丘の頂上を走ると、遠くリヴァモアののどかな田園地帯まで見晴らせた。ドライブ中、シーボーグはしゃべり続ける。ついに、秘密を打ち明けられる話し相手ができたのだ。新しいガールフレンドはうっとりと耳を傾ける。お似合いのカップルだった。

真珠湾攻撃を機に米国が参戦したあと、グリッグスはまめまめしくシーボーグを助ける。原爆開発の「94番」部分はコンプトンが仕切った。シーボーグは、十分な量の94番をつくれるという自分の言葉にプレッシャーを感じ始めていた。自身が当時をこう振り返る。「それまでは目標に向かってジョギングをしていた。それが突然、全力疾走になった」。一九四二年の初め、シーボーグは94番づくりの指令を受ける。コンプトンは配下の科学者全員を、シカゴ大学に新設された冶金学《やきんがく》研究所〔暗号名〕に集結させるつもりだ。だからシーボーグも東へ向かうことになる。

シカゴ行きを指示された日の夕刻、シーボーグはついて来てくれるかどうか確かめたくて、グリッグスをフライドチキンの店に誘った。照れ性のため、ずばりとは切り出せない。二人で彼女のアパートに帰ってからも、なかなか言葉が出てこない。そして最後に、こうぽつりと漏らした。「『結婚してほしい』ってどう言えばいいか、いま考えてるんだけど」

グリッグスは一も二もなくうなずいた。

婚約の話を聞いてローレンスはのけぞった（二人のロマンスはプルトニウム以上の機密だった）。たちまち噂が放射線研究所を飛び交う――シーボーグは有能な秘書がほしくてプロポーズしたらしい。そんな雑音など二人はまるで気にしなかった。一九四二年の四月、ちょうど三〇歳の誕生日、シーボーグはシカゴに入る。二か月後にヘレンを迎えに戻った。カリフォルニア州を出た二人は、ネバダ州に入ってすぐの町で「にわか仕立ての」式を挙げ、シカゴの新居へと向かう。

その三か月前の一九四二年三月、新元素二つに名前がついていた。機密事項だったためチームは初めのころ暗号名で、93番をシルバー（銀）、94番をカッパー（銅）と呼んだ。それでも何とかやれていたが、本物の銅の話をする必要が出たとき問題になった。銅そのものを「正真正銘の銅」と呼ぶはめになったのだ。けれど発見が知れ渡ったいま、「シルバー」や「カッパー」と呼ぶのは混乱を招くだけだ。別の名前をつけなきゃいけない。*

　シーボーグとマクミランが名前の候補を出した。まずは、周期表の果てなので極端《エクストリーム》と究極《アルティメット》から「エクストレミウム」「アルティミウム」が浮かんだが、惑星の名からとるほうがよさそうだと思い直す。一七八九年に発見された92番ウランは天王星《ウラヌス》から命名された。そこでマクミランは、天王星の先にある海王星《ネプチューン》にちなんで93番をネプツニウムと命名する。シーボーグも右へならえで94番を、海王星の先にある冥王星《プルートー》からプルトニウムと名づけた。とくに古典好きというわけでもなかったシーボーグは、いずれ恐ろしい原爆になるプルトニウムがローマ神話の「冥界（地獄）の王」プルートーに由来していることにまったく気づかなかった。**

　どの元素にも、アルファベット表記の冒頭一文字か二文字を使って元素記号を割り当てる。ネプツニウム（neptunium）は、Neがネオンに使用されているためNpとなる。プルトニウム（plutonium）はPlとするのが筋のところ、屋根裏部屋の悪臭が頭にこびりついて離れないシーボーグは、周期表がらみの「最高にクサい」ジョークとして、pee-eew《ピーユー》（くっせぇ！）からPuを選んだ。

　シカゴに移ったシーボーグに話を戻すと、プルトニウムの大量製造法を見つける必要に迫られていた。従来どおりのペースなら、「爆弾量」をつくるには二万年もかかる。なにしろ、地球上でいちばん希少な原子を一〇億倍に増やさなければいけないのだ。自伝にこう書いている。「一〇億は途方もない数字だ。たとえば、直径三ミリの球を一〇億倍に拡大すれば、だいたい月のサイズになる」。おまけに、分裂可能なプルトニウム239でなきゃいけない。ほかの同位体は連鎖反応を起こさず、爆弾になってくれない。

運よく身近に才人がいた。エンリコ・フェルミも風の街（シカゴ）にやって来ていたのだ。「教皇」は、シカゴ大学の球技場、外野席を庇《ひさし》にしたラケットボールのコート上に、鬼才にだけひらめくものを建造中だった。板張りの床の上に、黒鉛ブロックの山《パイル》（黒いレンガと木材を雑に積み重ねたもの）ができていた。その中に棒状のウランを挿しこめば、内部で中性子が跳ね回る。フェルミは、中性子捕獲の持続的で制御可能な連鎖反応を起こそうとしていた。うまくいけば、前代未聞のスケールで分裂可能な物質を生産できる。

史上初の原子炉だった。だが、フェルミがつくった「シカゴのパイル」はいつまでもそこに置いてはおけない。大都会のど真ん中、球技場の原子炉に目をつぶってくれる市民はいないのだ。ひとけのない静かな場所に移設するほかない。

うってつけの場所がテネシー州にあった。

＊　＊　＊

＊暗号名はほかにもある。マンハッタン計画のさなかプルトニウム239は、原子番号94と質量数239の末尾どうしをつなげて、「49（フォーティー・ナイン）」と呼ばれていた。

＊＊冥王星は二〇〇六年の八月に「準惑星」へ降格されたため、シーボーグの命名理由は的外れになってしまった。

「研究所にいらっしゃるのね」。エスプレッソをそっと置きながら、女性バーテンダーが微笑みかける。きびきびした足運びはエスプレッソの弾ける泡のように小気味よく、本場の南部訛《なま》りが耳をくすぐる。こちらも微笑みで返した。

「なんでわかったの?」。私はとっておきの(ただし少々くたびれた)グレーのスーツで決め、湿っぽいテネシー州に合わせてゆったりめのシャツを着ていた。テネシー州北東部のノックスビルは、太い高速道路に面しながらも活気がない。しわの寄った緑の絨毯《じゆうたん》さながらにうねるグレートスモーキー山脈の先には、西部開拓の英雄デイビー・クロケットや、米国民をバーボン漬けにした帝王ジャック・ダニエルを生んだ町がある。ノックスビルは、テネシー川が削り出した谷沿いにあり、一九八二年万博のシンボルタワー(サンスフェアと呼ばれる金色の巨大な球部が目を引く)と、テネシー大学が所有する一〇万人収容のネイランドスタジアムだけが売りという小都市。最近の話題は、元WWE(世界レスリングエンターテインメント)のレスラーが郡の首長をしていることくらいか。テネシー州の三位一体《トリニティ》——神とカントリーミュージックとアメフト——の前では、私の素性などまるで見当もつかなかったはずだ。

バーテンダーはカウンター越しに身を乗り出し、私が広げていた『*The Making of the Atomic Bomb*』〔邦訳『原子爆弾の誕生』紀伊國屋書店〕のページを爪でとんとん叩いた。「これがヒントね」と片目をつぶる。少々ばつの悪い私は本をバッグにしまい、眠気覚ましのエスプレッソを飲み干して車に戻った。

七五年前にそんな会話はありえなかったろう。第二次世界大戦の幕が開く前、ノックスビルから西へ少しだけ出たこのあたりは、木々におおわれた谷とのどかな農地が連なる場所だった。数少ない住民は貧しく、一家族あたり年にわずか一〇〇ドルでやりくりしていた。高速道路を別にして、道らしいものは埃が舞い立つ小道だけ。けれど電気はいくらでもあった。一九三〇年代の大恐慌時代にルーズベルト大統領の号令で、貧困対策にもなる公共事業（ニューディール政策）が進められ、一帯に水力発電の巨大なダムがいくつかできていた。

核をいじる機密基地にもってこいの場所だった。高速道路と鉄道に近いため、道路の建設も物資の輸送もしやすいし、片田舎なので秘密も守りやすい。十分な電力も約束されていた。いちばんいいのが、マンハッタン計画のいくつもの部門をそれぞれ別の谷筋に置けるところ。たとえ原子炉が暴走しても、ウラン濃縮やプルトニウム抽出といったほかの工程が——総司令官レズリー・グローヴズ准将がたとえた「連結爆竹」のように——全滅してしまうおそれはない。

一九四二年の暮れ、クリンチ川沿いの小さな村、スカーボロやホイートで、民家の戸口に退去命令書が貼られた。住民は家財をまとめ、六週間以内に退去しなければいけなかった。立ち退き後に軍が入ってきて、総延長二七キロの谷間を占拠する。九か月のうちに泥道や森は機密基地へと生まれ変わり、一九四五年の終戦時には、名うての科学者から単純労働者まで七万五〇〇〇人がそこで暮らしていた。工場の作業はおもに若い女性が担当し、施設の守衛は戦いから外されて不満をくすぶらせる兵士たちだった。新参の住民からファストフード業界の傑物が出た。カフェテリアの副店長だったハーランド・サンダースがカーネル〔中西部の名誉称号。軍隊なら大佐〕を名乗り、ケンタッキーフライドチキン社を創業したのだ。

にわかづくりの道とプレハブ建屋の町は、シーボーグの目に映画のセットかと見えた。道路から舞う埃があたりかまわず降り積もる。だが埃をかぶった屋根の下では、史上最大の工学プロジェクトが進んでいた。ある谷筋には、当時世界最大の建屋（ガス拡散工場K－25）があり、床面積一五・二万平方メートル（正方形なら三九〇メートル四方）もの施設でウラン235の濃縮が進む。別の谷には、Y－12と呼ばれる工場が建てられ「カルトロン」が設置された。ウランを磁場で分離する、陸上競技のトラックのような形状の装置だ。そして、下町の鉄工所と見まがうトタン張りのX－10。そこではフェルミの原子炉を使ったプロジェクト――シーボーグを苦悩から解き放つプルトニウム239の量産試験――が進んだ。

谷じゅうを埋め尽くす施設群は、「クリントン工兵廠《こうへいしょう》」とわざと平凡な名前で呼ばれた。新開地の呼び名も、スパイの気を引かないようにと、「オークリッジ（オークの茂る尾根）」になった。

いま「機密の町」の中心には、オークリッジ国立研究所がある。最先端の科学を次々に生み出す、世界屈指の研究施設。重点領域には、クリーンエネルギーや極限環境材料と、世界でここにしかない装置を使う研究がある。あるラボは3Dプリンタで潜水艦のボディをつくった。別のラボは超高強度の光ビームを使ってナノサイズ回路をつくる。また、国内最大規模の炭素繊維研究設備をもち、民間と共同で宇宙技術を開発しているところもある。同ラボのスパコン「サミット」は世界最速を誇る。バスケットボール場ほどの空間を占める「サミット」は、電力消費が近隣の村ひとつ分より多く、一秒間に二〇京《けい》回（二〇〇〇兆回の一〇〇倍）の計算をこなす*〔二〇二〇年六月、理研と富士通の開発した「富岳」が「サミット」を抜いて世界最速となった。計算速度は毎秒四〇京回以上〕。最新の中性子ビーム装置は、建造に一五〇億ドルを投じた。フェルミが走ったローマの廊下や、シーボーグの「くっせぇ」屋根裏部屋から、ずいぶん遠くまで来たといえよう。

ガイド役の元副所長ジェームズ・ロベルト氏が、「過去三年の総研究費は四五〇億ドルでしたよ」と教えてくれた。私たちは彼の車で敷地内を移動している。オークリッジは研究所というより総合大学のキャンパスに近い。市民に開放された広場があり、広場のまわりに手入れの行き届いた芝生と近代的な建物が配されている。わずかに異なるのは、国内最高レベルのセキュリティが敷かれ、飲酒は厳禁、喫煙は指定場所のみで可能ということくらい。有能な研究者なら国籍を問わず受け入れる。道端に群れている野生の七面鳥をよけつつ、ロベルト氏がこう補足。「機密基地だったオークリッジは、おおむねオープンな科学研究所に変わりました。一年間に出入りする客員研究員は三二〇〇名ほど。機密研究はまだ太い柱ですけど、価値の創造も任務です。少なくとも一〇年に一度くらい、一〇〇億ドル級のイノベーションが生まれますね」

敷地から出て尾根《リッジ》を登れば、オークリッジの産業拠点が見えてくる。ロベルト氏は解説を続ける。「終戦まで、ここにはクリントン炉《パイル》がありました。戦後はオークリッジX－10黒鉛炉と呼びますがね。当時は世界一の中性子源でした。［ハンガリーから来たユダヤ系物理学者］ユージン・ウィグ

＊世界最速「サミット」の部屋に案内してもらった。オペレータの面々は、映画『ウォー・ゲーム』をネタに軽口を叩きまくるとか、ビデオゲーム『クライシス』の達人だとか、そんな人ばかりだ。「うっかり電源を切ったらどうなります?」と質問したら、一瞬ポカンとしたあとこう返された。「またオンにするだけ。ただのコンピュータだし」

ナーが、その近くに中性子源を含めた国立研究所をつくろうと提案します。原子力産業を育てたい政府は、核燃料や同位体を生む原子炉がほしかった。……当時、ヨウ素131とリン32、炭素14をつくれたのはここだけ。いまも、よそでつくれない同位体をつくっていますよ」。終戦から一年のうちにオークリッジは、放射性同位体を製造して全国の医療機関に配る場所になっていた。放射能はこんなふうに命を救うのにも使えるのだ。

ロベルト氏は車を停めた。外へ出ると前方に、木々にくるまれたような風情で小型原子炉が見える。「原子炉は一三基つくりました。これから向かうのは、一九六五年に完成した一三号基です。今日はあいにく、燃料の交換は見学できませんが……」

「え？　原子炉を見せていただけるんですか？」

ロベルトは頬を緩めて歩きだす。「何も壊さないようにお願いしますね」

＊　＊　＊

X－10（旧名クリントン炉）は現存する。いまは歴史的建造物に指定され、博物館として生まれ変わった。訪問者は炉壁を登り、「安全第一」でもなかった一九四〇年代の作業工程を見学できる。内部の放射能は定期的にモニターされている。機密保持はいまもきびしく、玄関に戻るまで写真撮影は許されない。だが一九四三年の創設時は、X－10がまともに働くのかどうか目星などついていなかった。

原子炉X－10は簡素かつみごとに設計されている。七立方メートルもの黒鉛塊（鉛筆の芯と同じ材料）でつくられ、片側に一二四八個の穴が開けてある。原子炉を囲むのは、厚さ二メートルのコンクリート壁。三人の作業員が足場に登り、棒を使って長さ一五センチのウラン燃料を穴に押しこむ（図3）。ウランの出す中性子を黒鉛が減速し、核分裂の連鎖反応をスタートさせる。燃料棒の寿命がきたら新品に入れ替え、使用ずみ燃料は棒で押し、水槽内に落とす。そのあと水路経由で隣の建物へ移し、プルトニウムを抽出する。X－10には安全機構が備わっていた。中性子を吸収しやすいカドミウム合金の制御棒が、何本か電磁石で吊り下げてある。異常を察知したら電磁石への通電を切って制御棒を落下させると、核反応は止まる（メルトダウンが起きそうになったら、全員が一致団結して作業するため、フェルミはそれを「スクラム・システム」と呼んでいた）。

原子炉は一九四三年の一一月四日に臨界を迎え、一二月中旬に最初のプルトニウムができた。あとはプルトニウム239を抽出する方法を見つけるだけだ。

シカゴではシーボーグが、一年かけて抽出を担当する化学者チームをつくった。口で言うほど簡単な仕事ではない。元素合成を率いたローレンスもフェルミも、アベルソンもセグレもマクミランも、蜘蛛《くも》の巣のように広がり始めた機密研究の網に絡めとられ、めいめいの仕事で手いっぱいだった。無名に近い三十代前半のシーボーグに課せられたのは、米国のトップレベルの化学者に、彼らのキャリアを犠牲にして別の仕事をするよう八方手を尽くして説得すること。しかも仕事の中身は伏せたうえで。セールストークを日記にこう書き残している。「貴兄がこの先の人生で何をなそうとも、この計画で行う仕事以上に、世界の未来にとって大事なことは絶対になしえないのです」。

図3　オークリッジのX-10黒鉛炉にウラン燃料棒を差す作業員。

説得は功を奏し、五〇名のチームができた。

最初に手を挙げた参加者のひとりが、大親友のスタンリー・トンプソンだった。誕生日に一か月しか差のない二人はロサンゼルスの同じ高校に通い、科学への情熱で意気投合する。悪戯《いたずら》者のトンプソン（シーボーグいわく「突然タックルしてきてレスリングしたがるような奴」）も化学では（少なくともシーボーグより）頭角を現し、やはり同じカリフォルニア大学ロサンゼルス校に進学した。トンプソンは友達甲斐のある男で、大学時代、学費の工面に困ったシーボーグがあわや退学かというときも支援してくれた。

当時スタンダード・オイルで働いていたトンプソンを、シーボーグはプルトニウム計画に欠かせない「化学屋のなかの化学屋」とみた。こんな手紙を出したらトンプソンがシカゴに飛んできた、とシーボーグは自伝に書き残している。

ここの研究はものすごく意義深い。たぶんこの国で最重要の戦時研究プロジェクトだ。そういう性格のものだから、戦後になっても重要性はほぼまちがいなく消えないし、きっと巨大産業へと発展していく。［……］あいにく仕事の中身は書けないけど、僕のこれまでの仕事を知っている君なら推測できるのでは？　すごく興味深い種類の研究だよ。要するに、いままでの研究人生で僕がいちばん興味を引かれたものだ。

数か月のうちトンプソンは、世界屈指の才能を開花させた。石油化学の現場にいた彼は、アカデミアの同僚たちには望むべくもない反応のスケールアップ技法にたけていた。そして、直感と忍耐力、細部まで目配りを忘れない姿勢が、新天地で彼をリーダー格にした。後日シーボーグはトンプソンを「知るかぎりで最高の実験化学者」と評する。二〇世紀後半の世界的な大物科学者ほぼ全員を知っている男が贈った賛辞なのだ。

さらには、独自路線を行くやや場違いな人間も加わった。ヘレンの秘書仲間ウィルマ・ベルトと結ばれたアル（アルバート）・ギオルソだ。バークレー研究所で電話配線の仕事に雇われ、実験室ではガイガーカウンターをつくっていた。地味な仕事でも、月並みな学歴だからやむをえない。見た目はそうとうな変人だった。シーボーグより頭ひとつぶん背が低く、髪はポマードでテカテカ、黒縁のメガネをかけ、白いシャツの胸ポケットにいつも万年筆を挿した。バークレーからほど近いアラメダの農家で育ち、父親は禁酒法時代（一九二〇〜三三年）に酒を密造していた。オークランド空港に離着陸するための空路の真下で育ったギオルソ少年は、まず飛行機に、のち無線通信に心を引かれる。子ども時代からいじり続けたハム通信機は、カレッジ入学のころ、四〇〇〇キロ先のオハイオ州と交信できた。波長五メートル（六〇メガヘルツ）帯域にかぎると、当時の世界記録をゆうに超える。けれどまさに彼らしく、無届けの身だったため（通信免許はとる気など毛頭なかった）、「戦果」の申告はしていない。

一九四二年の中ごろ、政府が増兵を始める。ただの陸軍に徴兵されるなどまっぴらだったギオルソは、海軍関連の任務に応募しようと考えた。だが必要な推薦者に心当たりはない。そこで妻ウィルマが、シーボーグに頼んでみたらと勧める。そのころはまだギオルソとシーボーグはほとんど互いを知らない。ギオルソからの手紙がシカゴに届くと、シーボーグはそれを細君にも見せた。ヘレンは、夫の望む技術オタクはまさに彼だと見抜き、ひとこと――「雇いなさいよ」。シーボーグは、推薦状に仕事の提案書も添えて返信した。ギオルソは結局こちらを選ぶ。二人の女性が共謀し、歴史上最も実りの多い共同研究を生んだというわけだ。けれどトンプソンとちがってギオルソは、そのオファーにすぐ飛びついたわけではない。けっしてガイガーカウンターづくりはさせない、とシーボーグに承諾させてからサインしたのだ。

頑固一徹のギオルソは、他人とちがう方法で結果を出す。論文ではいつもシーボーグ軍団の最下層という扱いだったが、学歴が平凡なのでやむをえない。ギオルソは電気工学の学部卒より上の学位は不要と思っていたのだ。テレビは（脳みそが腐るからと）買わず、手近なものになぐり書きし、過激な意見をずばずばと吐く。ただし、他人を思いやる心は強かった。後年、同僚のマイク・ニシュケがエイズで死の床についたときは看病のほか、気持ちや金銭の面でも世話を焼き、のちに「ニシュケ記念基金」も立ち上げた。バークレーの重元素チームのケン・グレゴリッチがギオルソをこう評する。「奇人変人……熱くなりすぎるときもある……技術者というよりは発明家だった。技術者は職業だが、発明家はそうじゃない。彼は、物事が機能する既知の方法と、うまくいきそうな方法をひたすら考えていた。『だから、これも同じようにうまくいかなきゃおかしい』って。あとは、やってみる、試してみるというわけ」。だいぶ後年のバークレーOGとなるドーン・ショーネシーも、ギオルソの型破りな研究スタイルを懐かしむ。「実験のターゲットをぶっ壊しておいて、黙っていたアルの話は語り種《ぐさ》ね。『あの雲は何だ?』とラボを歩いていた人が口々に話していると、アルはこんなふうに返したりしたわ。『そうそう、あれは放射性の雲だから。吸いこむなよ。そうすりゃ問題ない……』って」

シーボーグがシカゴで結成したチームの任務は、プルトニウム239の大量製造法の確立だ。超微量分析法の先駆けだったともいえる。そのために特別な機器をつくった。たとえば試料の重さを量るには、髪の毛ほど細い石英ファイバーの一端を固定したものを使う。他方の端に試料を載せて、ファイバーの曲がり具合から質量をはじき出す。シーボーグに言わせると、「見えないものの重さは見えない秤《はかり》で量る」わけだ。一九四二年一二月、フェルミが観客席の下の「炉」で遊んでいる間にスタンリー・トンプソンは、リン酸ビスマスを使う効率のいいプルトニウム抽出法にたどりつく。抽出収率（と以前の失敗で生じた無駄）を考えると、ごくわずかなプルトニウムも無駄にできなかった。

ときに思わぬ事故もある。被曝しないよう抽出作業は鉛ブロックを隔てて行い、鏡をのぞきながら手を動かした。ある日の夕刻、鉛ブロックの一個が倒れてビーカーを直撃し、地球上にあったプルトニウム239の四分の一を『シカゴトリビューン』紙の日曜版が吸ってしまう。すかさず化学の知恵を動員し、新聞を硝酸に溶かして試料の大半を回収した。

研究者の安全確保も課題だった。プルトニウムの出すアルファ粒子は紙一枚でさえぎれても、まんいちプルトニウムが体に入ると骨にたまって、内部被曝というゆるやかな死へのプロセスを引き起こす。ある晩、作業員が素手で試験官を強く握りすぎ、手の平で割ってしまう。シーボーグは彼の手にくっついた約一ミリグラム（フケ程度）のプルトニウムを回収した。作業員は、放射線がほぼ検出されなくなるまで、ものを口に入れるときに手袋をさせられた。順当な処置だった。

科学者たちの疲労も気がかりだった。みな週に六日、朝から晩まで働いていたのだ。シーボーグは夜ごとストレス性の発作に見舞われ、ついには高熱を出して何日か入院するはめになる。神経系の不調に対処するため、彼は体を動かすことにした。たちまちゴルフやトレッキング、階段の駆け登りにのめりこみ、不安症もすっかり消えた。

シカゴでは、核分裂の連鎖反応は実現可能だとフェルミが実証する一方、シーボーグはプルトニウムの分離に目星をつけた。オークリッジで、その二つが融合する。一九四四年、チームはプルトニウムの量産にこぎつけたのだ。化学面を率いるトンプソンは、ワシントン州ハンフォードのパシフィック・ノースウェスト国立研究所内に隔離された一五五〇平方キロの工場に派遣され、初のプルトニウム生産ラインの主任になった。新元素がいよいよ工業レベルで量産されるのだ。

＊　＊　＊

ロベルト氏の案内で、高中性子束《こうちゅうせいしそく》アイソトープ原子炉（ＨＦＩＲ）の制御室に入る。見学用の窓越しに見えるプールの水の中から、不気味な青い光が出ている。水深五メートルの位置に原子炉の頂部が見えた。青い光は、荷電粒子が水分子にぶつかるとき出る光で、チェレンコフ放射という。燃料が寿命に近づいたのを教え、光が強くなったら燃料を入れ替える。原子炉研究部門の元副部門長ケヴィン・スミス氏がひとこと、「あれは一か月ほど経ちました。いまシャットダウンの準備中です」。

炉のシャットダウンではない。HFIRは今後数十年間、止める予定はない。燃料を交換するという意味だ。いまは作業員が手作業で燃料を交換したりせず、小ぶりな円筒に納めた燃料を遠隔制御で下ろしていく。ここでは水が何よりもモノをいう。原子炉を冷却しつつ、中性子を減速させるからだ。毎分二七五立方メートルの水を流速一五メートル／秒で送り、プールの水を入れ替える。燃料の外装も、黒鉛（グラファイト）から、中性子を反射しやすいベリリウムに変わった。「中性子を何回も反射させ、ぴったり炉心に向かわせます」。スミス氏が解説する。「中性子ビームで炉心を爆撃するわけですね」

巧みな設計のなせるわざだ。ふつう原子炉はエネルギー発生源（発電）に使うところ、ここでは中性子の発生源にする（ただしHFIRが生む八五メガワットの熱は、人口一〇万人の町に電力を供給できるレベル）。超ウラン元素のうち最初の数種をつくる炉だが、100番元素まではつくれる。同じタイプの原子炉は世界に二基しかなく、あと一基はロシア・ディミトロフグラードの原子炉科学技術研究所にある。

94番プルトニウムは、いまも第二次世界大戦時と同じくらい需要がある。むろんいまは平和利用にかぎられる。スミスが説明してくれた。「プルトニウム238はNASA（航空宇宙局）に納めています。太陽光が差さない場所でも発電できますからね。宇宙空間で太陽から遠く離れてしまうと、ほかに使えるものはありませんん」

「宇宙探査機に使うとか？」

「ええ。火星探査機ボイジャーの動力源はプルトニウム２３８でした。探査車のキュリオシティもそうですよ」とロベルトが返す。

原子炉が吐いた成果はまだまだある。超ウラン元素は、太陽電池やコンピュータのハードディスク、先端医療などで、安全性や効率を高めるのに使われる。原子炉が意外な用途に使われたこともある。一九六三年、オークリッジの原子炉（ＨＦＩＲの前身）を使い、殺人現場にあった弾丸の破片と、容疑者の手と顔面から採取した射撃残渣《しゃげきざんさ》に中性子が照射された。その結果、どの弾丸も同じ銃から発射されたものだと確定する。一一月二二日にテキサス州ダラスでジョン・Ｆ・ケネディを狙撃したリー・ハーヴェイ・オズワルドの銃だった（通常の硝煙反応テストではオズワルドの犯行を証明できていなかった）。

原子炉にこれほど近づけるなんてすごい。映画のセットと見まがうモニターやつまみ、計器類、押すと光るボタンに囲まれた。だが何よりすごいのは、その設計がある若者の学位論文そのままだという事実。一九五〇年代には原子力工学科をもつ大学がなく、その場しのぎの学校をつくって核技術者を養成した。まともなコンピュータなど影も形もない時代、ディック・シェバートンという学生が原子炉の設計を率い、以後の半世紀以上、改良すべき点がほとんどないものに仕上げたのだという。いま九十代のシェバートンが、まだオークリッジ国立研究所の職員名簿に載っている。

展示されている円筒形の模型（原子炉に挿入するものと同型の燃料ユニット）のほうへ足を運ぶ。長さは約五〇センチで、内部はブルズアイ〔ダーツの的の中心部〕に似た三層構造。外層と中層に詰めてある計五四〇枚の金属プレートは、等間隔に配置できるようカーブがつけられ、その間を冷却水がスムーズに流れる。上部からだと、ジェットエンジンのように見える。その中心部に標的ロッドを差し、全部の中性子をロッドに浴びせる。スミスが少し移動して、短い槍に似たアルミニウムの物体（チームが「ラビット（兎）」と呼ぶもの）をつかむ。「先端のフタをねじって開け、七本の標的ロッドを差しこみます」

標的ロッド（標的用のペレットを詰める中空の筒）を手渡してくれた。原子炉に差し入れ、二四時間のサイクルを何度かくり返すと、ペレットの原子が変身するという。ロッド自体はいたって軽く、指先に乗せてバランスをとれそう……ガシャン！

「壊しましたね」とロベルトが苦笑いする。

スミスがため息をつく。「ありがちなことですよ。担当に修理させましょう」

「高価でなけりゃいいんですが」。もごもごと、私。

ため息がもうひとつ。「小さくたって、一万ドルくらいしますけど」

そろそろ潮時だ。さっさと退散しよう。次の見学は丘の上。化学作業の担当者たちが、七〇年前のトンプソンにひらめいたのとよく似た方法で、照射後の産物を分離している。

シカゴの作業もなんとか峠を越した一九四三年一二月、シーボーグの心はマンハッタン計画から離れ、「次の元素合成」に立ち戻っていた。発見から二年半のうち、プルトニウムの生産量は当初のわずか数原子から、実験に使えるほどの規模になっている。このプルトニウムをサイクロトロンに入れ、中性子を当てたら何が起こるだろう？　さらに中性子が吸収され、それが陽子に変身するのか？　95番ができるだろうか？　さらには96番も？　その答えを探すため、彼は小さなチームをつくった。
その結果、周期表の手直しが必要になる。

第4章　スーパーマン対ＦＢＩ

一九四五年、95番・96番

第二次世界大戦も大詰めに近い一九四五年の四月、ディテクティブ・コミックス社（現ＤＣコミックス社）のニューヨーク編集局にＦＢＩ（連邦捜査局）の捜査官が踏みこんだ。穏やかながら有無を言わせぬ口ぶりで、ハリー・ドネンフェルド社長との面会を要求する。同社が配給している人気連載漫画の件だという。具体的には、最新回をただちに引き上げろ……。ドネンフェルドは担当編集者のジャック・シフを呼んで同席させた。

捜査官は、「なぜ国家機密を漏らすのか？」とシフに詰め寄る。

くだんの回「科学とスーパーマン（*Science and Superman*）」では、悪役のダスティン教授がスーパーマンを、自作した「サイクロトロン」の実験台にしようとする。「やめろ、スーパーマン。いくら君でも絶対に無理！」。立会人だった国語学のリリー教授は、「三〇〇万ボルトで加速した時速一億マイルの電子」を当てると知って、気も狂わんばかり。そんな数字も描かれた装置も、偶然で片づけるにはあまりにできすぎていた。幸いFBIはすぐにスパイ容疑を取り下げた。原作者のアルヴィン・シュワルツが、一九三五年の『ポピュラー・メカニクス』誌の記事から「原子粉砕機《アトム・スマッシャー》」の発想をパクっただけ、というのが一件の真相だったから。* その記事が、アーネスト・ローレンス発明のサイクロトロンを紹介していた。

　加速器は巨大な銃だと思えばよい。弾丸ではなく荷電粒子（イオン）を、真空に近いパイプの中で飛ばす銃だが。パイプ内には電極がずらずら並び、その極性（プラス・マイナス）をタイミングよく切り替えれば、固体から飛び出させたイオンを一方向にどんどん加速できる。ブラウン管テレビやX線装置にも使う「ニンジンと鞭《むち》」方式だ。

　最初にできた線形加速器（リニアック）は、イオンをまっすぐに飛ばした。だが直線だと、核のクーロン障壁（正電荷の反発）を突き破る速さ（運動エネルギー）にまで加速したいとき、加速器は一〇〇メートルどころではない長さになってしまう。ふつうの研究室に納まるサイズではない。

　そこでローレンスがサイクロトロン（円形加速器）を発明した。中心部で生んだイオンに、見た目の形から「D《ディー》」と呼ぶ半円形の磁石を働かせ、軌道半径を少しずつ増しながらスパイラル（らせん）状に加速していく。加速器はボタン電池の親玉に見える外観をもつ。上下に置いた大きな磁石の間を通るイオンが「ローレンツ力」を受け、一周ごとに速さ（と回転半径）を増すスパイラル軌道をたどったあげく、最後にマシンからビューッと飛び出す。

　元素合成には、線形加速器もサイクロトロンも使われてきた。陽イオン（電子を失った正電荷の原子）を加速させ、「ビームライン」から出して標的にぶつける。研究者は、いい結果になるよう祈りつつ、のんびり構えて待てばいい。

円形のサイクロトロンなら、線形加速器より小型にできる。ローレンスがまず一九三一年につくったのは手のひらサイズで、材料は銅の円筒と銅線、真空ポンプ、封蠟《ふうろう》、食卓用の椅子だった。材料費はしめて二五ドル〔いまの相場で五万円弱〕。翌一九三二年には直径六九センチのマシンをつくり、イオンを四八〇万（四・八メガ）電子ボルトのエネルギーにまで加速した。核分裂で出る中性子のエネルギーは二メガ電子ボルトくらいだから、桁ちがいに強いわけではないものの、核の世界には十分すぎる。ローレンスの発明は、野球場サイズの装置を不要にしたところが画期的だった。

うまくいくはずがないと思った人もいる。なにしろ、標的になる核は想像を絶するほど小さい。アルベルト・アインシュタインが一九三四年、白けた口調でケチをつけた。「小鳥が二羽か三羽しかいない地で、闇夜に小鳥を撃つようなものですよ」。ごもっとも。だが闇夜でも、時間を無限にかけてよければ、いつか必ず撃ち落とせる。実際、核にイオンをぶつけたという成功例はあったし、サイクロトロンは弾を無限に供給できるマシンガンに等しい。だいぶあとで元素合成に加わるマーク・ストイヤーは、小学生に説明するとき、次のような場面を思い描かせた。教室の前と後ろに分かれて向かい合い、相手の口めがけてマシュマロを投げ合う。当然ほとんどのマシュマロは外れ、せいぜい鼻や耳にぶつかるくらい。でも、ごくたまには口に入る。「さあて、こう想像してみて。

＊一件には諸説ある。ここに書いたのは、シフが語った話をもとにしている。くだんの漫画を削除・差し替えしたのか、別の形にしたのかは闇の中。一九四八年四月の『ハーパーズ』誌に掲載された極秘メモによると、この漫画は無害なもので、「読んだ国民は、装置のことをまじめに受けとったりしないはず」。

一秒のあいだに六〇億袋分のマシュマロを投げる。それを三か月ずっと休まずに続ける。しかも袋ひとつはマシュマロ一〇〇〇個入りだ。そんなふうに科学は、ぐちゃぐちゃな状況を相手にすることもあるんだよ」

ローレンスは、サイクロトロンのサイズを少しずつ上げた。一九三九年、サイクロトロンの発明でノーベル物理学賞を得たとき（テニスの最中にスウェーデンから電話が来て、秘書のグリッグス嬢があたふた。第3章の冒頭）、直径は六〇インチ（一・五メートル）になっていた。それに使った磁石も大きく、放射線研究所の全員が記念写真を撮れるほど（図4）。当時はもう世界各地にサイクロトロンがあった。英国ではジェームズ・チャドウィックがリバプールに一基つくり、ドイツとソ連、日本も一基ずつもっていた。もはや国家機密などではない。

スーパーマンの話に戻ろう。編集者ジャック・シフは、FBIのコマの差し替え要求を突っぱねたが、結局は社長の一存で、ゴーストライターが漫画に手入れすることになった。スーパーマンはサイクロトロンの照射に耐えたことにし（「気持ちよかった！」と言わせ）、そのあとはトーンを徐々に変え、いかにも米国らしく、スーパーマンが野球の試合で助っ人をする話で切り上げた。戦後、『ニューズウィーク』誌はこう皮肉っている。「スーパーマンは［サイクロトロンの照射に］耐える能力があったし、実際に耐えた。ただ検閲官だけには耐えられなかった」*

クラーク・ケント〔スーパーマンが世を忍ぶ仮の名〕にスパイの嫌疑がかかる一年前、シーボーグが米国全土から集めた腕利きの元素ハンターたちは、早くもサイクロトロンで95番の合成を目指していた。バークレーやセントルイス、オークリッジなど各地に散らばるメンバーは、94番プルトニウ

図4　サイクロトロンの磁石に乗ったアーネスト・ローレンス（最下段、左から4人目）と仲間たち（1939年）。最上段にはフィル・アベルソン、ルイス・アルバレス、エドウィン・マクミラン、ロバート・オッペンハイマーなどの顔も見える。

ム２３９にジュウテロン（重水素の原子核）や中性子を浴びせ、中性子捕獲が起きるのを期待した。だがどうやっても95番はできてこない。ひょっとして検出器に問題がある？　そこで根っからの職人アル・ギオルソが、新元素のかすかな兆候もつかもうと、革新的な検出器づくりに乗り出す。

連合軍が枢軸国《すうじくこく》を制圧しようとノルマンディー上陸を始めた一九四四年の七月、グレン・シーボーグの胸にひとつ考えが浮かぶ。95番がつかまらないのは、検出感度の問題じゃなく、化学がまちがっているせいじゃないのか？

＊　＊　＊

オークリッジの夏は暑い。けれどオークリッジ・放射化学工学開発センター（ＲＥＤＣ）のホットラボ群はかなり涼しい。施設名の「ホット」は、致死量の放射線を扱う施設というところからきている。幸い創設以来の五〇年間、ただの一度も放射能を漏らしたことはない。ガイドのひとり、女性原子核工学者のジュリー・エゾルドが説明してくれた。「建物の奥に行くほど、扉がどんどん厚くなるのがわかります？　壁は厚み一・四メートルのコンクリート。窓は厚み七・五センチから二〇センチの鉛ガラス三層重ねで、ガラスとガラスのすき間に油が詰めてあります。油も放射線にやられてゆっくり劣化するため、五年から一〇年ごとに交換するんです」

エゾルドのほか、ローズ・ボルも案内役をしてくれた。二人は、七〇年近く前にシーボーグが悩んだ仕事、つまり合成元素の精製を担当する。二六歳のエゾルドは脂の乗りはじめた若手研究者で、ウランの核分裂が生む放射性ヨウ素の精製をしてきた。ヨウ素は人体でも使われる。甲状腺ホルモンの分子がヨウ素原子を必須成分にしているため、放射能を浴びた場合、放射性ヨウ素がホルモン分子になるべく結合しないよう、放射性のないヨウ素剤（ヨウ化カリウム）を服用させる。もうひとりのボルは、病院の医療技士をしたあとカレッジに戻って医療用同位体のことを学び、オークリッジに来た。どうやらオークリッジへのルートはいろいろあるが、いったん入ると、定年を待たずに転職していく人はほとんどいないようだ。

ホットラボ群へは、車でHFIRから登った。原子炉でつくった元素は「Qボール」という巨大な遮蔽《しゃへい》容器に入れて引き上げる。白く塗装したQボールは、通常は荷降ろし用フロアで水中に保管し、準備ができたらトレーラーに積んでこの丘を登る。二五トンの金属容器は放射能を漏らさない。

ホットラボ群のさらに奥へと案内された。角を曲がると、いきなり長い通路状の部屋になる。作業員が何人も列をなし、壁に設置した前面ガラス張りの箱の中をのぞきこんでいる。油を挟んだ曇りガラスの向こうは封じ込め型の作業空間で、「ホットセル」と呼ぶ。その前に立つ作業員が、天井から下がった金属のロッドをつかむ。ロッドはマニピュレータ（操作機構）の一部で、しなやかな金属バンドを通して動きを伝え、ホットセル内にある金属の爪を操る。ロッドを手に作業員は、

＊DCコミックス社とFBIの小競り合いはこれで終わらない。同社は、一九八三年に新しい悪役を登場させて蒸し返した。その名も「サイクロトロン」。それでもまだ腹の虫が治まらなかったのか、やがて「サイクロトロン」の孫「ニュークロン」も登場させる。のちにその子は「アトム・スマッシャー〔原子破砕機。一九五〇年代の通称〕」と改名する。

操り人形師のごとく、密封空間内で実験を進める。催眠術をかけているかのような動きだ。映画『エイリアン』に出てくるパワーローダー（作業機械）の怪力と、『マイノリティー・リポート』でトム・クルーズが見せた優美な指さばきを合わせた感じか。手首をひねって親指を動かせば、金属の爪がフラスコやら何やらをつかむ。作業員は、まばたきさえも忘れている。

ホットラボ群は二四時間体制で、作業員は一二時間シフトで働く。皮切りの作業は、アルミニウムの溶解と分別沈殿だという。ボルが解説してくれた。「アルミニウムはアルカリに溶け、水酸化物になります。水酸化物は固体だから、濾過《ろか》で集めるんです」。エゾルドが目をくりくりさせて言う。「ただの化学ね。ほんのちょっと放射能が混じった化学だけど」

作業員の肩越しに操作を見物する。ラフなTシャツに野球帽の大男で、トラックの運転手かと見えた。鉛ガラスの向こうがちゃんと見えていることだけでもすごいが、いろんなロープやパイプ、ボタン、配線がどう働くのかもわかっているようで驚く。「まるでスパゲッティだな」と私は、タコ足の配管や配線を上目づかいに見ながらつぶやく。

「おっしゃるとおり」と作業員のポーター・ベイリー君が、テネシー州出身らしく間延びした南部訛りで切り返す。「やっかいな場面もあります。けど手順書を見ればばっちりですよ」。またウィーン、カチカチとロッドを操り、手首をひょいと返して、ガラス越しに見えるロボットのアームを止める。アルミニウムを除いてからも作業は続く。次の段階で、ウランやプルトニウムなどを分けていく。つまり固体は洗いざらい回収し、酸の溶液に入れたあと合成元素を分離する。ウィーン、カチカチを続けつつベイリー君が説明した。「あと二四時間かけて、酸にすっかり溶かします」

そこから先は、何ひとつ捨てない。つくるつもりのなかった元素でも、ひとかけらの値段が私の住まいより高かったりするわけだから。エゾルドが言った。「ナノグラム（一〇億分の一グラム）の物質も回収します。ここの作業員は手品師も顔負け……科学者と職人を兼ねるのね」

とはいえ、完璧な作業などありえない。試料瓶が滑るとか、ケーブルが断線することもある。さらには、地球上でそれしかない元素がこぼれ、ホットセルの底面に放射性の水たまりをつくったりもする。ベイリーがつぶやく。「いつも目を皿のようにしています。ときには数百万ドル分のブツをこの腕で扱うんですから。値のつけようのないブツもありますね」。操作にしくじって落としたものは、ホットセルの底を洗って回収できる。ただしそのときは、抽出操作を最初からやり直すハメになる。半減期がわずか数日の同位体なら、もたもたするうちに永久に失われてしまう。

ベイリー君を仕事に戻し、私たち三名は次の目的地へと向かった。一枚ごとに薄くなるドアを何枚か逆戻りし、いったん止まって、厚い鉄板製の装置に両手を突っこみ、放射能汚染の度合をチェックする。そばでガイガーカウンターがカチカチ、キーキー鳴いている。問題なし。線量のずっと低いラボに入ると、グローブボックス〔ゴム手袋つき密閉容器〕がずらりと並び、かすかな刺激臭が漂うなかを、白衣を着た人が何人も行き交う。合成元素を線源に加工する機械室もある。ここは医療用の同位体を調製するラボだ。調製した同位体は診断用やがんの治療用として全米の病院に送る。ボルはここで「原子の皿洗い役」、つまりただの精製を担当するという。むろん彼女は謙遜しているだけ。ボルがスキルを発揮するたび、患者の命が救われるのだ。

ドラフトチャンバー（局所排気設備）のそばで立ち止まる。チャンバーの底面はテフロン張りで、何かこぼしてもそっくり回収できる。目の前に、半分ほど入った小さなプラスチックボトルがぽつんと置かれている。「これ、いま世界にあるトリウム229の三分の二ね」とボルがぶっきらぼうに言って、次へ行こうとする。

「世界って、オークリッジ?」

「とーんでもない。全世界よ。あのボトルに三分の二が入ってるの」

＊　＊　＊

トリウムは奇妙な元素だ。英語表記thoriumは北欧神話の雷神Thor〔ソール。現地音トール〕にちなみ(期せずしてアメコミ〔The Mighty Thor(マイティ・ソー)のこと〕にちなむ唯一の元素となった)、90番だからウランの二つ手前、アクチニウムとプロトアクチニウムにはさまれている。近ごろトリウムは、環境を汚しにくい原発の燃料として世の耳目を集め、研究が進む。周期表を眺めれば、脚注のように並ぶ帯二本のうち、「ランタノイド」の下、「アクチノイド」の仲間だとわかる。アクチノイドは、一九四四年の夏にシーボーグが発見した。

周期表は、ミクロ世界のルールを映し出す。たとえば、同じ縦の列に並ぶ「同族元素」は、互いに性質が似ている。元素の性質は電子が決める。前にも書いたとおり、化学変化は核からいちばん遠い殻《シェル》を電子で満杯にしようとして進む。ところがランタノイドの電子殻《でんしかく》は妙な姿をもち、原子番号とともに電子が一個ずつ増えながらも、元素の性質はあまり変わらない。そんな元素群だから、周期表の本体から外して下に並べる。

一九四四年より前、89番アクチニウムと90番トリウム、91番プロトアクチニウム、92番ウランの四つは、周期表本体の「遷移金属《せんい》」の末尾に並べていた。その四元素は性質が遷移金属に似ているため、まぁ妥当な判断だった。けれど、93番ネプツニウムと94番プルトニウムの性質は特異なものだった。もしかしたら……とシーボーグは考える。ランタノイドのほかにも、希土類《きどるい》のようにふるまう元素群があったらどうだろう？　もしもあるなら、95番の確認に使った化学操作は的外れだったことになる。根元の仮定が狂っていれば、想定どおりの化学反応は起きないだろうから。シーボーグらは思い至った——ひょっとして95番ができていたのに、あさっての方向を見ていたせいで見逃したのかもしれない。

中性子捕獲はうまくいかなかったので、核融合（核二個の合体）に活路を見出そうとした。核分裂を起こさずに核のクーロン障壁を突き破れるエネルギーで、原子と核をぶつける。開始日の一九四四年七月八日、直径一・五メートルのサイクロトロンで、ヘリウムのイオン（アルファ粒子＝陽子二個＋中性子二個）を、94番プルトニウムにぶつけた。照射後の試料がシカゴに届き、シーボーグと三人の仲間（ギオルソ、化学者のラルフ・ジェームズとレオン・モーガン）はすぐ精製にとりかかる。今度は新しい発想に従い、遷移金属ではなく希土類を検出する化学操作を使う。たちまち見慣れない値が検出された。壊変で出るアルファ粒子のエネルギーが、既知の値からずれている。要するに彼らは、ふつうの遷移金属ではなく、89番アクチニウムから始まる別の（ランタノイドに似た）元素群を相手にしていたのだ。*

それが新元素の合成を加速した。シカゴの暑い夏じゅう週八〇時間の集中作業が続き、いろいろな分野が融合した複雑なサイエンスが切り拓かれていく。ほどなくシーボーグのチームは94番プルトニウム２３８の生成を確かめた。アルファ粒子をぶつけて合体させれば、質量数２４２の96番ができるはず。やがて、アクチノイドの性質を手がかりに95番の生成も確認できた。グレン・シーボーグが考えついた「アクチノイド」は実在したのだ。

化学者たちはたちまちその意味をつかむ。ただ、もっぱら装置係に徹したギオルソは、理解にだいぶ手間どった。発見の二五周年祝賀会（一九七九年）で彼はこう発言している。「『ギオルソにより観測、解明された』と［報告書に］書いてあるねぇ。でも、僕が観測したのは事実だけど、すぐに合点がいったわけじゃないよ」

とっさに理解できない人は、ギオルソのほかにもいた。アクチノイドの発見で周期表に対する考えかたは変わってしまい、それ以降、アクチノイドをめぐる議論がたえまなく続く。たとえば一九五五年にシーボーグは、アクチノイドの知識を使い、95番のもつ電子のどれが、塩素原子との結合に使われるかを予測した。理論面はともかくとして、そこがわかれば、使用ずみ核燃料の処理に役立つ。彼の予見は正しかったが、万人がうなずく形で実証できたのはようやく二〇一七年のことだった。

ギオルソが関係した出来事で、やはり当初は誰ひとり理解できなかったものが、ほかにもある。彼はある日、核分裂が起こるたびに信号を出す検出器をいじっていた。核が分裂するとき、「カチッ」と大きな音がする。想定どおり「カチッ」が聴こえ始めたけれど、なぜか決まって一五分ごとに鳴る。それでも彼は「自発核分裂をつかまえたぞ！」と叫びながらラボじゅうを駆け回る。新しく生まれた核の分裂（放射壊変）を観測したと思ったのだ。

のちギオルソは『超ウランの人々』にこう書く。「たちまち妙なことに気づいた。踏切で目の前を通り過ぎる列車の一両一両みたいだな、と」。自然界はノイズや驚異だらけだとはいえ、きっちり一五分ごとに起こる核分裂は「美しすぎる」。やがてわかった。試料の出すアルファ粒子が測定器内にある金属板を帯電させ、たまる正電荷が定期的に放電するとき「信号」を生んだのだ。「まぁ冗談みたいな話だったが……どうやらあれ以降、核分裂を見る目が変わってしまった」

仲間うちでは、たちどころに風化した小事件にすぎない。だがギオルソは、「新元素の確認には自発核分裂を観測すればいい」という発想を疑い始める。後年、その姿勢が米ソ間の反目を招いたりしたため、あながち小事件でもなかった。

＊　＊　＊

トリニティ実験〔プロローグ〕から約三週間後の一九四五年八月、広島〔日本時間六日〕と長崎〔同九日〕に原爆が投下される。おびただしい死者と、目を覆うばかりの被害が出た。史上最悪の戦争に

＊広い意味ではランタノイドもアクチノイドも「遷移金属」だが、本書では便宜上「ふつうの遷移金属」とは別に扱う。

幕を引かせたとはいえ、筆舌に尽くしがたい悲劇だったといえよう。科学者たちには、自らが生んだものの恐ろしさを脳裏に刻みながらも、前に進んでいくことしかできなかった。

95番と96番の二元素は、軍事用途はなかったものの、プルトニウムを原料とするため、まだ極秘扱いだった。単離（抽出）作業が悪夢さながらだったので、レオン・モーガンは二つの元素をそれぞれ「パンデモニウム（地獄）」「デリリウム（錯乱）」と呼びたい気分だった。だが一九四五年も暮れが迫ると、チームは公表してもよいと確信する。もはやネプツニウムもプルトニウムも秘密ではないからと（なにしろ後者は長崎の原爆に使用ずみだから、秘密も何もない）、シーボーグは米国化学会の年会で発見を報告することにした。三三歳にして偉大なる「元素の魔術師」が、参集した化学者仲間に向かって最新成果の手の内を披露しようと思ったのだ。

だがときに運命の神はいたずらをする。一九四五年の休戦記念日（一一月一一日）にシーボーグは、日曜夜の人気ラジオ番組『クイズ・キッズ』への出演を頼まれた。アメリカ的な健全さが垣間見えるその番組では、賢い子たちが一〇〇ドル〔いまの貨幣価値で約一五万円〕の奨学金をかけて争う。単語のスペルから自然界の謎、科学技術、文学まで設問の範囲は広く、正解した子は、「おぉすごい！」とか「さすが天才！」とおだてられる。特別ゲストはたいがいコメディアンだったところ、このたびプロデューサー氏は、核科学という、新しくてわくわくする話のできるゲストを選ぶ。シーボーグは出演を快諾した。

「ジャーン！　お薬のマイルズ社提供、クイズ・キッズの時間だよ〜。五人の天才少年少女が、お茶の間の皆さんと一緒に知恵比べ！」。予告が流れるなか、シーボーグは椅子にかける。学校机に並んで座るのは、未来を担う世代、彼が戦時中に守り抜こうとした子どもたちだ。シーボーグの左手に五歳のシーラちゃん、その先に少し年長のボブ君。巨漢のスウェーデン系米国人シーボーグは、スタジオ内で滑稽なほどに浮いていた。

ゲストの人となりをリスナーに伝えようと、子どもたちにいくつか質問をさせる。初めのころはやさしい問いばかり。だが、「尋問」の最後にリチャード（ディック）・ウィリアムズ君が、思いもよらない質問をした。

無邪気そのものの口ぶりで、「あとひとつ教えて。ネプツニウムとかプルトニウムとかの新しい元素って、ほかにも何か見つかったの？」

シーボーグは、はぐらかしてもよかった。それまでの五年間、機密保持を守ってきたし、放送日から二〜三日後に公表する95番と96番のことも、その気になれば秘密にできた。わざと斜め上の答えを返してもいい。たとえば、世界各地の研究者が放射性元素をつくり、周期表の虫食い部分をすべて埋めてきた話がある。第二次世界大戦の直前にフランスの女性物理学者マルグリット・ペレー（マリー・キュリーの弟子）が87番を見つけ、自国の名から「フランシウム」と名づけた話もあり、エミリオ・セグレが確かめた43番テクネチウムと85番アスタチンの話もある。また、オークリッジのチームが、そのころ周期表に残る最後の穴（61番）を埋めてもいる（61番の命名と公表は二年後だが）。周期表の虫食い部分は完全に埋まっていた。

だが化学者シーボーグは、お宝公開の誘惑にあらがえない。にっこりしながら答えてあげた。「そうなんだ、ディック君。つい最近、まさにここシカゴの冶金学研究所でね、二つ見つかったん

元素の数は92個、と教科書に書いてあるのを、だよ。95番と96番がね。だから先生にそう言って、96個に変えてもらわないとね」

クイズ番組で新元素が披露されたのは、空前絶後のことだろう。

第5章　元素四つで大学名？　一九四六〜五一年、97番・98番

大戦もすみ、一九四六年を迎えた。マンハッタン計画の科学者は全米に散り、ふつうの研究に戻る。エンリコ・フェルミなど一部はシカゴに残ってアルゴンヌ研究所の設立を助けたけれど、ほかは東海岸へ、西海岸へと帰っていった。なかには帰れなかった人もいる。一九四五年九月にプルトニウム・コアを使う臨界実験の事故で、若い物理学者ハリー・ダリアンが命を落とした。数か月後にも、同じコアでまた死亡事故が起こる。その「デーモン・コア」を、牧場主の屋敷〔プロローグ〕で原爆を組み立てたルイス・スローティンがもてあそんでいた。原爆を設計したロスアラモスのラボでのことだ。「虎の尾をそっと踏む」ようなやり方でしたね、と同僚の弁。ジーンズとカウボーイブーツだけを防具にスローティンは、原爆のコアとなる半球二個をそろそろと下ろす。その際、二個の半球の間にドライバーを差しこみ、臨界が起きないようにしてあった。安全教育ビデオの素材になりそうなシーンだけれど、ドライバーが滑り落ちて半球二個が合体し、臨界量になってしま

う。空気のイオン化で生じる気味悪い青の光が、スローティンの体を包みこんだ。彼は九日間も苦しんだすえ息を引きとる。プルトニウムはおもちゃではないのだ。

ルイス・アルバレス、エドウィン・マクミラン、エミリオ・セグレ、グレン・シーボーグなどバークレーの錚々《そうそう》たる面々も古巣に戻る。彼らが不在のうちに、湾岸地帯は様変わりしていた。連邦刑務所は古び、獄舎にはアルカトラズの戦闘〔一九四六年の脱獄事件。銃撃戦のすえ二日後に制圧〕で受けた手榴弾《しゅりゅうだん》や銃撃の生々しい爪跡が残る。その先に見える金門橋の橋脚部では、ホームレスが不発の魚雷をひとつ見つけた。時は過ぎゆく。

帰郷のころ二十代後半〜三十代前半だった男たちもむろん変わった。並の教授が逆立ちしてもかなわないほどの現場経験を積んでいたのだ。アルバレスの自伝『アルバレス――ある物理学者の冒険(*Alvarez: Adventures of a Physicist*)』に、「故郷を飛び出したガキが、一人前の男になって戻った」とある。アーネスト・ローレンスはメンバーのテーマを縛らず、好きなことをさせた。「アーネストはいつだって理解あるオヤジだった」とアルバレス。

アルバレスは核の怖さを人並み以上に知っている。科学面のオブザーバーとしてトリニティ実験場の上をB29で飛び、広島への原爆投下はB29の機上で見届けた。長崎でもそうだったため、第二次世界大戦中の核爆発目撃にかぎれば、人類のうちでただひとり「ハットトリック」をした人だ。

しかし一か月もしないうちに米国は、その恐ろしい創造物を、太平洋のビキニ環礁《かんしょう》で何度も爆発させる。放射能のシャワーを防護具なしに浴びた目撃者は、平均余命が三か月ほど縮まったと推測される。[*] それをシーボーグが後日、史上初の「核の災禍《さいか》」と形容する。

シーボーグは「災禍」を知り抜いている。マンハッタン計画の化学面を率いた彼は、委員会のメンバーとして、原爆がどう使われるべきかにつき議論したことがあった。使用については自制を勧めていたが、「自分の元素」が戦争に使われたことを後悔したわけではない。太平洋の島に住むとこが、日本軍の侵攻におびえていた。自伝にこうある。「戦争がすんで何年も、一族が寄り合うたびに、感謝の言葉を向けてくれた。……原爆が自分たちの命を救ってくれたのはまちがいないと」。それでも、自分には創造物を制御する責任がある、と痛いほど感じていた。

バークレーに戻ったシーボーグは核化学科の主任になる。衆目の一致する人選だった。赤貧の家に生まれ育った「ガキ」が、いまや押しも押されもせぬ大物だ。じつはシカゴ大学から年俸一万ドル（いまの相場で一四万ドル。戦前にもらった年俸の四倍）で誘われていたが、古巣の磁力は強すぎた。そばには、いつもどおり愛妻のヘレンがいる。帰還の一〇日後に双子が生まれた。「断片が二つ。だけど核分裂ではありません」と知人に報告している。

シーボーグは、『クイズ・キッズ』と同じノリでラジオ番組『科学の冒険』にも出演する。そのとき新元素二つの名前はどうなりそうかと問われた。「宇宙の大事な成分ですからね、呼び名はもちろん、よーく考えて決めなきゃ」とまずは言葉を濁す。「93番を海王星《ネプチューン》からネプツニウム、94番を冥王星《プルートー》からプルトニウムと名づけたのは順当でした。けど、冥王星より先に惑星は見つかってませんよね」

＊三か月は、他人事なら「わずか」かもしれないが、自分の寿命が三か月縮むと思えば、誰しも心がざわつくだろう。

何かご提案は？　とリスナーに投げた。誰かがラテン語のプロクソグラヴム（次の重元素）、ノヴィウム（新しい元素）を提案。天体にちなむサニアン（太陽元素）、コスミウム（宇宙元素）、ビッグディッペラン（大きなひしゃく＝北斗七星元素）の提案もあり、大統領の名から「ワシントニウム」「ルーズベルチウム」も提案された。あるリスナーは、96番が他元素の「子」だからと、バスタルディウム（もらわれっ子元素）を提案する。だがシーボーグは命名のとき、やり手外交官に豹変した。その名称を利用して、自分のアクチノイドを周期表に定着させるのだ。

当時の周期表は、アクチノイドを希土類（ランタノイド）の下に並べ始めていた。そこでシーボーグは、上下に並ぶ同族どうしを覚えやすい名前のペアにしようと思いつく。希土類の63番がヨーロッパからユウロピウムと命名されていたため、真下の95番は米国にちなんでアメリシウムがいい。次の64番は、イットリウムを見つけたフィンランドの化学者ヨハン・ガドリンにちなむガドリニウムなので、真下の96番は、キュリー夫妻の名から「キュリウム」にしよう。姓だけとはいえ、実在の女性にちなむ元素名はそれが初めてのものだった。

次の新元素が探索を待っている。幸いシーボーグは、シカゴで結成した敏腕チームを連れ帰っていた。スタンリー・トンプソンは石油業界から足を洗い、シーボーグのもとで博士論文の研究をしようと決めている。同じく戻ったアル・ギオルソも、今度ばかりはその才能をガイガーカウンターづくりに浪費したりはしない。同じ金型《かながた》で鋳上《いあ》げたようなチームの技能は、世界でピカ一だった。むろん司令塔はシーボーグが務め、渉外・財政面を受けもつほか、実験にゴーを出すのも役目だ。破天荒な発明家のギオルソがつくった装置なら必ず役に立つ。化学の達人トンプソンは、合成したものを何でも特定できる。
バークレーの黄金時代が始まった。

＊　＊　＊

「あのシーボーグが、ここにいました。……超有名な科学者ですよね。ひとつおもしろいことを。Seaborg という綴りのアルファベットを入れ換えると、Go Bears!（行け、ベアーズ！）になるんですね」。案内役は陽気にしゃべりつつ、新入生を引率してギルマン棟を抜けていく。そこは気力とチーム精神にあふれた場所。科学とゴールデンベアーズ〔カリフォルニア大学アメフト部〕――これぞバークレーだ。

またキャンパスに戻ってきた。サンフランシスコ湾岸の冷たい霧はまだ晴れていない。「I ❤ San Francisco」の安いセーターでも買っときゃよかった。まぁいまは、坂を登ってポカポカだけど。バークレー研究所は、キャンパスから登った丘の中腹に建つ。丘の頂には先端放射光施設の巨大なドームが顔をのぞかせ、円形に放射される高輝度のビームが宇宙の研究を支える。同じ光景を、バークレーに戻った「軍団」もその目にした。彼らがシカゴで奮闘しているうち、ローレンスはサイクロトロンのサイズ向上に精を出していたのだ。一九四四年、巨大ドームの下でローレンスは直径四・七メートルのサイクロトロンを完成させた。新元素を生んだ一・五メートルの先行機（図4）がかすむ大きさだ。新しいマシンは戦時研究に使われなかったものの、マンハッタン計画の総責任者レズリー・グローヴズ准将が一七万ドル（いまなら約三〇〇万ドル）の交付金をつけさせている。

グローヴズの太っ腹には裏があった。政府がバークレーを我が物にしようとしていたのだ。一九四六年一一月に原子力委員会がローレンス放射線研究所の管理権を握り、エネルギー省の直轄組織となって現在に至る。そのため、研究所の業務は納税者の役に立たなければいけない。米国の研究が王冠ならローレンス・バークレー国立研究所は、オークリッジ国立研究所と並ぶ宝石のひとつ。年間予算八億ドル、スタッフ四〇〇〇人の規模を誇る。研究成果には、日射量に応じて透明度を変えるスマートウィンドーや、反陽子、宇宙の膨張速度の計測などがある。

ブラックベリー・ゲートから頂上の研究所まで三〇メートルほど標高差を登る。少し南方の「タイトワット・ヒル」に行けば、大学のスタジアムを眼下に見下ろせ、ゴールデンベアーズの試合をタダで観戦できるという。今日は幸い、それほど遠くに行かなくてもいい。丘を登ってセキュリティゲートを通り、肩で息をしながら、サイクロトロン・ロードに出て最初の建物を目指す。直径二・二メートルとやや小ぶりなサイクロトロンを納めたバークレーの元素研究施設だ。パソコンがずらりと並び、論文が山と積み上げられ、科学のガラクタに埋もれた部屋で私を出迎えたのは、のほほんとした女性のジャクリン・ゲイツ。黒いパーカーを着て椅子の背にもたれ、袖をまくるとタトゥーが見えた。だぼっとしたトップスにジーンズとカウボーイブーツを合わせている。ぐったりしているふうだった。実験用にマシン調整をする小さな部署に属し、ここ一週間ほど夜勤続きなのだという。かつて新元素発見を率いたバークレーの研究チームは、ローレンスが立ち上げて以来、いまの所帯がいちばん小さい。

ゲイツにはバークレーの水が合うという。核科学に手を染めたのは、シカゴ郊外のアルゴンヌ研究所に入ったときだ。アルゴンヌは若手の第一歩にふさわしい場所だが、募集要項を読みそこねたらしく、実際の勤務地は「アルゴンヌ・ウェスト」という、アイダホ州東部の広々とした地に置かれた支所だった。核科学には魅了されてもアイダホに未練のない彼女は、バークレーの大学院に入り直した。

目が回りそうな坂の上に研究所って、不便じゃないの？ とつぶやいてみる。

「そう。でも最初は下のキャンパスにあったの。そのうちに、大学の真ん中で放射能をいじるのはまずいということで、引っ越すことにしたわけ。『キャンパスに近く、でも学生が放射能を浴びない場所に移ろう』ってね。だいぶ高い場所だけど、敷地がたっぷりあったから、ローレンス先生はここにサイクロトロンをつくったのね」

それから半世紀以上もたつ。「二・二メートルのマシンが完成したのは、ローレンス先生が亡くなったあとです」。ゲイツは続ける。「稼働開始は一九六二年。いまは別に小さい医療用サイクロトロンもあって、酸素や炭素、フッ素の同位体をつくるのね」。現在バークレーのサイクロトロンは、元素の新発見には使わない。とはいえ、誰かが見つけたことの追試はするから、最先端にいる研究チームだという事実は変わりない。「新元素を見つけるのはむずかしいんです」とゲイツは言うが、「むずかしい」どころの話ではない。「ここでは［シーボーグの時代から］技術改良を続けてきました。けど、まだ万全じゃありません。最近はセパレーターというものが必須になって、うちも使っているんですけど、新元素の特定にはあまり向かないんですね。うちの研究にはセパレーターが大活躍。高効率、低ノイズですから。でも、できたての原子がどう飛ぶのかをきちんと知っておく必要があります。磁石の向きが五％も変わったら、何ひとつつかまりません。つい最近やった超重元素の実験では、向きが六％ずれていました」

それが新元素の発見にとって肝心な課題――ゲイツはそう力説する。核融合を起こせるかどうかではなく、核融合が起きたときの産物をつかまえられるかどうかだ。「飛ぶルートの予測が狂えば、六〇から七〇％あるはずの検出効率が一〇％くらいまで落ちます。112番の追試がそうでした。つかまると予想した場所でつかまらない。ビームタイム（利用許可時間）を一か月も使ったあげくの収穫ゼロ。ビームの使用料だけで日に五万ドルですよ。つまり一五〇万ドルをドブに捨てたわけ。磁石の向きが六％狂ったせいでね。でも、それを知る手だてはないんです」

巨額な経費と検出のむずかしさが、研究業務の優先順位をだいぶ変えた。新元素ハンティングに特化するほどの資金はない。「ここ二、三〇年、国の科学研究費は悲惨の一語ね」とゲイツ。「昔は基礎研究に集中できました。投資の見返りなど気にかけず、三〇年後や四〇年後に実る仕事でよかった。いまはもう無理。『気候変動や再生可能エネルギーより新元素が大事なの？』って自問しなきゃいけない。だから重元素屋の私も、再エネなんかに首を突っこむんです」

ゲイツの指摘は重い。本書は重元素の発見物語だが、昨今はどの重元素研究チームも、専業集団ではありえない。新元素をつくれたら「してやったり」でも、それだけを目指すわけにはいかない。ありふれた元素の同位体も、宇宙の秘密を暴くのに使えたり、医療や新エネルギーにつながったりする。ゲイツも新元素合成にはわずかな時間しか割かず、大半は地味な研究に当てる。小ぶりのチームなので焦点を絞る。

ゲイツが鼻にしわを寄せた。「何か食べます？」。おいしい空気を吸いながら丘を下り、軽食を出す近くのカフェに出かけた。帰りはまた丘を登らなきゃいけない？ と訊いてみる。「シーボーグ先生は歩きましたよ」とチクリ。耳が痛い。「ご自分用の階段をつくらせました。通称が『シーボーグ階段』。毎朝、運動のために上り下りしていました。くる日も、くる日も。やがてみんなにそれが知れ渡って、先生の助言がほしい人は、階段のそばで待ち受けるの。何か助言をもらうには、並んで上り下りするのが絶対だったそうよ」

カフェに向かいながら、寒気に少し身震いした。ゲイツはパーカーの袖を下ろす。下にも着込んでいて暖かそうだ。「旅行者には言ってあげたい。カリフォルニアは太陽がいっぱいって思っても、結局はセーターを買うハメになるのよ、って。薄着で来るから、『I ❤ San Francisco』の上着なんか買っちゃうのね」

サイクロトロン・ロードを下る間、私はうつむいたまま黙って歩いた。

＊　＊　＊

いまバークレーの研究所は常に成果を問われるが、一九四〇年代は、未踏科学に挑む物理学者と化学者の楽園だった。ローレンスやシーボーグが口にしたことやプロジェクトがどんどん実っていく。新しくできた元素がどんなものか見当はつかなくても、プルトニウムの恐ろしい力は肝に銘じた。研究費の気苦労はなく、スペースも時間も無尽蔵。最大の革新は一九五〇年代のベバトロン（競輪場サイズの加速器）建設だった。ベバトロンとは、ベブ（billions of electron volts＝数十億電子ボルト）とシンクロトロンの合成語だ。* ベバトロンがローレンスのビッグサイエンスを、彼自身の想像を上回るものにした。

一九四六年に戻ろう。研究費の面で羽振りのいい重元素チームも、万事が順調だったわけではない。チームは三年がかりでバークレーの5号館に新ラボをつくる。ローレンスの「ドーム」の近くにあった掘っ立て小屋だ。しばらくは問題が山積みで、とりわけ実験器具の不足は深刻だった。「戸棚は空っぽでしたね」。一九七五年一月のシンポジウムの折、トンプソンがそう回想した。やがてトンプソンは、史上最高と自負する博士論文を書く。なにしろテーマが、95番アメリシウムと96番キュリウムの合成だった。けれどシーボーグもトンプソンも、ギオルソ、ローレンスほかも誰ひとり、栄光に安住はしない。未発見の元素がまだまだ控えているのだ。

次とその次、つまり97番と98番の合成法はきれいに見通せていた。95番アメリシウムと96番キュリウムにアルファ粒子（ヘリウム核）をぶつけて合体させ、それぞれの原子番号を二つ増やせばいい。だが問題は標的だった。標的にするアメリシウムは針の穴を通るかどうかの量しかなく、キュリウムはまだ単離さえできていない。ぶつける的《まと》がなかったのだ。

以後四年、トンプソン率いる化学班はアメリシウムとキュリウムの合成に黙々といそしんだ。トンプソンの回想を聞こう。「みんなで頭を振り絞り、質量やエネルギー、半減期を計算した。さまざまな元素から出たアルファ粒子の半減期とエネルギーの間の規則的な関係を利用したし、電子捕獲という現象の概略図を描いたりもした」

壁はそうとう厚かった。一九七五年のシンポジウムでギオルソは単離チームの奮闘をこう紹介している。「みんな一心不乱に単離を目指した。とびきり厄介な作業を、何度も何度も試す。それでも、得られるのはごくわずかな試料。『もうくたくただよ。ほれ、成分を突き止めてくれ』と言って、彼らは僕に手渡したね**」

ギオルソの答えは、期待どおりのアメリシウムとキュリウム。量も標的とするのに十分だった。さっそく一九四九年の一二月一九日にチームはクリーンヒットを打つ。わずか七ミリグラムの95番アメリシウムにアルファ粒子をぶつけたら、97番ができた。トンプソンの作業を見守るシーボーグは、激しい動悸《どうき》に襲われて胸を押さえる。すぐ大学の医師を呼んで診せると、心臓発作にちがいないとの診断。緊急搬送のうえ、数日の入院とあいなった。ほどなく異常なしとの診断が下る。97番

---

*サイクロトロンは粒子の軌道半径を増しつつらせん状に加速し、シンクロトロンは半径一定のまま円形に加速する。シンクロトロンとしては、ジュネーブにあるCERN（欧州原子核共同研究機構）のLHC（大型ハドロン衝突型加速器）が名高い。直径が一〇キロに近くて目を疑うほど巨大な装置でも、ビームが強すぎて元素合成には向かない。

**トンプソンは仕事の虫だった。あるときバリス・カニンガムと一緒に三六時間ぶっ続けで働く。帰ろうとしたら、トンプソンのコートが見あたらない。二人が長いこと探し回ったあげく、真実が判明する。カニンガムが自分のコートの下にトンプソンのコートを重ね着していた。

をつくれて興奮しただけだった。

性質の確認など待たずに、シーボーグは97番を「バークリウム」と名づける。「ケツまで」骨を折ったトンプソンとギオルソは、冒頭のBと末尾のmをつなげた「Bm」を元素記号に提案した。だがシーボーグは二人を抑え、「Bk」に決める〔ベリリウムのBeと臭素のBrがもう使えないので、しごく順当な記号〕。

チームは絶好調だった。翌一九五〇年の二月九日には、さらに微量の八マイクログラムの96番キュリウムにアルファ粒子をぶつけ、98番の原子が五〇〇〇個できる。肉眼では見えない量でも検出はできた。シーボーグがこう回想する。「98番のときは無駄足をひとつも踏まなかった。放射線のエネルギーなど、性質も完璧につかめていた。一回のヘマもせず、獲物を仕留めたのだ」

98番の発見者には、トリオ（シーボーグ、トンプソン、ギオルソ）のほかケネス・ストリートも名を連ねる。もと海兵隊員の彼はバークレーに来て以来、トンプソンのこまかい化学分析を助けていた。四人は相談のうえ、98番を「カリホルニウム」と命名する。

97番・98番の発見を正式に報じる続き論文が『フィジカル・レビュー』誌に出たが、反応はかなり穏やかなものだった。元素名berkeliumの二個目の「e」を落とせと数人が要求したくらい（いまなお英語圏での発音には「バークリウム」と「バーケリウム」の二つがある）。命名のあとシーボーグは嬉々としてバークレー市長に電話し、元素名に市の名を入れましたよと伝えたが、さっぱり関心のない市長はガチャンと切った。ソ連の科学者二人は発表に物言いをつけ、97番の性質はもう二年前に周期表から予測していたと主張（けれど国際組織が、「性質の予測」は「合成」にあらずと妥当に裁定した)。『ニューヨーカー』誌はかなり楽しい茶々を入れた。95~98番はバークレーが合成したのだから、順にウニベルシチウム、オフィウム、カリホルニウム、バークリウム(universitium, ofium, californium, berkelium)とすれば、周期表の最下行にUniversity Of California, Berkeley(カリフォルニア大学バークレー校)と署名できただろうに、と。

スウェーデンの反応は、米国内よりほんの少しだけまっとうだった。王立科学アカデミーが、エドウィン・マクミランとグレン・シーボーグにノーベル化学賞を授けると決めたのだ。

* * *

ノーベル賞は、自然科学で最高の名誉とされる。発足(一九〇一年)のころは前年の傑出した成果を讃《たた》えたところ、やがて毎年テーマを絞り、研究時期と関係なく革新的な業績を讃える賞になる。ノーベル賞委員会は十分に時間をかけて、発見・発明が以後どんな影響を及ぼすか、人類に「意義ある効果」をもたらし続けるかどうかを検討する。発がん性の寄生虫を見つけたとか、ロボトミーを発明したとかいうような話は、もはや対象にならない。

選考手順は慎重に決めてある。まずスウェーデン王立科学アカデミーが、世界各地から三〇〇〇人ほどの推薦者を選び、候補者の推薦を依頼する。投票は秘密にされ、推薦の記録は以後五〇年間も封印される。一次選考の結果、三〇〇人ほどの候補が決まる。次に選考委員会は、専門家や元受賞者の意見も参考にしつつ候補者を絞っていく。初めて推薦された人が受賞するのは珍しい。調査はひそかに進め、ノミネートされた人物が（部下の仕事をかっさらったのではなく）研究の主役だったのを確かめる（そうでない例が現実にあった）。そして最後に、テーマひとつに一〜三名の受賞者を決める。受賞者が複数いたら、賞金は等分することもあり、ひとりが半分、残る二名が四分の一ずつのこともある。要は「誰が何をしたのか」だ。

そのあとどうなるのか、私は受賞者の数人に訊いてみた。たいていの人は、まったく予想していなかったと言う。そのため、正式発表の約三〇分前に入るという慣例のストックホルムからの電話を、いたずら電話だと思う人が多い。それもあってノーベル賞委員会は、受賞者の知人を電話口に待機させておき、受賞者に「本物だよ」と伝えてもらう。報せを受けた受賞者は、夢うつつの状態になる。第三者には漏らすなと厳命されるため、多くは平静を装って仕事に戻るが、家族に「ニュースを見てね」と電話する人もいよう。短い小康状態に、先輩の受賞者からこんな電話がくるかもしれない。「おめでとう。この二〇分が、君の人生で最後の静かな時間だよ」

一九五一年一一月に電話を受けたシーボーグは、心の準備ができていた。少し前、ある客員講師が妻のヘレンに「近いうちスウェーデンへ旅することになりそうですよ」とうっかり漏らしたし、夫グレンのほうも、仕事に向かう車の中で、自分が受賞できるかどうか予想するラジオ放送を耳にしている。それでも現実に電話がきたときは喜んだ。一瞬で有名人になり、金色に輝くメダルと棚ぼたの一万六〇〇〇ドル（いまの相場で一五八万ドル）を手にする。自宅の改築に使ってもお釣りがきた。

先祖の地に里帰りできるのも嬉しかった。マクミラン夫妻、ローレンス夫妻とストックホルムに飛ぶと、シーボーグはお祭り騒ぎのさなかに放りこまれ、歴史ショーのプリンセスに冠を授け、群がる子たちにサインをした。そして、彼に敬意を表してたなびく国旗を見た。晩餐会《ばんさんかい》では、グスタフ四世の乾杯に続く謝辞を頼まれた。起立したシーボーグは、ミシガン州イシュプミング村の子ども時代に使ったスウェーデン語の埃を払い、何週間か練習した成果を披露する。「Ers Majestät, Era Kunglia Högheter, mina damer och herrer……（陛下ならびに各殿下、ご臨席の皆様がた……）」

フロアにやや不穏なざわめきが湧く。まるで国王に無礼を働いたと言わんばかりに。おかしいな……とシーボーグは首をひねる。言葉は念入りに選んだぞ。翌朝の新聞を読んでやっと腑に落ちた。シーボーグのスウェーデン語にまちがいはなくても、貧しい機械工の両親に労働者階級のきついアクセントがあったのだ。

シーボーグとマクミランの受賞理由は、「超ウラン元素の発見」ではない。その栄誉には（まちがって）エンリコ・フェルミが浴している。ノーベル賞に取り消しはない。シーボーグらは、「超ウラン元素の化学的性質の研究」で受賞した。まぁそのへんが落としどころだろう。世界中から祝辞が立て続けに来たけれど、なかには皮肉を飛ばす人もいた。英国の物理学者チャーウェル卿がこんな感想をもらす。「新元素を発見できなけりゃ、つくるしかないというわけですな」*

核のパワーと、核反応が生んだ新元素は、大衆の心をしっかりつかむ。車の動力も家庭の電力も、

＊チャーウェル卿は思い上がっていた。英国は、ハンフリー・デーヴィーなどのおかげで、岩を割ったり、電極を使って物体に電子を当てたり、空気を精査したりして、元素を誰よりも多く発見していた。ところがシーボーグとマクミランは、当時の周期表を超える元素をつくった。フェアじゃないというわけだ。

角砂糖一個くらいのウランでまかなえると夢想する人がいた。南極に人間が住めるようにするとか、地震を減らす、天然ガスを不要にする、気象を制御するという計画も浮上した。手榴弾タイプの原爆というアイデアまで喧伝されたが、どうみても自爆だからと指摘され立ち消えになる。かたやずっと現実的な用途として、兵器やエネルギー利用、がん治療などが提案された。後年の著書『人と原子（*Man and Atom*）』にシーボーグは、一九六六年から医療に使われ、全米で三万三七四三人を治療した放射性核種六〇種をリストアップした。いまや放射線治療は、世界中の大病院でふつうに行われている。

一部の合成元素は家庭にも浸透している。プルトニウムは原爆（長崎）を生んでしまったが、ほかの合成元素もさまざまに実用化された。たとえば95番アメリシウムが出すアルファ粒子は、空気中の浮遊物にたやすくさえぎられる。私の家の——世界中の家庭の——煙感知器は、およそ一マイクログラムのアメリシウム241を含み、それで煙を検知する。重さあたりで金より高いアメリシウムは、たぶんスーパーで買える唯一の人工元素だ。* また96番キュリウムは、宇宙観測用のX線分光器でアルファ線源に使われるし、火星表面の探査車キュリオシティにも使われた（ただし動力源の原子力電池はプルトニウム238）。さしあたり97番バークリウムと98番カリホルニウムに用途はないが、米国科学の快挙を語る元素として光り輝く。

新元素の研究は科学的好奇心から始まった。やがて戦時下で義務へと変わったあと、一九五〇年代にはまた変容し、国威発揚の手段になる。資本主義と共産主義のイデオロギー対立が世界を分断するようになると、狂騒はいや増すばかりだった。国際緊張関係は学術界にも忍び寄る。バークレーの教員は国家に忠誠を誓うよう厳命され、見せしめとして「非国民」の教員をあぶり出す偏執的な捜査が、全国規模で展開された。ヨーロッパでは、西側諸国とソ連の対立がドイツを二つに分けた。アジアで共産主義の北朝鮮と共和制の南朝鮮が起こした朝鮮戦争は、二つの超大国がそれぞれに肩入れし、膠着《こうちゃく》状態になっていく。

冷戦の幕が切って落とされ、周期表の末尾も戦場になろうとしていた。

＊煙感知器はアメリシウムが役立った例だが、アクチノイドの研究者は、ほかの用途を探し続け「アメリシウムを再び偉大な元素に」するんだ、というジョークをよく飛ばす〔レーガン大統領やトランプ大統領が選挙運動に使ったフレーズ「アメリカを再び偉大な国に」にかけている〕。

第6章　ある飛行兵の死

一九五二年、99番・100番

F84戦闘機サンダージェットがうなりをあげる。南太平洋のなめらかな水面は、果てがない青の絨毯《じゅうたん》かと見えた。二八歳のジミー・ロビンソン大尉は深呼吸し、風防マスク内に響く呼吸音を聴きながら気合いを入れる。これからの数分間は、自分の飛行歴のうちでも最高難度の操縦になる。熟練飛行兵の彼は、第二次世界大戦で爆撃機B24リベレーターに何度も乗った。そんな経験も、今回はさほど役に立たない。なにしろ水爆のキノコ雲を突っ切って飛ぶのだ。

F84は空軍の主力爆撃機だった。ひとり乗りの機体は、端を切り落とした銀色の葉巻を思わせ、平らな左右の翼の先端には、ミニ葉巻めいたふくらみがある。初期の機体に乗りたがる兵士はいなかったが（時代はまだプロペラ機からジェット機への移行期）、一九五二年まで、F84は米国空軍の戦闘機のなかでは信頼性の高い部類だった。朝鮮戦争（一九五〇～五三年）でも主役を張って、破壊した地上の標的は六割までがF84の餌食だった。ソ連のミグ15には負けたものの（ミグはさらに俊敏なF86セイバーの後塵を拝することになる)、F84は利用史を通じて計八万六〇〇〇回の飛行を重ね、五万五〇〇〇トンの爆弾を落とした。なかなかに印象的な数字だが、サンダージェットが核兵器も積めると知ればもっと驚く。わずか一機が一度だけ爆撃すれば、従来の戦争でなされた爆撃全部の二〇倍に当たる破壊力を発揮するのだから。

ロビンソンは「レッドチーム」の四機目「レッド4」で、米国の八度目となる核実験「アイビー作戦」では重い任務を帯びていた。飛行ルート上にエルゲラブ島がある。四〇の小島が馬蹄形《ばていけい》に並ぶエニウェトク環礁《かんしょう》(マーシャル諸島の一部)で、北西の湾曲部に位置する島だ。その小島で一九五二年一一月一日の朝七時一五分、一発目の「マイク・ショット」がはじけた。太陽の中で起こる現象をまねた史上初の水爆(水素爆弾)だった。次世代の核爆弾といってもいい。マンハッタン計画のさなか、米国に逃れていた物理学者のエドワード・テラー(ハンガリー人)と数学者のスタニスラフ・ウラム(ポーランド人)が考案した。トリニティ実験のような一発式の「爆縮」ではなく、燃料を生みながら連鎖反応を起こす。水素の重い同位体つまり重水素(ジュウテリウム)と三重水素(トリチウム)を使うため、水素爆弾の名がついた。

キノコ雲への突入飛行ができることは、たまたまわかった。一九四八年の五月、核実験を見守りながら飛ぶB29が、爆心から急上昇するキノコ雲をかわしそこねる。操縦席のポール・ファックラー中佐はやむなくキノコ雲を突っ切り、雨雲を何度かくぐって機体を洗ったあと、つつがなく生還を果たしたのだ。着陸後に中佐は、「乗員の誰ひとり失神せず、気分が悪くもならなかった」と気取った調子で報告。それが事故だったのか故意の曲芸飛行だったのかは不明ながら、ファックラーはこの機をとらえ、同じことをする飛行中隊を結成し、次は科学機器を積んで試料採取を行う許可を求めた。軍には「名案がひらめいた上官ほど危険なものはない」という格言がある。その名案とは、「科学のために、実験のたび飛行士にキノコ雲を突っ切らせよう」だ。ファックラー中佐がペンタゴン（国防総省）に上申する一方で、飛行兵には荷が勝ちすぎる作業だとみる人もいた。

ロスアラモスでキノコ雲の試料採取を受けもった研究者ポール・ギュソルズによれば、資質十分な飛行兵の調達には苦労した。気が散れば数秒で命を落としかねないジェット機を操るばかりか、いくつもの実験機器や計測器を操作しなければいけない。三種類の放射線計を同時にチェックし、測定値をメモし、キノコ雲の外を飛ぶ管制機に向けて読み上げる。また、携行しているストップウォッチで、雲の中を飛んだ時間（つまりは被曝量）も測る。晴天でもやっかいな作業を、放射性のちりが渦巻く凶暴な嵐の中で行うのだ。ギュソルズが『全米被曝退役軍人会会報』誌に書いたとおり、「経験が浅く、技能の未熟な兵士は、ただただおびえ、変転やまないキノコ雲の内部に怖気づき、集中できないことが多かった」。ロビンソンは度胸も沈着さも申し分ない。第二次大戦ではブルガリア上空で撃墜され、かろうじてパラシュート脱出ができたものの、最後はルーマニア軍の捕虜になった。そのとき、パラシュート降下しながら悠々と地図を読み、タバコに火をつけたそうな。一九五二年四月、ロビンソンは試料採取の手ほどきを受け、ミッションへの適性を証明してみせる。そうはいっても水爆は、まったくの別世界だった。

一九五二年一一月一日の午前七時一五分、ロビンソンはまだ僚友たちと駐機場にいる。そのとき、遠くの爆心地上空にオレンジ色のきれいな半球が膨らむ。「傘」のまわりで稲妻がバチバチ鳴った。

荒れ狂う光は徐々に薄れ、ゴミと砂とサンゴ片の渦巻くキノコ雲がくっきりと残る。マイク・ショットは想像をはるかに超えた。さながら地獄絵図、脈動する二酸化窒素と酸化鉄の赤で描かれた地獄だった。キノコの基部にあったエルゲラブ島は跡形もなく消え失せていた〔日本の第五福竜丸が被曝するビキニ環礁の水爆実験は、一年四か月後の一九五四年三月一日〕。

水爆の炸裂《さくれつ》から九〇分後、三編成だった突入チームの第一陣「レッドチーム」が、離陸スタンバイになる。まずメロニー大佐（レッド1）とブレナー大尉（レッド2）のF84が飛び立つ。キノコの傘あたりに突入予定のところ、高さがもう一万七〇〇〇メートルにもなった傘まで飛ぶのは無理だった（F84の飛行高度は一万二〇〇〇メートル以下）。仕方なく、乱流が荒れ狂い、エルゲラブ島の残骸だらけの「幹」に突入する。五分後に飛び出してきた二機が速度を上げて離れると、エンジンが轟音をあげた。

ロビンソン（レッド4）の番がきたころ、環礁にはキノコ雲が不気味な闇を生んでいた。ヘイガン大尉（レッド3）とともに離陸して雲を目指す。きれいな空は一瞬で過ぎ、経験したことのない乱流に突入。メロニー大佐の無線によると、雲の中は「真っ赤に光っている。溶鉱炉の中かよ」、計器が「秒針のようにグルグル回る」。ヘイガンはこう表現した。「灰と闇がグラデーションをなし、煮えたぎっているよう」。ロビンソンはキノコ雲内の乱流と格闘し、横風を受け激しく揺れる機体の中で操縦桿《そうじゅうかん》をしっかと握る。機体は洗濯機に入れたぬいぐるみのような状態。それでも徐々にコントロールをとり戻し、自動操縦に切り替えた。

翼端のふくらみにつけたフィルターが、爆発の産物をとらえる。爆心には、ある一瞬の存在量で面積一平方センチあたり一〇の二四乗個（一兆個の一兆倍）の中性子が生じていた。地球上ではかつてなかった勢いの中性子捕獲が進む。飢えた核が中性子をむさぼり食う結果、ウランなら、最安定な核（ウラン238）より中性子が一七個も多いウラン255さえできた。ウラン255のベータ壊変が生む元素は、ふつうなら中性子星が衝突・合体する場所くらいでしか見られない。

　さらにひどい状況がロビンソンを襲う。計器を見ると前方は飛行不能域、灼熱のガスとサンゴ片のごった煮だ。自動操縦を解除して航路を曲げる。ちりの雲を飛ぶうちにパイプ類が詰まり、機体は揺れに揺れて空中分解せんばかり。エンジンが咳《せ》きこんだあと苦しそうに喘いで止まってしまう。轟音であらゆる感覚が麻痺するなか、金属の塊と化したロビンソン機は降下を始める。高度はどんどん下がり、制御不能になりながらも、強力なGにあらがい、懸命に意識を保とうとする。ロビンソンは無線のボタンを押した。じわじわ荒くなる彼の呼吸音が無線に乗る。機体の振動と戦う筋肉が悲鳴をあげ、額にどっと出た冷たい汗が眉を湿らす……。

　F84はなんとか息を吹き返した。操縦桿を引き、高度六〇〇〇メートルで水平飛行に戻す。雲から出ろ……とメロニー大佐の命令が聞こえる。しばらくすると、ヘイガンの機が真横に並んだ。あたりはまた茫洋《ぼうよう》たる太平洋。狂乱の地獄はなんとか抜けた。穏やかで抜けるように青い世界を見やる。なんとも強烈な飛行体験だった。

　F84は一時間に五四〇キログラムの燃料を食う。翼端に採取フィルターがあるせいで予備の燃料タンクを積めず、緊急時は給油機に向けて飛べと指示されていた。給油機が見えなければ南方に飛び、エニウェトク島（「馬蹄」の東端にある環礁最大の島）の滑走路へと向かう。

ロビンソンとヘイガンがキノコ雲を脱けたとき、燃料の残りは四五〇キログラムほどだった。雲の中で電磁的な撹乱《かくらん》を受けた電子機器が狂い、着陸用の誘導電波を拾えない。つまり迷子になった上、燃料は乏しく、見えるのは青い海だけ。ヘイガン機が奇跡的に誘導電波を拾ったとき、燃料は二七〇キログラムにまで減り、南方の着陸点からは一五四キロ離れていた。

二人の不運は募っていく。スコールが視界を閉ざす。着陸点を目視したころは、燃料切れの寸前だった。ヘイガンが回想する。「燃料計はゼロ。なんとか着陸体勢になれて、エンジン停止のまま着陸した」。ずいぶんな謙遜だろう。ジェット機なら、エンジン停止の着陸は神業に近い。滑走路にドシンと着地した衝撃で、右のタイヤがはじけ跳んでいる。みごとな着陸スキルだった。

だが僚機のロビンソンにエニウェトク島は遠すぎた。高度五六〇〇メートルでついに燃料が切れる。四〇〇〇メートル付近でエンジンが止まり、一五〇〇メートルで着陸はもう絶望だった。救援ヘリが飛び立ったころ、ロビンソンは迷いに迷う。パラシュート脱出はできそうだが、被曝防止の鉛入りチョッキ（二五キログラム）とヘルメット（三キログラム）が、着水後の体を沈めてしまう。またF84の機体は、安全に着水できる仕様ではない。

「ヘリを視認。脱出する」とロビンソンは地上に伝え、コックピットの円蓋《えんがい》を押し開ける。それが最後の言葉になった。二度ほどパラシュート脱出を試みたようだがままならず、最後は海面への不時着を選ぶ。救援ヘリ乗員の目撃談によると、機は胴体を海面に着水させたが、池の水面すれすれに投げた小石のように何度か跳ねたあと、波にもまれて仰向けになった。ヘリが滑走路から五・五キロ北の着水場所まで急行したとき、F84サンダージェットは海中に没していくところだった。へイガンは『全米被曝退役軍人会会報』誌の記事に、こう書き残した。「監視塔の話では、私の後ろで機体が海に沈んだ。パラシュートはもとより、ほかに何も見えなかったそうだ。胸が張り裂ける思いだった」。海面には、油膜と片方の手袋、数枚の地図だけが漂っていた。

ジミー・プリーストリー・ロビンソンは、元素ハンティングに関わって命を落とす初の人間となった。遺体はついに見つからず、仲間たちも望み薄とみた。エニウェトク近海はそうとう深く、生存確率はすこぶる低い。一年後に彼は「戦死」と認められ、政府は遺族に「殊勲飛行十字章」を授けた。そのころファックラー中佐はペンタゴンに、四九二六度目の試料採取飛行を承認させている。キノコ雲への突入飛行はそれからも一〇年近く続き、一九六二年にようやく終わる。

ロビンソンの遺族は、だいぶあとまで事故の状況を教えてもらえなかった。核兵器のからむ機密作戦だったため、彼の死に関する詳細は官僚主義のブラックホールにすっぽりと落ちこんだ。どの政府機関も一件には及び腰だったのだ。彼の娘は退役軍人の支援活動に加わり、時の流れに支援者も減っていくなか、父の事故を風化させまいと骨を折った。ようやく五〇年後の二〇〇二年、ヴァージニア州のアーリントン国立墓地に父の名を刻んだ記念碑が建つ。その除幕式で政府から妻に、夫の決死行をねぎらう米国旗が手渡された。

生前のロビンソンは、第二次世界大戦から復員後、メンフィス市のライオンズクラブでこんなことを口にしていたという。「英雄の話は掃いて捨てるほどありますね。けど僕は英雄なんてものを信じません」

私は信じる。ロビンソンは英雄だった。

ロビンソンは犬死にではなかった。レッドチームの三人の仲間も、彼らに続いた全員も、キノコ雲の地獄から生還し、翼端のフィルターに豊かな試料をもち帰る。核爆発で飛び散る軽い粒子は上へ、重い粒子は下へと向かう。飛行兵たちは知らなかったが、キノコの幹を突っ切ったレッドチームのフィルターは、それまで地球上にはなかったものをとらえていた。

＊　＊　＊

帰還後の作業は細心の目配りをしつつ進められた。飛行兵は機体にいっさい手を触れてはならず、地上クルーが移動クレーンで引っ張り出してくれるのを待つ。そのあと飛行服を脱がされ、全身に除染用シャワーを浴びせられる。翼端のフィルターは、五人の要員（通称「除染組」）が長さ三メートルの棒を操って外し、鉛の内張り容器に入れて密封したあと本土に急送する。ぐずぐずしていると、半減期の短い同位体は消えてしまうのだ。

本土に着いたフィルターは、まずニューメキシコ州のロスアラモス研究所で化学分析を受ける。ふつう試料は濃硝酸に溶かすが、マイク・ショットの場合、混じったサンゴのかけらと硝酸が激しく反応して発火しやすい。そのため研究棟の屋外に張ったテントの中で作業した。たちまち、尋常でない現象の痕跡が見つかる。フィルターでとらえた粒子が、既知のプルトニウム同位体のどれよりも高いエネルギーのアルファ粒子を出していた。

ロスアラモスのラボで調べるかたわら、試料の一部はイリノイ州シカゴ郊外のアルゴンヌ研究所と、サンフランシスコ郊外に新設されたラボにも送る。かつてエドワード・テラーがアーネスト・ローレンスの支持も得て、米国の核兵器研究をロスアラモスだけに集中させるのは賢明でなく、別のラボもつくって競わせるべしと提案していた。その結果、リヴァモアにラボが新設された。リヴァモアは一〇年前にシーボーグ夫妻がドライブを楽しんだ丘陵地帯にある小さな町だ。バークレーの支所を置くのにふさわしい場所で、水爆製造の主任テラーはそこに家を構えた。ロスアラモスでの発見は、ほどなくアルゴンヌとリヴァモアで再現され、「謎のアルファ」を出すのがプルトニウム244などの新しい同位体だと確認される。プルトニウム244の半減期は八〇〇〇万年だとわかり、みなを驚かせた。それが地球誕生のときにあったのなら、四六億年が経ったいまも自然界に見つかるほど安定だという意味なのだ。

バークレー研究所は、アイビー作戦にもリヴァモアの極秘研究にも直接の関与はしなかった。だがノーベル賞の威力は強い。超大物となったシーボーグには、マイク・ショットについての極秘テレタイプが届く。「エニウェトク核実験のデータは、プルトニウム244など特殊な同位体の存在をほのめかす」とあった。その意味を彼はたちまちつかむ。強力な加速器と原子炉の役目を兼ねるマイク・ショットは、「核のごった煮」を生む。プルトニウム244ができたなら、さらに重い元素もできているにちがいない。すると、98番カリホルニウムより重い元素も……？

シーボーグはそのニュースをアル・ギオルソとスタンリー・トンプソンに伝える。二人はざっと計算してみた。ロスアラモスでプルトニウム244をつかまえたなら、検出には質量分析を使うほかない。当時いちばん感度の高い装置を使っても、重さで試料の〇・一％以上ないと244は検出できない。重元素の分析で〇・一％は、「金脈」ともいえる量だ。そういう試料なら、もっと重い元素も含むはず。

ギオルソとトンプソンはリヴァモアに電話した。リヴァモアでは、少し前カリホルニウムの確認作業を手伝ったケネス・ストリートが、テラーとともに試料を調べている。前に売った恩をちらつかせながら、二人はストリートにフィルター試料の半分を引き渡すと約束させる。シーボーグ自身は何か発見があるとは思っていなかったが、三七歳になったばかりのギオルソは血気盛んで、「不可能そうに思えるからといって、やる気を削がれたりはしなかった」。

手に入れたマイク・ショットの貴重な産物を、バークレーのチームが調べ始める。ものの数分で、100番元素らしき何かをとらえた。すぐにそれはまちがいだとわかる。じつは99番だったのだ。シーボーグがフィルターの話を耳にしてから、そこまでがわずか九日。その間、チームは世界でも類のない微量な試料と格闘していた。98番（カリホルニウム）の原子は五〇〇〇個ほど見つかっていたが、このたびの99番はたった二〇〇個しか見つからない。彼らは、ほとんど何もないところから大発見をものにしたのだった。

バークレーの発見に対し、他のチームから異議が出た。自分たちも同様の発見をしているというのだ。一九五二年のクリスマス時期、米国の核研究界には不協和音が響き渡る。バークレーがアルゴンヌにまた試料提供を要請すると、アルゴンヌはマイク・ショットの試料に100番を見つけたというメモを返す。一九五三年一月一五日にバークレーも、フィルターを分析して100番とおぼしきものを発見する。こうしてバークレー研究所とアルゴンヌ研究所で丁々発止の議論が沸いた。

科学でもときに政治的な駆け引きが白熱するけれど、「誰が最初に何をしたか」ほど、激しく対立するものはない。二月ごろギオルソは、「アルゴンヌの連中とのやり合いにはうんざりだ」と書く。だがバークレーにはシーボーグという切り札がいる。ミシガン州の片田舎から出た男は、手慣れの外交官になっていた。シーボーグはアルゴンヌに100番の発見を伝えながらも、アルゴンヌが追試できないよう細部は伏せる。一方でロスアラモスには、抜け目なく、バークレーとの共同発見組織になることを承知させた。やがてアルゴンヌの解釈は、バークレーがやったのとまさに同じミスだったとわかる。99番を100番と誤認していた。シーボーグの俊足が、中西部（アルゴンヌ）を出し抜いたわけだ。

新元素二つの公表は微妙な話だった。マイク・ショットは国家機密なので、プルトニウムと同様、何か見つけても公表できない。そこでギオルソとトンプソンが奮起する。水爆で99番と100番ができるのなら、実験室でもつくれるはずだ。そうとなれば、よそに先んじてつくればいい。

ところが、その必要もなくなる。バークレーが二元素を合成する前の一九五四年、ストックホルムにあるノーベル物理学研究所の無名チームがシーボーグに、100番をつくったと伝えてきた。結局それが「天の恵み」になる。よそも発表するのなら、マイク・ショットがらみの発見を伏せておく筋合いはない。スウェーデンが発見を公表した一〇日後、「誰が最初か」を明示する形で、「未発表［機密］情報」に注意深く触れながら、ギオルソの分析結果が公表された。一年後にマイク・ショットの成果が機密解除され、99番と100番が周期表に加わった。

米国のラボどうしはまだ言い合いを続けていた。最後はイリノイ州のシカゴに関係者が顔をそろえて協議し、発見機関はバークレー（99番はロスアラモスと共同）ということで手打ちに至る。シーボーグの日記によると、ギオルソと一緒に「カクテルを浴びるほど」飲んだ二人は、帰路の飛行機に乗ったことさえ思い出せなかった。

さて元素二つの命名だ。なぜか世間にはもう勝手な名前が出回っていた。数年前にルイス・アルバレスの講演を聴いた誰かが早とちりしたらしく、99番をアテニウム、100番をセンチュリウムとした教科書さえできている。ほかにも某氏が『フィジカル・レビュー』誌に、茶化す調子でこんなことを書いた。「99番はナインティナイニウム（99番元素）、100番はセンチニウム（100番元素）でよろしかろう。……それぞれの原子に一〇〇万ドル分の栄誉を捧げたい」

結局はバークレーの意見が通る。大物科学者の名からとりたい、全員のうなずく人物が二人いる、とギオルソが声高に主張した。アルベルト・アインシュタインとエンリコ・フェルミだ。シーボーグはじめほかのメンバーも同意する。フェルミは胃がんで生死の境をさまよっていたが、セグレがちょくちょく「教皇」を見舞うと知っていたシーボーグは、チームの意向をフェルミの耳に入れてくれと頼む。いつもどおり無愛想なセグレは、「それほど名前をほしがる人でもないと思いますがね」と返した。アインシュタイニウム（99番）とフェルミウム（100番）の名前が公表される一九五五年八月の少し前、二人は相次いで世を去った〔アインシュタインは五五年四月、フェルミは五四年一一月に他界。享年はそれぞれ七六と五三〕。ギオルソはあらかじめローラ・フェルミに手紙を送り、100番元素に亭主の名がつくと伝えていた。「ご主人とお会いできたのは幸運でしたし、私の誇りでもあります。〔……〕私個人の交流から申し上げます。科学は偉大な物理学者を失いましたが、心の温かいひとりの人間をも失いました」

＊　＊　＊

フェルミウムの名は、切りのいい100番にぴったりだった。ローマの時代は放射性のガスを地下の金庫から盗み、科学上の発見に浮かれて池に飛びこんだ男。シカゴではスタジアム観客席の下に史上初の原子炉をつくった異能の人は、核時代の幕を上げた。その名にちなむ元素が、核がらみの発見時代に幕を下ろすというわけだ。フェルミウムの原子核は安定でなく、半減期が短すぎるため十分な量をつくれない。フェルミウムの核はベータ壊変しないから、中性子捕獲で101番以降はつくれない。また、一九七〇年代にわかるとおり、フェルミウム259の核は〇・一ミリ秒以内に壊れてしまう。

一九五〇年代の科学者は、100番が周期表の末尾なのかどうかを論じ合った。核を液滴とみる発想はなお健在で、それをもとに理論家たちが、100番（フェルミウム）より重い元素は存在しえないと主張していた。どれも、形をなす前に壊れてしまうはず。

だが雲行きが変わる。一九五五年に米国の名高い理論物理学者ジョン・アーチボルト・ホイーラーが、101番以降の元素が存在しないという理由はないと言いきった。原子力平和利用の国際会議で彼が出した一枚の図は、半減期が一〇〇マイクロ秒（一万分の一秒）以上の同位体をもちうる重元素を明確に示していた。それによると、「存在可能な」元素は200番近くまで広がる。たちまち誰もかれもが独自の理論を振りかざし、「周期表の果て」を予測し始める。二〇世紀の物理学に大きな足跡を残すリチャード・ファインマンは、古典物理をもとに末尾は137番だろうと踏んだ。ずっと重い172番とみる研究者もいれば、量子力学の計算から最終元素は173番で、以後はエネルギーが負の「粒子の海」になってしまうとみる人もいた。

確かなことがひとつある。フェルミウムより重い元素をつくるには核融合を起こすのが絶対で、しかも一度にたった一個の原子しかつくれない。人智を超えたミクロ世界の出来事を起こすわけだから、かつてない強度のイオンビームを出す加速器がいる。ギオルソやトンプソンが夢中になりそうな話だった。

超フェルミウム元素のうち101番〜103番は、シーボーグが見つけたアクチノイドに属す。その先が、超重元素（スーパーヘビー・エレメント）の世界になる。

第7章　大統領とカブトムシ　一九五五年、101番

真夜中だった。くねくね曲がるブラックベリーの山道を、フォルクスワーゲンのカブトムシ（ビートル）がひた走る。運転席には、アクセルをベタ踏みしたアル・ギオルソ。助手席では、まだ研究歴の浅い二十代の部下グレゴリー・チョピンが一本の試験管を握りしめ、車が曲がるたび右に左に体を激しく揺らす。カブトムシはバークレーの加速器棟を出たあと猛スピードで登り坂を飛ばし（いかにもギオルソ）、カーブを脱輪すれすれで抜け、トンプソンの待つ一マイル先のラボに急行した。* 眼下では湾岸地帯の明かりが、ゆらゆら波打つ海面をオレンジに染めて美しい。だがギオルソは前方にあるセキュリティゲートの暗がりに目を凝らす。そのとき暗い影が飛び出し、カブ

＊この話で思い出すのは、一九七五年の映画『ハチャメチャワーゲン大騒動』に登場する車の「ハービー」。ただし心を持つワーゲンは、もう一九六八年の映画『ラブ・バッグ』に出てくる。

トムシに銃口を向けた。

「止まれ！　撃つぞ！」

ギオルソは険しい目つきでハンドルを握り直す。止まるものか……。銃口とのチキンゲームよろしく、アクセルを踏みこむ。守衛はあわてて身を引いた。カブトムシは短い坂を登りきり、ラボ棟の前でキーッと停車。二人は中に駆けこんだ。

後日ギオルソが『超ウランの人々』に書く。「［守衛は］唖然としていた。そのあとラボまで上がってきた守衛に、僕らは詫びたよ。けどこの実験は一分一秒を争う、さっきのことはあとで話すと言ったら、どうにか放免してくれた」

深夜の爆走と強行突破にはわけがある。ギオルソとチョピンは101番の合成に挑戦中で、一秒たりとも無駄にできなかったのだ。

一九五五年のバークレーには、自由思想と恐怖が渦巻いていた。そばのサンフランシスコにビート世代の作家が増殖し、現代詩のルネッサンスが進行中。続く数年のうちに、ロックンロールと反体制運動と自由恋愛が、西海岸の研究拠点をも包みこむ。そうした雰囲気が、「アイゼンハワーの米国」にまだ残る「忠誠再審委員会」の陰湿さと好対照をなしていた。ジョセフ・マッカーシー上院議員と下院の非米活動（調査）委員会を背後にもつ忠誠再審委員会が隆盛を極め、意にそぐわない者なら誰でもその職位を剝奪した。前年には、マンハッタン計画の重鎮だったロバート・オッペンハイマーさえ、かつて共産党員だったからという理由で、人物保安審査に通らなかった。言いがかりのようなものだが、彼の失脚を望む人もいなかったわけではない。グレン・シーボーグの公平な証言すら、偉大なオッピーを「欠陥人間」とする根拠のひとつにされた。それをシーボーグは後ろめたく思い続け、自伝にこう書いている。「背筋の凍る戒めだった。敵に回せばどうなるか、権力がいかに揚げ足をとり報復してくるのかというね」

もうひとりの友ギオルソは赤狩りからどうにか守れた。細君のウィルマは共産主義にかぶれていたし、彼女とヘレン・シーボーグは黒人向けライブに足を運ぶという「国家転覆」行為もしていた。シーボーグの援護射撃がなかったら、どちらもギオルソを追い落とす口実になっただろう。シーボーグが回想している。「私から見れば、国家への忠誠を疑わせるような兆候は何もない。そんな彼が人物保安審査で不適格とされないよう、ときにはあれこれと手を尽くした」。冒頭のカブトムシ事件も、「不適格者」の根拠にされかねない逸脱行為だった。

三年前の一九五二年、大陸を横断する機上のギオルソに、ひとつの着想が完璧な形でひらめいた。手近な封筒の裏（別バージョンでは「乗り物酔い用の袋」）になぐり書きで計算を始める。核物理で扱うミクロ世界で日常の尺度は用をなさないため、いろんな業界用語ができていた。たとえば、「一シェイク」は中性子が核分裂を促す時間つまり一〇ナノ秒（一億分の一秒）を意味し、その由来は「two shakes of a lamb's tail（仔羊の尾の二振り《シェイク》＝一瞬）」という成句だった。ちなみに原爆は「点火」から五〇～一〇〇シェイクで爆裂に至る。また、核反応が起こる確率はパーセント（％）ではなく「(反応）断面積」で表す（サイズと確率のおかしな混同）。その単位「バーン」は、これも成句の「can't hit the broadside of a barn（小屋《バーン》の壁にさえ命中しない＝かすりもしない）」にちなむ。一バーン（一〇のマイナス二八乗平方センチ）は、ウラン原子の断面積にほぼ等しい。

断面積が大きいほど、核反応が起こる確率は高い。新元素をつくる場合、元素が重くなるにつれ反応断面積は急減していく。

一万メートル上空で計算しながらギオルソは、アインスタイニウムの原子三〇億個をどうにか手に入れてアルファ粒子で叩けば、断面積が約一ミリバーンになる結果、101番の核が五分間に一個できる、とはじき出す。

血沸き肉躍るとはこのことだ。やってやろうじゃないか。

＊　＊　＊

二〇一〇年の映画『アイアンマン2』では、ロバート・ダウニーJr演じる主役のトニー・スタークが、父親の遺した設計図をもとに新元素をつくる。ご多分に漏れず科学の面は、科学者から見ればとんだお笑い種《ぐさ》というたぐいの話だった。むしろ、魔法の電気ムチを振るう悪役のほうが、現実らしさという点ではまだましな野郎という映画なのだ。

スタークは、手近なものを（好敵手「キャプテン・アメリカ」の盾さえ）活用して「ビームライン」をつくり、安全面など気にもせず、勝手な向きにビームを飛ばす。宙に浮いた状態で、科学的直感とレンチを使って修正を行い、ビームの方向を変えては部屋中を焼き尽くす。「サイクロトロン」の本体は画面に出ないが、そこは推して知るべし。ガレージにサイクロトロンを構えていてもおかしくない大富豪だ。ばかげた設定の数々だが、まぁ捨てたものでもない。ギオルソがもし映画を観たなら、スタークにシンパシーを感じたかもしれない。『アイアンマン2』のシーンで問題なのは、装置のこまごましたつくりではない。父親の設計図に頼るのもかまわない(発想を設計図の形で残せたかどうかはともかく、元素ハンターは必要な技術が使えるようになるまで待つ必要がある)。問題は、スタークがビームを標的に当てると、どの原子も望みどおりの元素になるところ。* だが反応断面積を考えるとありえない。ドラマのように運ぶなら、周期表はとうの昔に埋まっていた。

ギオルソなどバークレーのチームにとって、「一度に原子一個ずつ」という101番の合成は、壁がたいそう厚かった。まずはサイクロトロンの改良が欠かせない。ギオルソの計算だと、一秒あたりアルファ粒子一〇〇兆個のビームがいる。当時そんな装置はどこにもない。後日ギオルソが書く。「ビーム強度を従来の一〇倍以上に上げるわけだが、たぶんできると楽観していた」。事実そうなる。シーボーグが稼いだ研究費でギオルソはマシンを改造し、ビーム強度を一〇〇倍に上げた。

次の難題が、標的用の99番アインスタイニウムをつくること。チョピンが後年、米国化学会の『ケミカル&エンジニアリング・ニュース』誌に、「われわれの計算では、94番プルトニウムを照射し続ければ一年で(アインスタイニウム)原子が一〇億個できる」と書いている。アインスタイニウム253の半減期は三週間しかない。バークレーは一年かけて、必要量ぎりぎりのアインスタイ

*うるさく言えば、ほかのアラも見つかる。スタークは標的に46番パラジウムを使ったが、それだと反応断面積はゼロに等しい。

ニウムをつくった。それを使う「101番づくり」は、半減期が短いせいで二～三か月しか時間の余裕がない。

しかもアインスタイニウムは、マシン内にポンと置けたりしない――一ミリグラムの一〇億分の一足らず、高級な顕微鏡でも見えるか見えないかの量なのだ。だから薄い金箔に付着させた。その際、ギオルソが名案を出す。ビームをアインスタイニウムにまっすぐ当てるのではなく、少し向きを外しておく。ビームが含むアルファ粒子のほとんどは標的のアインスタイニウムに当たらないとわかっているし、金箔をそのまま突き抜けたアルファ粒子は簡単に計数できる。一方で、アルファ粒子がアインスタイニウムにぶつかり、融合してできた101番は、合体時の衝撃で逆方向に跳ぶだろう（反跳《はんちょう》）。

つまりこういうことだ。生まれた原子を捕らえるには、ビームの脇に別の金箔を、野球のピッチングネットよろしくセットするだけでいい〔打球に相当するのがビーム〕。ネットを毎晩とり替え、古いネットに101番がくっついていそうかどうか調べる。そうすれば、アインスタイニウムを載せた金箔もビームラインも、いちいち外さなくていい。

最後の厚い壁が時間だった。101番の半減期は数分だろう。100番まで半減期は問題にならなかった。半減期の一〇倍も時間がたてば大半が消えるとはいえ、最初の量が十分にあった。だが一回の衝突で原子一個しかできない101番だと、一〇秒の遅れも命とりになる。だからこそ、キャンパスのサイクロトロンで試料をつかみ、すぐさま丘の上にあるトンプソンの分析ラボまで運ぼうと、夜中にカブトムシをぶっ飛ばしたのだ。

初めはだいぶもたついた。標的のアインスタイニウムがうまく金箔についてくれない。つかないとわかるたびに実験をやり直し、なけなしの原子を回収・精製する。ギオルソの後日談では、「うまく標的にできたのは、五回のうちせいぜい一回だった」。溶接法など思いつくかぎりのことを試すうち、新入りのバーナード・ハービーが電着（めっき）法を考案して一件も落着する。ようやく標的の準備ができた。シーボーグが回想する。「すごいやりかただった。あんな微量の標的材料に電着法を使ったのは初の試みだ。目に見えない、ほんとうに見ることのできない量だった」

その作業を撮った動画がユーチューブにある。実験の数年後（一九五五年）にローカルテレビ局のＫＱＥＤが、チームに頼んで再現実験を収録したものだという。* 分厚い実験着姿のギオルソが、ピンセットでアインスタイニウムを標的ロッドの先端に載せ、直径一・五メートルのサイクロトロン内にセットし、金箔の「ピッチングネット」も設置する。マシンを起動させ、アルファ粒子を標的にぶつける。三時間後、ギオルソとハービーが照射室へ通じる重そうな鉛の扉を引っぱる。あまりの重量に、二人とも扉脇の壁に片足を押し当て、思いっきり引っぱる必要があった。

時間との戦いが始まる。ハービーが照射室に駆けこんで「ピッチングネット」をひっつかみ、階段を駆け上がる。ギオルソは建物の外へと急ぐ。ハービーが金箔をチョピンに手渡し、チョピンがそれを塩酸の入った試験管に落とす。溶け始めるやチョピンは試験管をつかんで走り、カブトムシ

＊ゴールデンタイムの放映だったのに、ＫＱＥＤの番組を観た子どもは多くない。同じ時間帯に他局がドラマ『ローン・レンジャー』を流したからだ。再現番組は昼間に収録したが、現実の実験は道がすく真夜中にやった。

に飛びこむ。チョピンの半身が入るか入らないかで、待ち構えていたギオルソはアクセルを踏み、そのままバークレーの街をラボへと飛ばす。カブトムシは化学棟の玄関口でキーッと停まる。すかさず試験管を窓越しでトンプソンに手渡す。彼は試験管の中身をざっと処理し、金や酸、核分裂産物を除く。最後の仕上げとして試料をアルファ粒子の検出器に入れ、その減衰（減っていくさま）を注視する。

一九五五年の二月一九日に初ヒットが出る。寝ずの番などしたくないギオルソは、ラボの火災報知器をアルファ粒子検出器につなぎ、想定どおりの減衰が起きたらベルが鳴るようにしておいた。まだ明けきらぬなか、チームがベーコンと卵つきの朝食で腹ごしらえをしていたとき、火災報知機がジリーンと鳴る。一九七八年の高校化学教科書に、その情景を語るチョピンの言葉が載った。「みんな興奮の雄叫《おたけ》びを上げた。［……］バーニー・ハービーが、記録紙の上に出た、決め手となる信号の脇に『万歳《フレー》』と記入。［……］報知器がまた鳴り、101番の二個目の崩壊を捉えたときは『フレー2』と、その次は『フレー3』と書いた」

へばりながらも高揚した気分でギオルソは帰宅し、新たな元素を「仕留めた」ことに枕を高くして眠った。だが翌朝、渋い顔のグレン・シーボーグに呼びつけられる。あれから、四個目の101番原子を感知して非常ベルが鳴り、スタッフも学生もうろたえて避難したというのだ。ギオルソは検出器と火災報知器の連結を切り忘れていた。アーネスト・ローレンスはシーボーグへ発見を祝うメモを寄こしていたが、……火災報知器をいじらないのが研究所の方針ですよ……と釘を刺すのも忘れなかった。

＊　＊　＊

101番の生成は、わずか一七個の原子で確認された。科学と工学の妙技だった。勇み立つギオルソは、新元素の命名の際、わざとマッカーシズム（赤狩り運動）を黙殺する。チームは一九五五年六月の『フィジカル・レビュー』誌に、元素を「メンデレビウム」と命名する趣旨の論文を発表した。周期表の父、ドミトリー・メンデレーエフを讃えたのだ。なんとも大胆な決断だった。冷戦の真っただ中、米国産の元素にロシア人にちなむ名をつけたのだから。「相談のすえ、攻めの姿勢がぴったりだということになった。米国の人間が『メンデレビウム』と呼んだからといって、何か問題になることもないだろう」とは、当人の後日談。

やがてわかる。その命名が東西の緊張緩和に役立った。四年後の一九五九年七月にリチャード・ニクソン副大統領が、ニキータ・フルシチョフ首相と会談するためモスクワを訪れる。ニクソンと面識のあるシーボーグは、101番の発見にからむエピソードを彼に教えていた。ニクソンのモスクワ訪問のあと、シーボーグは在モスクワ米国大使館から小包を受けとる。メンデレーエフのサイン入り自著『化学の基礎』と、ロシアの一ファンからの手紙が入っていた。ニクソンが教えたギオルソの脱線ぶりは、強烈な印象を残したのだ。

101番メンデレビウムの合成をもって、バークレーは元素ハンターの総本山としての歴史に幕を引く。発表からほどなくトンプソンはサバティカル（長期有給休暇）を利用して別の機関に移り、元素合成から抜ける。やがてバークレーに戻って再び活躍するも、元素ハンティングに関わることはなかった。シーボーグがじきじきにラボを管理することもしだいに減っていく。彼はトルーマン、アイゼンハワー両大統領のもとで核実験のオブザーバーを引き受けていたほか、科学諮問委員会の委員も務め、原子と核時代の驚異について著書を何冊も出した。メンデレビウム発見の数年前からは大学のスポーツ競技にも心を寄せ、西海岸の大会を復活させたほか、いまPac12と呼ばれ、太平洋岸の一二大学が参加する全米最大規模の競技大会の創設にも尽力した。一九五八年にはカリフォルニア大学バークレー校の学長になり、学生運動があおるリベラル主義と、硬直化した保守主義との調整に心を砕いた。

一九六一年一月九日、シーボーグは科学者が到達しうる最高職位に昇りつめる。朝方、強いボストン訛りの電話が来た。ジャックと名乗る電話口の人物は、ワシントンDCで仕事をする気はないかと尋ねる。家族で決議したあと（ヘレンも六人の子たちもカリフォルニア暮らしに投票）、家長の拒否権を発動し、次期大統領ジョン・F・ケネディの要請を受け入れた。

寒村イシュプミングの平凡な少年だったグレン・セオドア・シーボーグが、国の核政策を決める最高機関、原子力委員会の委員長になったのだ。むろん重元素研究の支援は続けた。一九五七年には原子力委員会に、「十分な量、たとえばミリグラム台のバークリウムとカリホルニウム、アインスタイニウム」を供給するプログラムの立ち上げを書面で促したことがある。委員長となったいま、最先端の中性子源HFIRをもつオークリッジのREDC〔第4章〕にそれを指示できる。シーボーグの就任で、元素合成研究の未来は、少なくとも以後一〇〇年は安泰になったといえよう。

ワシントンDCに移ったシーボーグは、ケネディ政権の中枢で、それまでの成果がかすむほどの大舞台で活躍する。委員長就任から一年後の一九六二年秋には、キューバ・ミサイル危機の渦中に身を置いた。翌一九六三年には、地上核実験に引導を渡す、部分的核実験禁止条約の交渉団に連なった。シーボーグは任期中に、フルシチョフとも、後任のレオニード・ブレジネフとも面会した。ケネディ大統領が凶弾に倒れたあと、次期大統領リンドン・ジョンソンのもとでも首席科学顧問だった。ジョンソン大統領との絆はなんとも固く、大統領執務室《オーバル・オフィス》によくぶらりと立ち寄りもした。シーボーグの意見も容れて一九六八年にジョンソン大統領が署名した核拡散防止条約は、核兵器の拡散を世界規模で永久に抑えようとするものだった。原爆第一号となったプルトニウムの合成者が、自分の作品の使用禁止に向けて動いたのだ。

話をやや急ぎすぎた。一九五〇年代に戻ろう。一九五五年時点でバークレーの「軍団」は、101番合成の勝利を祝う心でいっぱいだった。行きつけだったラリー・ブレイクの店にくり出し、軽口を叩き合ってハメを外し、西海岸を去ったトンプソンの張りぼて人形も並べて記念写真を撮った。はやる心を抑えつつ全員が、次の元素もつくってやると決めていた。

だが、102番のブレークスルーは、バークレーには訪れない。つくったという話はスウェーデンから届く――以後四〇年も尾を引く論争を伴って。

Ⅱ　超フェルミウム戦争

第8章　ノーベリウムか、ノービリービウムか

一九五七年、102番

ストックホルムの街は、半島と島々の織りなす群島にある。絵葉書の素材にこと欠かない美しい景観は七〇〇年以上の歴史を誇る。都心の旧市街ガムラスタンは路地が縦横に走り、坂道と裏道が旅行者を散策へと誘う。王宮の屋根に国旗がはためき、あちこちの水面《みなも》が陽光にきらめく。小洒落《こじゃれ》たビストロやカフェから、シナモンロールパンとチャイラテの香りが漂う。現地語でフィーカと呼ぶティータイムだ。

ストックホルム大学は市の北端部にある。キャンパスの隅に建つ旧ノーベル物理学研究所は、とりたてた特徴もない。同学の地球化学者ブレット・ソーントンなど、すぐそばに勤めながら、その建物の意味にしばらく気づかなかったという。由緒をうかがわせるものは、扉の上にかけられた銘板だけ。青地に白で大きな「C」、その下に「ヴァレンベリ財団サイクロトロン研究所」とある金属板だ。ここで一九五七年、米国・英国・スウェーデンの合同チームが「102番元素を合成！」

と声をあげた。

入り口で待ち合わせていたアンダーシュ・シェルベリ氏は、青い防水ジャケットを着た年配の人。自転車を壁に立てかけ、「C」の字を見上げていた。彼はもうここで働いていない。所員はひとり残らずいなくなった。あと二週間のうちに建物は閉鎖される。実験室はすでに美術展のスペースに改装されていた。最後の物理学者だったシェルベリは、改装前の安全点検を任されている。「もう店じまい。ちょうどサイクロトロン室の放射能を測り終えたところです。気の乗る仕事じゃありません。ドリルを開けたときに出る埃から、放射性の63番ユウロピウム152を検出しました」。放射能の安全基準値は元素ごとにさまざまだが、ユウロピウムの基準値は低すぎて、いっときは頭を抱えたという。「測定値が基準値を上回っていました。それだと一般人の入館は許可されません。でも、コンクリート壁に必ず含まれる天然ウランの放射能は、その一〇〇倍も強いんですよ！　そう言い含めたら最後は当局も、見て見ぬふりをしてくれましたがね」

墓泥棒の気分でひとけのない玄関を入り、作業用エレベータで「もと加速器室」に下りる。行き着いたのは、地下深くのがらんとした空間だった。清掃と搬入を待つ、廃倉庫のようなだだっ広い部屋。懐中電灯が不気味な影をつくりだす。ひび割れた床タイルには埃が積もり、漆喰《しっくい》の壁にはシェルベリが試料を採取したときのドリル穴がいくつも見える。遠くの隅には焦げたような跡があり、サイクロトロンが設置されていたのだと見当がつく。聞こえるのは二人の声と呼吸音と靴音だけ。シェルベリが振り向き、天井から下がる積み下ろし用のクレーンを指さしながら、サイクロトロン内に荷下ろししていたときの話をしてくれた。いまクレーンには何も載っていない。あるのは抜け殻《ゴースト》だけだ。

着任前の一九五〇年代にここで起きたことを、シェルベリ氏はよく覚えている。一九三〇年代のローマにいた「パニスペルナ通りの若者たち」と五十歩百歩の弱小チームが、世界の大研究室と張り合った。バークレーのような潤沢な資金はなく、シーボーグのような、元素探索にかけてはこの道二〇年の巨星もいない。予算が乏しく、装置は自作し、標的元素もビーム用の元素も他国のラボから借りた。そんな彼らが世界を驚かし、……世界からしっぺ返しを食らう。

＊　＊　＊

スウェーデンのチームが実験を始めるまでに、元素合成の方法は「中性子捕獲」より先の段階に進んでいた。加速器の性能が上がり、やや重い元素（10番ネオンまで）のイオンを十分なエネルギーで標的にぶつけ、核融合を起こせるようになっていたのだ。とはいえ、そう単純な話でもない。ぶつけるイオンは、クーロン障壁（正電荷の反発）を破るエネルギーにまで加速しなければいけないが、そのクーロン障壁は両方の核を守ってもいる。つまり、クーロン障壁を破って核融合を起こすのに必要なエネルギーは、核分裂に必要なエネルギーを軽く超す。すると、融合して大きな核ができたとしても、たちまち壊れてしまうだろう。

ただし核には、エネルギーの一部を捨てて分裂を逃れる道もある。「蒸発」と呼ばれる過程を経て中性子と光子《こうし》（電磁波）のセットを捨てればいい（核の一部が蒸発するイメージ）。船が積み荷を放り出して沈没を避けるようなものだ。つまり、イオンが標的にぶつかって合体した瞬間、「分裂と蒸発のせめぎ合い」が始まる。中性子と光子のセットで四〇メガ電子ボルト（ＭｅＶ）くらいのエネルギーを捨てれば、核は分裂せずにすむ。ふつうは分裂のほうが起きやすいけれど、まれには蒸発が勝ちを収め、そのとき重い元素ができてくる。

スウェーデンのチームは、一九五四年にも新元素を発表していた〔第6章〕。酸素のイオンでウランを何時間か叩いたら、新元素の１００番とおぼしきものができた。だがその折は、水爆実験「マイク・ショット」の試料に１００番をきっちりつかまえた米国が完勝する。それでもチームは、めげずに前へ進んだ。研究所の紀要《きよう》にこうある。「本所は１０２番の合成に的《まと》を絞った。酸素〔8番〕イオンとの核反応を試みるため英国からプルトニウム〔94番〕の提供を受け、ウラン〔92番〕に照射するためスイスからネオン22〔10番〕の提供を受けた」。どちらも理論上は１０２番を生むはずだが、反応断面積が小さすぎる。だから、乏しい予算とあり合わせの測定器では、合成の成否をつかむのに十分な量の融合核をつくれなかった。

そこで彼らは、米国アルゴンヌ研究所、英国ハーウェル原子力研究所のチームと組んだ。それぞれが得意分野を分担する。米国は96番キュリウム２４４をつくって英国に送り、英国はそれをアルミニウム箔につけて標的化したあとストックホルムへ送る。マンネ・シーグバーン（一九二四年ノーベル物理学賞）率いるスウェーデンのチームが、標的を6番・炭素13のイオンで叩く。スウェーデンのサイクロトロンはバークレーの装置と設計が似ている。ただし「ピッチングネット」には金箔ではなく、安価で便利なプラスチックを使った。実験後にプラスチックのネットを燃やせば、融合核の原子だけが残ってくれる。

一九五七年、三〇分間の照射を六回やって「当たりを引いた」ようだった。そのうちの三回で、産物がアルファ壊変の兆候を示す。102番ができたことを示す最初のサインだ。ところが、化学分析の結果は少しおかしい。悩ましかった。成果を大々的に発表するか、それとも口をつぐんで実験を続けるべきか？

スウェーデンのチームは、証拠が弱いことを認めている。理由の一端は装置の性能にある。精度の高い検出器を買うお金がなかったのだ。紀要を読もう。「照射実験の結果には疑問が残っていた。おもな理由は、核反応の収率が低すぎること、アルファ壊変の測定エネルギーに幅があること、検出に必要な機器が不足していることだ。十分な資金があれば、確証をつかめたはず」

シェルベリ氏も同意する。「データがあいまいでしたね。［102番検出のために］アルファ壊変のエネルギー測定に使ったのは、手づくりの一六チャネル検出器。みんな核物理はほぼ初心者だし、いい装置など買えません。アルファ壊変のスペクトルがあやふや。でも実際のところ、チームはよくやったと思いますよ」

一九五七年の七月、チームは発表に踏み切った。同時に元素名の提案もする。「元素名はノーベリウム、元素記号はNo。科学研究を支援したアルフレッド・ノーベルを讃え、本研究が行われた研究所名にちなむ」。その名称は、バークレーが戦後に発表してきた新元素名よりも、ずっと庶民の心に落ちやすかった。ノーベル賞の、あのノーベル……スウェーデンの成果だからノーベリウムだな……。たちまちのうち、その名は世に広まった。

だがバークレーのシーボーグとギオルソは、スウェーデンの発表を信用しない。データがあやふやにすぎるのだ。追試を始めてすぐにギオルソは、発表は「完璧にまちがい」だと確信する。二人は密かにこんなジョークを言い合った。ノーベリウム（nobelium）は信用度ゼロ元素《ノービリービウム》（nobelievium = no + believe + ium）だろ……。

たちまち米国とソ連の研究者は、スウェーデンに発表の撤回を迫った。だがデータを見直したスウェーデンのチームは一歩も引かない。彼らは、バークレーが「結果を疑問視しているよう」だとは認めたものの、撤回は拒否した。「１０２番の合成については、最終判断を保留したい」と紀要にある。

＊　＊　＊

ノーベル物理学研究所の跡地に身を置いていると、歴史というものの恐ろしさをいやというほど感じる。スウェーデンのチームは喝采を浴びるどころか、成果のすべてが論争の的にされた。ほぼ一〇年後、バークレーはスウェーデンの結果を再現するが、その際、スウェーデンの研究の重要性に触れることはなかった。

いまノーベル物理学研究所の過去を知る人は少ない。ノーベリウム合成の当否は、永久に検証できないままだろう。もっとも、シェルベリ氏の気分は苦そうでなく、往時を悔やむふうでもない。彼は壁にそっと手を触れた。ここで働いていた人たちに想いを馳《は》せるように、手のひらをレンガにぺたりとつけて。さりげない口ぶりでこうつぶやいた。「楽しい場所でしたよ」

おそるおそる訊いてみる。「ほんとうにできていたと思います？」

短い沈黙のあと、シェルベリは言った。「私がここにいたころの空気は、たしかに102番をつくったが受け入れてもらえなかった、という感じだったと思います。……たぶんバークレーは、縄張りを荒らされたくなかったんでしょう。『ボロい装置の劣等チームめ。俺たちと勝負するなど百年早い』って感じですかね」

バークレーは二〇年近くも元素発見・合成レースでトップを走り、重元素を一〇個も見つけてきた。同じ期間、ほかの組織は合わせても三個しかつくっていない。周期表を拡げる技能をもつのは俺たちだけ……と思っていたとしても驚くにはあたらない。

しかし、それはまちがいだったことがほどなくわかる。

ロシア人がひたひたと迫っていた――ソ連にも元素ハンターはいたのだ。

第9章　ソ連の参戦　一九五〇年代

第二次世界大戦が泥沼に入ろうとしていた一九四二年の春、ソ連では二九歳の空軍中尉が、自然界の謎解きに向けた大きな動きに火をつける。

ゲオルギー・ニコラーエヴィチ・フリョロフ〔114番フレロビウムに名を残す人〕は祖国のために骨身を削っていた。一九四一年の六月、ドイツが不可侵条約を破ってソ連へ侵攻する。一年のうちに戦線は、北はレニングラード（現サンクトペテルブルク）から南はクリミア半島まで広がった。フリョロフは前線にほど近いヴォロネジの工兵部隊で、爆撃機の修理を担当した。国家にとって彼はまだ、大祖国戦争に駆り出された数百万人のひとりにすぎない。

フリョロフは卑しい家柄の出だった。ロストフ・ナ・ドヌ（ドン河畔《かはん》ロストフ町）の貧家に生まれ、まともな学校に通うゆとりなどない。十代のうちは単純労働者、エンジン整備工、電気工として日々を過ごした。一八歳の一九三一年にレニングラードへ行き、プティロベト工場（ここで一九一七年に起きたストライキが帝政崩壊を招いた）で戦車やトラクターをつくる。二年後、国の指令で大学に入り（ソ連は優秀な頭脳を求めていた）、アーネスト・ローレンスのソ連版ともいえるイーゴリ・クルチャトフに出会う。クルチャトフのもとでフリョロフは核物理の才能を開花させた。一九四〇年に仲間とウランの同位体を調べていたとき、フリョロフは自然界でも進む核分裂の証拠をつかむ。不安定な核が安定になろうとして変身する現象だ。すばらしい発見だったが、枢軸国の侵攻のせいで研究を続けることは叶わなかった。

フリョロフは思う。自分は機械工学ではなく、物理学を究《きわ》めたほうが国の役に立てる。そう確信し、自然科学の勉強に明け暮れた。非番のときの息抜きは、大学の図書館で学術誌の最新号を読みあさること。何かおかしいと気づいたのは、そんな息抜きのときだった。自分は少し前、自然界で進む核分裂を論文に発表した。だが反響は何ひとつない。原子核の話は、科学界ですっかり鳴りをひそめている。装置も研究費もたっぷりある英・米・独が、「ウラン問題」を放棄したとは思えない。それなら、考えられることはひとつだけ。ソ連以外の国々は原子爆弾の製造に突き進んでいる。

ソ連にはまだ原爆製造の計画はない。製鉄など重工業を優先させ、優秀な化学者も物理学者も工場で働かせていた。正気の沙汰ではない……と思ったフリョロフは一九四一年、ロシア科学アカデミーを訪れて原爆の製造法を説明したほか、「核科学のドン」クルチャトフに原爆開発をくり返し書面で進言していた。米国は絶対に行動を起こしていると確信したフリョロフは肚《はら》をくくる。同僚の物理学者たちが聞く耳をもたないのなら、「大ボス」に話を聞いてもらおう。

一九四二年四月、フリョロフはスターリンにこんな手紙を書き送る。

ヨシフ・ヴィッサノヴィチ［・スターリン］閣下、
開戦から一〇か月を経ました。小生はその間、石の壁を頭突きで破ろうとあがき続けた思いです。［……］前線に身を置いていたせいでしょうか、小生は科学者が現在なすべきことを完全に見失っていたようです。［……］［しかし］私たちは痛恨のミスを犯していると、いまは思います。最も愚かな行いは、善意の産物なのです。私たちはみな、ナチスの根絶やしに向けあらゆる策を講じたい。とはいえ、「緊急の」軍事目的だけにあわてふためく必要はありません。［……］これを最後の書状として閣下に差し上げたあとは、独・英・米のいずれかがこの問題を解決するまで待つ所存です。首尾よく解決されたら波及効果は途方もないため、わがソビエト連邦で当該問題が放置されたことの責を誰が負うべきかは、不問に付されるでしょう。

末尾に具体的な要望を書いた。名だたる科学者を集めて「閣下のご臨席を仰いだ一時間半ほどのセミナー」を開き、原爆の開発を提案させてほしい、と。だいぶ無謀な賭けだった。スターリンは、ペンフレンドに耳を貸しそうな人でもないし、気に食わない人間は片っ端から処刑してきた。だがフリョロフ中尉は必死だった。えいままよ、「大ボス」の出かたを待つしかない。称賛か銃殺か、二つにひとつだ。
手紙はスターリンの執務室に届く。ほぼ同じころ秘密警察長官のラヴレンチー・ベリヤが届けた他国の情報も、原爆開発に乗り出すべしと語っている。執務室の中をうろうろ歩き、桜材のパイプをふかしながらスターリンは、科学顧問のセルゲイ・カフタノフと話し合った。「行動の時ですな」。次にスターリンは高名な四人の物理学者を呼びつけて雷を落とす。ひよっこの中尉が見抜いたんだぞ。諸君らの目は節穴か？　短い手紙ににじむ中尉の心意気を、スターリンは気に入っていた。わが国も気合いで進むべし……。物理学者たちはそそくさと仕事にかかる。

ゲオルギー・フリョロフは巨熊《おおくま》（ロシア）を焚《た》きつけ、原爆開発に向かわせた。

＊　＊　＊

ソ連の原爆第一号（ＲＤＳ－１）は、戦後の一九四九年八月に炸裂《さくれつ》する。トリニティ実験のブツ〔プロローグ〕と同じ、爆縮型のプルトニウム爆弾だった。偶然の一致ではなく、ソ連のスパイがトリニティの機密を盗んだからだ。米国は砂漠に立てた鉄塔の上で爆発させたところ、ソ連はカザフスタンの人里離れた草原に核実験場を設けた。ダミーの木造家屋や駅舎、戦車、飛行機を周囲に散りばめ、動物一五〇〇匹を「目撃者」にした。おびえた動物たちに、逃げるすべはなかった。

ソ連の原爆開発には、米国のマンハッタン計画とほぼ同数の大物が加わった。科学面はクルチャトフが統括する。全体の指揮は、スターリンの治世で何百万人も粛清してきたベリヤが執《と》った。失敗を危ぶんでいるような場合ではない。

フリョロフも核実験に立ち会った。スターリンに手紙を出した直後、望みどおり核開発に本腰を入れよと命じられていた。やがて核開発のリーダーとなる。一九四五年にはドイツ降伏（五月八日）直後の現地を訪れ、ナチスが進めた核研究のレベルを探った。結論は「ほとんど進展なし」。ドイツの原爆計画は、ノルウェーの妨害工作もあって離陸すらしていない。細々とした（連合軍の担当者いわく「涙を誘うほどの」）計画は、もう英国と米国がきれいに「掃除」していた。フリョロフはNKVD（内務人民委員部）大佐の制服を着こみ、残留ドイツ科学者の「リクルート」を試みる。しかしドイツの核科学者は英国が「生け捕り」にし、ケンブリッジシャー州グレートウーズ河畔にある旧領主の館「ファーム・ホール」に押しこめていた。

囚人のひとりに、女性物理学者リーゼ・マイトナーの助けで核分裂を見つけたオットー・ハーンがいた。一九四四年にノーベル化学賞を得た大物だ。一方のマイトナーは、男尊女卑の世のせいで何も得ていない（ただし五〇年後に公開された資料によると、委員四八名が推薦しながら授賞は否決されていた）。ナチスが大嫌いなハーンは、原爆づくりを断固拒否。広島と長崎への原爆投下がファーム・ホールに知らされた際は、自責の念に駆られて自害さえ考えたらしい。かりに自害していたら、暗黒科学の犠牲になったといえよう。

ドイツから遠く離れたカザフスタンで、核実験が行われる。ただし第一回（一九四九年）のあとフリョロフの心は、核兵器から新元素の合成に移っている。一九五六年、ギオルソの１０１番（メンデレビウム）合成を聞き及んだ彼は、モスクワでクルチャトフのサイクロトロンを使い、１０２番をつくろうと、94番プルトニウムに8番・酸素の陽イオンをぶつけてみた。当人は結果に確信がもてなかったけれど、たぶん合成できていた。

フリョロフは思う。周期表の父メンデレーエフはロシアの大地が生んだ。われわれも負けてはおれない。米国と互角に渡り合うには、バークレーと肩を並べる研究所をつくるべし……。

＊　＊　＊

合同原子核研究所（ＪＩＮＲ）は、モスクワから車で二時間ほどの小さな町ドブナにある。そこへ着くには、うっそうとした針葉樹林を突っ切って、七五年前にドイツの侵攻を食い止め、いまは記念展示品となったＴ34戦車をやりすごし、自動車道を延々と行く。その道中、当地の歴史をひしひしと感じた。

ドブナは、ロシアがつくった科学研究都市《ナウコグラード》のひとつだ。入り口には、町の名をかたどった巨大な金属の標識（ＨＯＬＬＹＷＯＯＤの看板のロシア版？）と、高名な科学者の名を並べた垂れ幕がある。ボルガ川が町を二分し、ボルガ川とモスクワ運河の合流する南岸では、高さ二五メートルのレーニン像が寝ずの番をしている。昔そのそばにあったスターリンの胸像は、死去（一九五三年）のあとこっそり解体された。

ドブナの街はＪＩＮＲの設立時からさほど変わらず、鉄のカーテンが開いて忍びこんだ西側のかすかな香りだけが変化だという。マクドナルドと小ぶりのスーパー、メルヘンタッチのホテルが一軒ずつある。そういう資本主義の象徴を消し去れば、ここに全土から科学者が集結した一九五〇年代のたたずまいと同じだろう。

これから私はそのひとりに会う。ＪＩＮＲの創設以来、短期の外国出張を除いてここを離れなかった八三歳のユーリイ・オガネシアン。いま周期表に名前（118番オガネソン）を刻むただひとりの存命者だ。

彼がJINRに来たころの写真は何枚か見ていた。アルメニア出身のりりしい二八歳の青年で、上背はなく、やや古風な面立ちか。髪をポマードできめ、唇の端におどけたような笑みをたたえる。もとは建築家を志望していたところ、科学の才能が彼をモスクワ工業大学へと誘《いざな》った。ほどなく、戦後の科学を前に進める大事業の組織化に手腕を発揮する。創意と熱意にあふれる若手だったが、何よりも人材を集める才覚に長《た》けていた。卒業を前にしたオガネシアンは、ソ連全土の大物研究者から誘われる。だが先々のことを考えたすえ、自分をフリョロフ研究室に売りこんだ。

フリョロフは大胆にも、博士号もないアルメニア人のオガネシアンを受け入れる。採用の面接もいっぷう変わっていた。フリョロフはオガネシアンと向かい合い、科学の話は何もせずに一時間ほど、さりげない会話を続けただけ。後日オガネシアンがユーチューブチャンネルの「Periodic Videos」でこう語る。「とりとめのない話に終始しました。物理の話は何もなし。好きなことは何かと訊かれてスポーツと答えたら、映画や音楽はどう？……とか。そして最後に、『わかった。どうもありがとう。じゃあ、うちに来てくれ』でしたね」

出生地（オガネシアンもロストフ・ナ・ドヌ生まれ）を除き、二人に共通点はあまりない。けれどシーボーグとギオルソの仲に似て、ぴったりと呼吸が合った。オガネシアンが当時をこう思い出す。「超重元素の話は心が躍るものでした。いままた同じチャンスがめぐってきても、また同じようにやりますよ」

互いの心は通い合う。フリョロフはオガネシアンのような才能に頼る大胆な研究プランを思い描いていた。バークレーの独り舞台を苦々しく思うフリョロフは、元素合成レースへの参戦を決め、米国をしのぐサイクロトロンの設計を終えていた。その建造をオガネシアンの腕に託そう。

警報が鳴りやまず、遮断機が上がったままのさびれた踏切を渡って砂利道を進み、JINRの玄関に着く。守衛が私の書類を見てOKを出す。小さな木の門を抜け、先端研究施設をめぐる広い通りに出る。一部の建物は外壁が塗り直され、建て増しのウィングをもつ。一部は扉に板が打ちつけてあり、割れた窓ガラスが荒廃への歩みを語る。案内役のニコライ・アクショーノフ君が説明してくれた。JINRには研究室が七つあって、それぞれ核科学の別分野を研究します。成果をあげたら研究費がたっぷりもらえますけど、あげなけりゃ干上がりますね……。

右手に並ぶ建物の二つ目が、目指すフリョロフ核反応研究所だ。研究費の羽振りはよさそうでも、建物自体はほかと同じく、ブロックと漆喰でできている。液体窒素の入ったデュワー瓶が軒下に何本も並ぶ。本来の蓋《ふた》はなくしたらしく、空き缶がかぶせてあった。

アクショーノフの後について玄関を入る。階段を上って秘書室を抜け、オーク材張りの部屋に着く。会議用の広いテーブルに、雑誌やレポート、学術誌が積み重ねてある。テーブルの向こうで研究所長のセルゲイ・ドミトリエフが立ち上がり、その脇でオガネシアンが私に微笑みを投げる。フリョロフとともにJINRを立ち上げた人だ。とても八十代とは思えない足どりでこちらへ近づき、流暢《りゅうちょう》な英語で歓迎してくれた。初対面なのに旧知のごとく握手を交わし、あとで合流しますね、と言う。いま世界トップの科学者にはとても見えない。

ドミトリエフ所長も歓迎してくれた。やおら彼が大型プラズマテレビの画面を指さす。数百メートル先で進む内装工事のライブ動画だ。静止画かと思える画面に、モップとバケツを手に動き回る年配の掃除婦だけが小さく見える。床には直径六メートルほどの巨大な円形の金属が置いてある。しばらく眺めていると、サイクロトロンの鼓動を生む二個のディー〔第4章〕だとわかる。仕上がれば世界最強クラスの装置となり、フリョロフ研究所がもつ五基に加わる。現在、イオン加速用の磁石が届くのを心待ちにしているという。

「稼働しているのを見たいものですね」と私。バークレーではサイクロトロンを一度も見ていない。ガイドのゲイツとカフェで軽食を楽しみ、話が弾んで時間切れになったのだった。

ドミトリエフ所長がにこやかに言う。「オーケー。では行きましょう。マシンを見るにはもってこいの時期でした。ふだんは休みなく動き、利用の順番待ちが途切れません。でもいまなら中に入れますよ」

ちょうどこの日、その装置U400M（Uはウスコリテル＝加速器）を宇宙関連企業が使って、これから飛ばす衛星を、宇宙線をまねたイオンで叩いているそうな。ドミトリエフについて階段を降り、飾り気のない廊下を歩きながら、加速器は年に二週間だけ止めます――とアクショーノフ君が解説する。真夏はボルガ川の水温が高すぎて、冷却水に適さないとか。「その二週間に保守点検をするんです。まぁ止める理由はほかにもあって、その間に私たちも夏休みをとれるでしょう」

廊下を進んで一度だけ曲がり、モニターや表示盤やボタン類のひしめく制御室を通ってマシン室に身を入れる。まるで見たことがない世界だ。U400Mも、第一世代のサイクロトロンと同様、イオンを飛ばすマシンガンにすぎない。一秒間に六兆個の弾を飛ばし、サイズが一軒家くらいのマシンガンだが。

一九三九年にローレンスのサイクロトロンを見学した人たちは「なんて大きなマシン！」と度肝を抜かれたらしい。それでも重さは二二〇トン。だがU400Mは二一〇〇トンあり、発電所なみのサイズだ。巨大なコンクリートの箱の中央に置かれたマシンがうなりをあげる。マシンにつながる配管はあちこちに緊急用バルブがつき、鉄製の階段と歩行路がマシンの上部を覆う。ただしどれほど巨大でも、「ボタン電池＋ディー」の基本形はローレンスの時代から変わっていない。

音がうるさい。ビームを飛ばす電磁石がうなり続ける。過圧蒸気を逃がすバルブが時折シューと鳴き、内部で動く冷却材がゴロゴロと鳴る。空き缶をかぶせたデュワー瓶から液体窒素を注ぐ継手《つぎて》部分に、ひげのような白い霜がついている。マシンは液体窒素やボルガの水で冷やす。サイクロトロンで飛ばす弾丸（陽イオン）をつくるには、高温の気体原子から電子をはぎとる。だからU400Mの内部は高温（約六〇〇℃）のプラズマ（イオン気体）になっている。*

あちこち指しながらアクショーノフが解説する。「まぁ標準的な装置ですけど、構造は工夫してありますよ。ポンプ類も、パイプも冷却水系統も。ここからイオンを入れ、ここで加速し、こっちがビームライン……」。配管が床をくねくねと這《は》い、分厚そうな壁の向こうへ消えていく。「標的に向けるビームを絞るのがここ。標的は放射能をもつため、壁の向こうに置きます。室内の放射能は自然界とだいたい同じですから、心配はいりません」

アクショーノフ君は、もっと強い口調で語っていい。なにしろ新元素を五つも生んだ驚異のマシンなのだから。

＊　＊　＊

Ｕ４００Ｍは、一号機（一九五〇年代）のＵ３００と比べて雲泥の差がある。直径三メートルで特注仕様のＵ３００は、レニングラード（現サンクトペテルブルク）の工場で組み立てられた。フリョロフはさらに世界最高のマシンを構想し、その夢をオガネシアンが叶えたことになる。

当初の歩みはのろかった。誰ひとりサイクロトロンを建造した経験がない。ＪＩＮＲの紀要を読もう。「何をするにも研究者は開拓者そのものだった。頼れるのは各人の知識と直感だけ。足並みの狂いや失敗も覚悟のうえで」。だがフリョロフは、オガネシアンという願ってもない右腕を得た。試行錯誤しながらも若きアルメニア人は、チームをまとめ、意見の対立があればとりなし、仕事をうまく割り振って、プロジェクトを頓挫《とんざ》させかねない問題は芽のうちに摘んだ。紀要の記述をまた引こう。「加速器施設の完成には、オガネシアンの才覚が大いに効いた」。一九九一年の完成時、Ｕ４００Ｍは、やや重い元素（10番ネオンまで）のイオンを加速でき、元素合成の道具として文句なしに当時の世界一だった。

＊たとえばカルシウムの沸点は常圧で一四八四℃のところ、一億分の一気圧しかないマシン内部では四〇〇℃くらいまで下がる。

図5　HILACの部品をバークレー放射線研究所へ運ぶトレーラー（1956年）。

バークレーの元素ハンターも、次の一手を考えていた。ルイス・アルバレスの進言に従い、イェール大学と共同で重イオン線形加速器（HILAC）をつくる。部品は長いトレーラーに積み、ブラックベリーの山道を運び上げた（図5）。HILACは一九五七年の四月に起動する。こうして米国チームも、ヘリウムより重い元素のイオンを飛ばせるマシンを手に入れた。

あいにくアーネスト・ローレンスは、「ビッグサイエンス」の最新果実を見ずに世を去る。一九五八年にドワイト・アイゼンハワー大統領から、核兵器条約に関する委員としてスイス出張を命じられた。潰瘍《かいよう》性大腸炎の再発を気にかけながらもローレンスは承諾し、帰国後の八月に倒れて帰らぬ人となる。享年五七。以後一か月以内にカリフォルニア大学は、二つの原子核研究組織を改称する。

創始者の名をつけて、バークレー・ローレンス放射線研究所、リヴァモア・ローレンス放射線研究所にした。*

U300とHILACが完成した一九五〇年代の後半、米ソは同じ土俵で戦えるようになった。どちらにも最先端の装置と、超大国ならではの豊かな研究資金があり、元素合成の経験豊富なリーダーがいる。

ミクロ宇宙の冷戦が始まった。現実の冷戦と同じく、両国は対立を深めていく。

＊一九七一年には「放射線」が落ち、ローレンスを語頭に置く「ローレンス・バークレー研究所」「ローレンス・リヴァモア研究所」となる。さらには一九九五年、両方とも「国立研究所」に改称された。

第10章　東西対決　一九五九年〜七〇年代、迷走の102〜105番

一九五九年七月三日、バークレーのＨＩＬＡＣ棟から所員たちが血相を変えて走り出た。ちょっとした事故はそれまでも何度か起きている。四年前にはアル・ギオルソのミスで火災報知器が鳴った。だが今回は本物だ。建物内に放射能のちりが満ち、吸いこめば命が危ない。

その日の研究棟はいつになく人が多くて、総勢二七人もいた。ほぼ半数は、タンクの修理に来ていた作業員。走り出た二六人を安全担当がつかまえ、被曝度をみるための綿棒を鼻に突っこむ。全員を裸にさせて、脱いだ着衣はタグをつけ、セメント袋に入れて廃棄した。ヴィック・ヴィオラだけは素っ裸のまま隣のラボに駆けこんで、流しの水に頭を突っこんだ（ただし当人いわく、あのころは短髪だったし、そんなことをした記憶はないよ……）。安全担当は所員の尊厳を守ろうと、また体を冷やさないようにと、清潔なスモックを手渡した。

最後にギオルソが出てきた。防毒マスクをかぶったオーバーオール姿で、オーバーシューズと手

袋もつけている。無言のまま裸になって除染シャワーを浴び、冷水で全身を洗い流す。ローレンス放射線研究所では初の大事故だった。

スウェーデンの発表はまちがいだと確信するバークレーのチームは、102番をつくろうとしていた。だが101番メンデレビウムの先は、反応断面積が小さく半減期も短いため（原子は大きいほど不安定）、カブトムシの爆走くらいでは間に合わない。そこでギオルソは新しい元素検出法に舵を切っていた。目的元素そのものではなく、壊変の産物（娘核）をつかまえる。娘はアルファ壊変で生まれ、既知元素のどれかに変わっていく。102番の娘は「二つ手前」のフェルミウムなので、フェルミウムがつかまったら、「102番ができていた」と思ってよい。

だが簡単にはつかまらない。アルファ壊変も、ニュートンの「運動量保存則」に従う。壊変でアルファ粒子を出す核は、アルファ粒子と逆向きに少しだけ飛ぶ。メンデレビウムに使えた「ピッチングネット」〔第7章〕だと、一度つかまった核もネットからまた飛び出すので「とり逃がす」。だが天性の発明家ギオルソは、いつも妙手を思いつく。今回のは、ビリヤードの名人芸そっくりなやりかただ。

まずイオンビームで標的を叩く（いまの場合は6番・炭素の陽イオンで96番キュリウムを叩く）。二つの核が融合した102番の核は、ビームの勢いに押されて動く。ここまでは従来と同じだが、そのあとをひと工夫した。照射（標的）室の背後に、負電荷を帯びたコンベヤベルトを動かしておく。すると、102番の核はベルトに飛び移ったあと、照射室の外に運び出され、「ピッチングネット」の下を通る。そして、ベルト上の102番がアルファ壊変すれば、「娘」の100番フェルミウムが今度はネットへ飛び移る。その新しい玩具をギオルソはハデス（Hades）と呼んだ。*

工夫はすぐに奏功した。一九五八年にギオルソは微量のフェルミウムを検出したと報告する。102番の壊変産物にちがいなかった。以後の一年、チームはさらに証拠を集める。ギオルソの見立てでは、スウェーデンが出したという証拠より確度がずっと高い――あと何回かの実験で片をつけよう。

冒頭の事故は、ダメ押し実験のさなかに起きた。照射産物をみな回収し、放射能のノイズを減らすため、ハデスの中はヘリウムガスで満たされている。照射室内のヘリウムは新しいヘリウムを送りこんで定期的に交換し、たまった不要な気体を外に出す（ラジエーターの定期清掃に近い）。この交換のとき、危ないアルファ粒子が出る標的（キュリウム）をマシン内に入れたままだった。

その日、ギオルソはうかつにもバルブを閉め忘れた。不要なものが排出されるはずのところ、逆流したヘリウムが出口を求める。ハデスの弱点は、厚み〇・一ミリのニッケル箔だった。ヘリウムの圧が上がってニッケル箔を破ってしまい、キュリウムが「粉々に飛び散った」。放射性物質を入れた風船が破裂したようなものか。

ハデスを納めていたチャンバーは、そんな事態に対応できる設計ではない。ドラフト（局所排気設備）に吸いこまれたキュリウムのちりが配管内を上へと向かい、屋上の小部屋に着いた。それを

＊公式名は大文字の略号HADES（Heavy Atom Detection Equipment Studio）だが、「非公式な」ギオルソは、「地獄のようにホット（高放射能）」なので、ギリシャ神話に登場する地獄の神の名Hadesをそのまま使った。

換気系が吸いこみ、キュリウムのミストを階下へと逆流させてしまう。数十秒のうち、建物の内部（床面積一五〇〇平方メートル）に放射能の雲が満ちたことになる。

ニッケル箔が破れる音を聞いてギオルソは手早くバルブを閉めた。だがガイガーカウンターで調べてみると、キュリウムはもう床もマシンも自分の体も汚染している。すぐインターホンを押し、守衛のスー・ハージス氏に全館避難の放送を頼む。ギオルソは残ってハデス・チャンバーのそばにしゃがみ、電源を切って漏れを止めようとした。沈着冷静なハージス氏は、避難放送をしたあとギオルソのもとへ駆けつけ、防毒マスクとオーバーオールを手渡した。

避難はおよそ五分ですんだ（ギオルソだけは一〇分後に退出）。一時間後に医師が来て、全員に尿サンプルの提出を要求する。被曝しても治療法はないと知っていた研究者五人は、その要求を突っぱねたけれど。

奇跡的に重傷者は出なかった。ハージス氏が見積もった最大被曝（一・五シーベルト）なら、吐き気など「放射線病」を発症するレベルだが、実際の被曝はそれより何桁も小さい。装置のそばにいたギオルソの場合、本能的にしゃがんだため、キュリウムの濃い粉塵は頭上を通り抜けた。後遺症もなかった（なにしろ九五年も生きている）。被曝が最大だったヴィオラは衛生科学科の「モルモット」にされ、事故のあと半年間も検便を課せられる。ヴィオラに言わせれば、「その結果で連中は論文を書いたらしいが、謝辞にひとこともなくて腹が立ったぞ」。

けれどチームの仕事には後遺症がある。ＨＩＬＡＣラボに放射能が満ち、除染には三〇人で三週間も費やした。ギオルソによると、それでも「以後何年にもわたって、ラボの奥まったところからわずかなキュリウムが検出され続けた」。除染の経費、労力、機材、装置の修理と、いちばん高価なビームタイムの損失で、総額五万八五〇〇ドル（いまなら五〇万ドル）の後遺症だった。「まぁ放射性の標的には用心深くなったよ」とギオルソ。ともあれ合成の成功を疑う余地のない102番の確認実験はそこで切り上げ、次の103番を目指すことにした。

ハデス（地獄の神）は改造し、呼び名も変えた「ヘブン（天国）かどうか自信がないため、リンボ（辺獄《へんごく》＝天国と地獄の中間）と命名」。マシンは一九六一年に103番を生む。すぐさまギオルソは、三年前に逝《い》った巨星の名から「ローレンシウム」を提案した。喜色満面で元素記号Lw（二年後の一九六三年にLrへ変更）を周期表に書きこむギオルソの写真が何枚も残る。超重チームは、アクチノイドの元素すべてを自分たちが発見したのだと思い、意気揚々だった。元素（104番〜）への挑戦を始めよう。

彼らはまだ気づいていない。そこへの第一歩を印すのがロシア人だということに。

＊　＊　＊

フリョロフ核反応研究所の内部を知る部外者は多くない。廊下を何度か曲がったあと、金網つきの警告灯が突き出たコンクリート壁の脇に立つ。建築現場でよく見るような鉄製の階段を登っていく。部屋はマシン類の「作業端」で、突如シューッと鳴る減圧弁、ゆらゆら針が揺れる計器類があふれ、警告表示と非常ベル、除染用シャワーがいくつも見える。

それにひきかえユーリイ・オガネシアンの居室は美しい。何十年もかけて整備した博物館の趣があり、追憶と創意がぎっしりと詰まっている。ふつう研究者の居室は、病院かと見える殺風景な部屋から、ゴミ屋敷レベルまでのどこかになる。しかしオガネシアンの部屋はまるで別物、とにかく豪華だ。近いのは米国大統領の執務室か。ちりひとつないデスクに原稿やノート、ペン、電卓が並び、コンピュータは影もない。椅子の背後には、お約束どおり家族の写真。特大のA3版は、マンハッタンのスケートボード競走（八キロメートル）で入賞した孫のオガネシアン君だという。書籍と賞状・楯、認証書、記念品の類が本棚を埋め尽くす。米国ロズウェル市のナンバープレートまであった。部屋の隅には、科学用語と図の描かれた黒板が、ガラスの保護カバーをかぶせた姿で置いてある。

「これ、フリョロフの手書きですよ」とオガネシアン。議論の跡を永久保存するそうな。赤や橙《だいだい》のチョークで描いた線が勢いよく伸びている。中性子が多い96番キュリウムの同位体を地下核実験でつくろうと、計画を練った際のメモだという。核実験を利用する元素合成は、まんざら突飛な話でもない。一九六〇年代に米ソが核実験を競い合った際、動機のひとつが元素合成だった。師のことを話すオガネシアンの声が震える。歳の差が二〇なので、息の合う「親方・弟子」といったところか。フリョロフがいた隣室は、遺品を並べたミニ博物館ふうに改装してある。カムチャツカ半島へ遠出したときフリョロフがつかまえたというカニの剥製《はくせい》がおもしろい。

いまラボはオガネシアンが仕切る。ロシアには、アルメニア人は創造性に富み、世界を独特な目で見るという伝承がある。少なくともオガネシアンには当てはまるだろう。ロシア訪問に発つ矢先、あるロシア人研究者からこう聞いていた。「ユーリイの下で働くとわかるんだが、そこはラボって感じじゃない。たとえると劇場だよ。彼が支配人のね。ちなみに彼は、客の意向など考えず、好みの話題だけもち出すんだ。でも面談を切り上げるころに客は、あぁそんな見かたもあったのか、と狐につままれた気分になるらしいな」

オガネシアンと向き合って座り、高級そうなカップで濃いロシアコーヒーを味わう。私のほうから切り出した。なぜ元素合成を目指したんです？　馬鹿正直な直球に、目を細めながらこう返す。

「フリョロフ研究室に入りたかっただけ。研究テーマは彼が決めました。調べるのは（元素の）性質だけじゃありません。核反応やいろいろな相互作用、壊変タイプ、核分裂、アルファ放出……と、核物理・核化学の全部でしたよ」

彼は孫に向かうような口ぶりで語る。「一九六二年が正念場でしたね」。彼がドブナに来て四年目だ。１０２番への挑戦は五八年に始めたものの、実験のたびに結果が変わる。「私はまだ青二才。別のメンバーが（１０２番合成に）一番乗りしたがっていました。けどフリョロフが、『よし、君の腕試しをやろう』と言ったんです。そこで私は検出装置を新しくしました。私自身の設計で」

その装置でＪＩＮＲ（合同原子核研究所）は突破口を開く。一九六四年に10番ネオンのイオンを92番ウランにぶつけ、１００番フェルミウムを検出した。すると、フェルミウムの母（いずれ最終的に決まる呼び名で１０２番ノーベリウム）ができていたことになる（バークレーのギオルソと同じ発想）。続く二～三年、実験をくり返した。かたや米国のチームは、１０２番を合成しながらデータの処理にしくじって、みすみす大魚を釣りそこねてしまう。半減期のちがう同位体二種ができていたのに、一種だと勘ちがいしたのだった。

だからソ連チームは、米国のミスをせせら笑いながら102番の発見を報じる。ただし元素名にはノーベリウムではなく、放射性元素を初めてつくったフレデリック・ジョリオ＝キュリーの名から「ジョリオチウム」を提案。ジョリオ＝キュリーが熱烈な共産主義者で、スターリン平和賞（冷戦の皮肉をまぶしたノーベル平和賞か？）の受賞者第一号だったのは、むろん偶然ではない。

102番をめぐる成り行きから、元素合成における勢力争いの加熱度合がよくわかる。スウェーデンは、たぶんつくれていた。米国は最後の詰めでミスに気づき、発表には至っていない。そしてソ連は、米国のミスをとがめつつ、102番の動かぬ証拠を最初につかんだ。

102番の発見が、超フェルミウム戦争（一九九〇年代に米国の化学者ポール・キャロルがつくった語）の引き金となる。冷戦の絶頂期に米ソのチームが織り上げた乱れ模様といえようか。おおよそスプートニクの打ち上げ（一九五七年）からリチャード・ニクソン大統領の辞任（ウォーターゲート事件。一九七四年）まで一七年ほど、大小とりどりの戦いが続く。モノが目に見える100番まで（おそらく101番まで）なら、「誰が何を見つけたか」に争いの余地はない。* しかし102～108番については、万事が論争のタネになってしまう。

ソ連は102番に続き104番の合成も発表した。102番で「気分を害する」程度だった米国は、104番では「堪忍袋の緒を切らす」。フリョロフは、数年前に他界した指導者イーゴリ・クルチャトフの名から元素をクルチャトビウムと命名した。なにしろ彼は、ソ連の原爆第一号をつくるなど「核科学の父」だったからと。ソ連には祝賀の名称かもしれないが、米国には憤懣《ふんまん》やるかたない名称だった。
一九六七年にソ連は103番もつくる。発表は米国が先んじたけれど、ソ連はまたバークレーのミスを突き、「一番乗りはうちですよ」と強く出る。ドブナは元素名に（米国提案の「ローレンシウム」ではなく）アーネスト・ラザフォードの名から「ラザホージウム」を提案した。翌年には105番もつくり、デンマークの大御所ニールス・ボーアから「ニールスボーリウム」と命名する（姓だけの「ボーリウム」は、ボロン＝ホウ素とまぎらわしいので）。こうしてソ連は、米国に並んだばかりか、いっとき米国を抜き去ったのだ。

躍起になったギオルソ軍団は、どうにかドブナに追いついたとき、ドブナが出した結果を退け、俺たちこそが発見者だと主張した。104番は、クルチャトビウムではなくラザホージウムと呼ぶ。105番も、ニールスボーリウムではなく、核分裂の発見者オットー・ハーンから「ハーニウム」にしたい。

「104番の論争はすごかったねぇ」と、一九六五年からバークレーに来てギオルソの右腕となったフィンランド人のマッティ・ヌルミアが思い出す。「うちも104番に挑んでいて、いきなりソ連に出し抜かれた。みんな歯ぎしりですよ。ロシア人ごときにやられたぞってね。でも連中の実験を洗い直すと、内容がお粗末すぎる。何はともあれ、半減期が合わなきゃいけない。ソ連の報告は

---

*少なくともひとつ例外がある。二〇世紀初めの一九〇七年、三人の研究者がほぼ同時に71番を見つけ、最後はフランスのジョルジュ・ユルバンの主張が通って「ルテチウム」と命名される（「ルテチア」はパリのラテン語名）。だがドイツ人は以後じつに五〇年間も「カシオペイウム」と呼んでいた。

〇・三秒のところ、うちで測ったら〇・〇八秒。それも争いのタネでした。軽いミスだとソ連は突っぱねたけど、私たちは［ソ連の発見に］科学的な根拠がまったくないと考えた」

読者は頭の中がぐちゃぐちゃになっただろう。それも道理で、当時は研究者さえほぼ全員がそうだった。一九七〇年ごろ、ライバルどうしは周期表にこんな元素名を載せていたのだ。

原子番号	米国の周期表	ソ連の周期表
102	ノーベリウム	ジョリオチウム
103	ローレンシウム	ラザホージウム
104	ラザホージウム	クルチャトビウム
105	ハーニウム	ニールスボーリウム

一〇年足らずのレースで米ソは、新元素四個と元素名七種をつくった（元素名のひとつラザホージウムは、なんと別々の元素！）。目に余るカオスだ。他分野の研究者も、どちらが最初に何をつくったのか、わからなくなってしまう。

こうして超フェルミウム戦争は二種類の周期表を生み、最終決着を見る二〇世紀の末まで混迷のままだった。

なぜそんなことになったのかと、いぶかる読者も多いだろう。科学研究は論文とデータ、証拠固めで前に進む。実験結果は誰でも再現できるのでは？　超大国の名だたる二つの研究所が、なぜ勝手なことを言い合ったのか？

＊　＊　＊

当時の論文を当たっても、さほど役には立たない。実のところ大半の論文はまちがっている。また、根も葉もない主張が多かったせいで、ちゃんとした論文にも疑惑の目を向けた人が多い。いちばんの問題点は、実験法もわきまえている中立の理論屋が少なかったこと。新元素をつくれた組織は二つしかなく、ほとんどの科学者は米ソのどちらかに肩入れしてしまうというバイアスにさらされていたのだ。つまり超フェルミウム戦争には、科学史を賭けた抗争、二大勢力を後ろ盾とするチンピラ集団の抗争に似た面もあった。

ドブナ（ＪＩＮＲ）のアンドレイ・ポペコは、その答えを政治とみる。「あのころは冷戦時代だったでしょ。米国が何か見つけたら、こちらはけなす。うちが見つけりゃ、あちらがけなす」

バークレーとドブナの両方に在籍したスイスの化学者ハインツ・ゲーゲラーの見かたも近い。「ドブナが確実な実験をしても、バークレーの連中は必ずアラ探しする。むろんドブナも、ときにミスをするバークレーの発表に白い目を向けたんですな」

マッティ・ヌルミアのみるところ、周期表をめぐる政治風土は、シーボーグが出入りしたホワイトハウスの意向にもからむ。「ソ連との良好な関係を保ちたい政権にとって、対立を深めるのは得策ではなかったはずです。政治的な干渉がありました」。超フェルミウム戦争はもうひとつの冷戦の舞台になっていた。「元素合成が政治になってしまい、私は一気に白けましたね」とヌルミア。

ラボ間の競争に政治が影を落としたとしても、超フェルミウム戦争にはもっと本質的な問題がからんでいた。ユーリイ・ガガーリンがやった人類初の宇宙飛行（一九六一年）を米国は否定できないし、米国がアポロ一一号でなし遂げた月面着陸（一九六九年）をソ連は否定できない。どちらも明白な事実だ。かたや超フェルミウム戦争の中核には、次の単純な問いがある——ある元素を「見つけた」ことの決め手とは、いったいぜんたい何なのか？

一九五〇年代以前なら、そんな疑問を発する余地はなかった。できた元素（単体）が目に見えるので、発表に難癖《なんくせ》をつけようはない。まちがった主張は実験で却下でき、ミスを悟ったら撤回すればすむ。だが超重元素だとそうはいかない。半減期が短く、数分や数秒（以下）のうちに消えてしまうのだから。

ゲオルギー・フリョロフは単純に考えていた。自分は天然で起こる自発核分裂を見つけた。不安定な核がひとりでに壊れる現象だ。標的を外れた場所で自発核分裂の気配が見えたら、ある融合核が放射線を出して壊れたとわかる。自発核分裂は検出もしやすく（低感度の検出器しかないソ連にはそこが肝要）、何かが起きたことの決め手になる。

だが自発核分裂は、「何が壊れたか」を特定しにくいところがもどかしい。ドブナが次々と出す論文は、実験法の洗練につれ半減期がころころ変わっていった。それを米国のチームは、ソ連がまちがっていることの傍証にする。ギオルソもシーボーグも、「逃げ水を追いかける」ようだとソ連の結果を突っぱねた。「ゴールポストがたびたび動かされた」と二人は『超ウランの人々』で回想した。「うちが実験し、［ドブナ発表の］現象は存在しないと発表する。そのたびにドブナは、また別の値を発表するか、うちの実験にはミスがあると再反論してきた」

ソ連と比べ、米国のやりかたは確実性が高い。アルファ壊変系列をたどりつつ、壊変の段階ごとに決まっている同位体それぞれの半減期を、実測のデータと突き合わせる。ギオルソが、「アルファを一個つかまえりゃ、核分裂一〇〇〇回分ほどの価値があるんだよ」と豪語した。むろんそれも完璧ではない。壊変系列の予測と実測に差があれば、ソ連には米国のミスを突く手駒になる。

今日、ロシアと米国を比べ、ロシアの実験は信頼度が低かったとみる人が多い。最新の元素合成では、おもにアルファ壊変系列を確かめて成否を判断するからだ。ただし現実はそれほど明快ではない。たとえば、化学分析で１０４番を確かめたというイヴォ・ズヴァラ（ドブナ）の仕事を挙げて、ハインツ・ゲーゲラーがこう解説。「元素の化学的性質は、周期表上の位置から見当がつく。化学分析の結果、『おぉビンゴ！　１０４番にちがいない』と思っていい。だが米国はそれを受け入れない。アルファ壊変をつかめと迫る。でもそれはフェアじゃなかった」

ただし、アルファ壊変を検出しても、まだ断定はむずかしい。一九七〇年代のバークレーにいたマッティ・レイノが、その背景をこう説明した。「壊変系列をつかむ手順は単純です。実験データは『イベント』の形で得る。各イベントは決まった時間経過で進む。要点は、時間経過の様子とエネルギー値、検出器上の位置（核の質量）、以上の三つですね」。ただし結果の「ヒット」には四タイプがある。①超重元素の現物がつかまる。②現物の壊変がつかまる。③超重元素らしきものがつかまる。④「らしきものの壊変」がつかまる（④はマシンのゴーストかもしれない）。レイノが続ける。「ある核ができると、その核を起点にして壊変が進む。そのありさまを観測します。どの壊変段階も、決まった流れの中にある……という話だけど、起点が何だったのかは闇の中だし、その核が本物かどうかもわかりにくい。ノイズを見たのかもしれない。本物の壊変かどうかは、確率の問題だといえます」。超重元素の競技場では万事が「大穴ねらい」になる。当たる確率はすこぶる低い。レイノによると、「まぁ、確率が一〇〇万分の一以下なら、判断しようもなくなりますね」。

ゲーゲラーも言う。「決定的な実験はありえない――というのが泣き所。これが104番の証拠、これが105番の証拠……とは言えない。米ソが実験をくり返し、いろいろわかってきましたが、何か断定できる話じゃありません。両軍のデータがほどほどそろい、第三者が『104番と105番は見つかったとみてよさそう……じゃぁそれを頼みに、うちも追試してみようか』といった話」。

火の利用史に似ているかもしれない。どの原始人がいつ初めて火を起こしたのか特定しようもないけれど、起こせるようになったあと人類は、火を使いながら暮らしと文明を豊かにしてきた。

本章のまとめに、あらゆる論争の渦中にいた人物、「世界を新しい目で見させる」人物の言葉を引こう。居室に戻ったあと、オガネシアンがつぶやいた。「超重元素づくりはむずかしい……と思い知らされたころ、『安定の島』に向かう実験も始めましたよ」

超重元素は、半減期が長くて数秒や数分、せいぜい数時間しかない。原子番号の若い元素は寿命が十分に長く、目に見えるモノができ、何かに使えたりした。かたや重い元素の原子はすぐ消えてしまうため、その潜在能力《ポテンシャル》を引き出す道もない。

けれど、寿命が数十年もある超重元素の原子をつくれたら、いったい話はどう転がっていくのだろう？

第11章　長寿の島へ　一九五〇〜七〇年代

ふつう科学の研究では、単純なことから複雑なことへと進み、全体を意味のある形にまとめ上げる。その好例が、ほぼ一〇〇年前にアーネスト・ラザフォードやニールス・ボーアが暴いた原子のつくりだろう。中心に核（原子核）があり、まわりの殻《シエル》上を電子が運動する。太陽系のミニ版とみてもよい（働いている物理法則はまったく別だが）。いまだに中高校の教科書に載っている「惑星モデル」が、いちばん単純な（ただし真実からは程遠い）原子のイメージになる。

核の場合、いままでに複雑化への階段を一段だけ登った。リーゼ・マイトナーが使った「粘っこい液滴」のイメージだ。話題しだいでは、そのイメージもいまなお十分に役立つ。

しかし元素合成の話だと、液滴モデルの先へ登らなければいけない。たとえば、安定な同位体と不安定な同位体があるのはなぜか？　あるイオンビームと標的原子の組み合わせは、なぜ反応断面積〔第7章〕が大きく、融合核ができやすいのか？　答えは、一九四九年の『フィジカル・レビュー』

誌の連続する号に出た二本の論文がくれた。米国の女性物理学者マリア・ゲッペルト＝マイヤーと、ドイツのハンス・イェンセン率いるチームがそれぞれ独自に、しかし互いに似通った核の素顔を描き出したのだ。ゲッペルト＝マイヤーとイェンセンは競争よりも協働を選び、一九五七年に共著『核の殻《シエル》構造の基礎理論（*Elementary Theory of Nuclear Shell Structure*）』を上梓してもいる。二人の新しい発想を「核の殻《シエル》モデル」という。*

発想はわりとストレートだ。核外の電子は、エネルギーの決まった殻《シエル》（電子殻《でんしかく》）の上を運動するのだった。だから核内のほうも、陽子と中性子がそれぞれ特有な殻（特有なエネルギー）にあるとみる。それが生む「スピン－軌道カップリング」という現象をゲッペルト＝マイヤーが、ワルツ会場の情景にたとえた。踊り手たちは、ステップと回転の向き（スピン）を決めながら、円（軌道）を描いてホール内を動いていく。「軌道」と「スピン」の兼ね合いがよければ、ワルツは滑らかに進む（核内のミクロ世界に引き写せば、エネルギーが低い）。踊り手の数がほどよい値（核内の殻が満杯）のとき、会場内には、きれいな（エネルギーが低くて安定な）秩序が生まれる。そのとき、踊り手たちのかもし出す躍動感が美しい。しかし踊り手が多すぎると流れは乱れる。核内でいえば、余分な陽子か中性子が加わるとエネルギーが急増する（ワルツだと、動きの全体がぎこちなくなる）。その瞬間を突き止めることでゲッペルト＝マイヤーは、核子の占める殻がどこで始まりどこで終わるのかを特定できた。

その発想が素粒子の科学に大きな一石を投じた。化学の世界に、陽子数と中性子数を座標軸にした「地図」が生まれる。安定な元素は、右肩上がりの細長い「半島」に住み、半島は突端の岬（右上）で海に没する。半島から外れた「不安定の海」に沈んだ核は、長短とりどりの半減期で壊れていく。安定な核の中性子を減らしても増やしても不安定化に向かい、勢い余れば岬から海中に転げ落ちる。理論上、安定な元素は１７２番までありうるというが、さしあたり「半島」は、もう「住人」で満ちている。**

そのことは合成元素にも当てはまる。バークレーやドブナは、「半島」の断崖部分、その先で半島が海に没するという安定の最果てで元素をつくっていた。いちばん安定な同位体の半減期は、98番カリホルニウムが八九八年、１００番フェルミウムが一〇〇日で、（最終的な命名はようやく一九九七年の）１０２番ノーベリウムが五八分。さらに重い元素だと、最安定な同位体でさえ半減期が一秒を切る。そんな元素は好奇心の対象でしかない。たちまち消えてしまう核を、何に使えるというのか？

だがそこに、ひねりが入る。核の殻《シエル》モデルが正しければ、陽子数と中性子数の「絶妙な組み合わせ」が、ものすごく安定な重い核をつくるだろう。踊り手の数が適切ならホール全体の見栄えがよくなる（こともある）ように、陽子や中性子の数がきれいにそろって核子の群れがぐっと安定化

＊殻モデルは核物理の一面にすぎない。ロシアみやげのマトリョーシカ人形に似て何層もの「奥」がある。ただし深入りはしないのでご安心を。

＊＊殻が満杯なら必ず「安定の半島」にあるわけではない。殻に十分な数の陽子と中性子が入っている核も、半島から転げ落ちてしまうことがある（50番元素の放射性同位体スズ１００は半減期が一秒程度しかない）。ミクロ世界はややこしいのだ。

する……と思えばいい。

目からウロコの発想だった。ゲッペルト＝マイヤーの同僚ユージン・ウィグナー（ハンガリーから米国に逃れ、オークリッジ研究所の創設を助けた人）がその発想を、「陽子や中性子がマジックナンバー（魔法数）のとき、核は安定化する」と表現した。それが物理学に浸透した結果、二人は一九六三年にノーベル物理学賞をとる。ゲッペルト＝マイヤーは、マリー・キュリー以来ノーベル賞に輝く初の女性となった〔核子のマジックナンバーは、2・8・20・28・50・82・126の七種を基本とし、陽子数108・114・120、中性子数162・184・196も同類とみる〕。

マジックナンバーの発想が、元素合成レースを一変させた。陽子か中性子の数をマジックナンバーにすれば、ものすごく安定（長寿命）な核ができるはず……と全員が気づく。研究者たちは、半島と海のたとえを拡げ、マジックナンバーをもつ核を、「安定の島」の住人とみるようになる。それまでに合成された不安定な核をピョンとカエルのように海を越えさせて、「島」に揚げてやれたなら、話はまったくちがってくる。オガネシアンがこう説明してくれた。「安定の島の住人は、寿命（半減期）がとびきり長いんです。あのころやった計算だと、数秒どころか一〇〇万年や、ひょっとして一〇億年にもなりそうでしたね」

それが元素ハンターの心をつかむ。シーボーグが書き残すとおり、「悲観論から楽観論に突如シフトした。超重元素には、99〜105番よりずっと安定な同位体があるかもしれない。〔……すると〕元素の化学的性質を調べて、それが周期表による予測とどれくらい合うのかを見極められる」。

シーボーグもフリョロフもたちまち理解する。元素ハンターが半島の突端から舟で漕《こ》ぎ出し、未

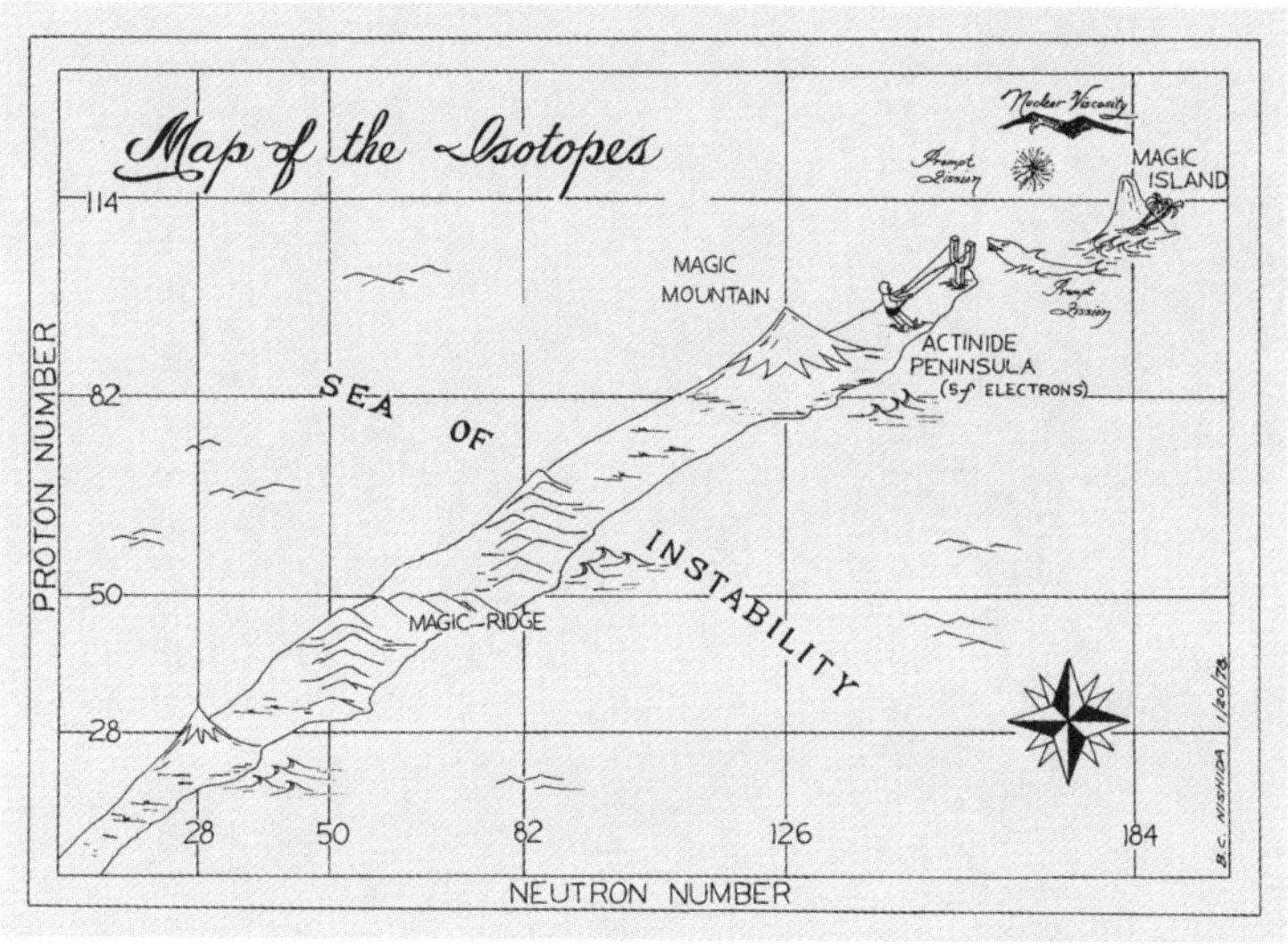

図6　安定な「マジックアイランド」も描いた同位体の地図。グレン・シーボーグの案をB. C. Nishidaが図解したもの。中性子が126個の「マジックマウンテン（魔法の山）」は、周辺より安定性がずば抜けて高い82番・鉛の同位体（1978年）。

開の地（じつは海）を探検したあげく、核子がマジックナンバーの「島」に着くイメージを小ぎれいな図にした。ギオルソは、シーボーグと一〇〇ドルの賭《か》けをする。へそ曲がりのギオルソはむろん、元素は元素番号とともに不安定化し、「魔法の島《マジックアイランド》など存在しない」ほうに賭けた。

　当時は「安定の島」がどこから始まりどこまで続いているのかは見当もつかなかったが、未発見の１１４番周辺とする説がいちやく脚光を浴びる。１１４は陽子のマジックナンバーだし、中性子が一八四個（質量数２９８）の同位体ができれば「二重のマジックナンバー」になって、極めつきの安定な原子だろう。そのため突如、元素合成に向ける関心が再燃した。安定な１１４番の原子を「目に見えるモノ」にできたら、科学史上トップレベルの大手柄だし、半減期が約七億年もあるウラン235のようにゆっくり壊変する同位体だとしても、そのときに出るエネルギーが十分に大きいならば、小さな粒で大都市ひとつ分の発電ができるかもしれない。

合成の期待に加え、ほかの視点も浮上する。それまでは誰ひとり、超重元素が地球上にあるとは思っていなかった。だが「安定の島」の発想が意識を変える。太陽系は四六億年ほど前に生まれた。島に住む同位体の半減期が仮に四億六〇〇〇万年なら、現在は半減期の一〇倍を経た時点なので、太古に星間物質の衝突が生んだ超重元素の一〇〇〇分の一くらいは太陽系のどこかに残り、地球上にもあるだろう。

そんな元素は、いったいどこに見つかるのか?

＊　＊　＊

微量の超ウラン元素がありそうな場所は、うすうす見当がつく。一九四三年には早くも、瀝青《れきせい》ウラン鉱（ピッチブレンド）の中に、天然の中性子捕獲で生まれたプルトニウム239が見つかっていた。また約一七億年前には、現在のアフリカ・ガボン共和国で「天然の原子炉」が盛大に稼働していたこともわかっている。時の流れに原子炉はほぼ燃え尽きて、いま100番フェルミウムの原子は計算上、ウラン鉱石の一〇の二九乗トンあたりせいぜい一個しかない。ちなみに一〇の二九乗トンは、地球の重さの一六〇〇万倍にあたる。

地球には、超新星や中性子星の残骸も重元素を残しているだろう。はるかな昔に超新星や中性子星が、宇宙線（高エネルギー粒子のシャワー）の形で、96番キュリウムまでの重元素を地球に送りこんだと思えるから。

安定の島の発想が、超重元素の「ゴールドラッシュ」を引き起こす。元素ハンターたちはハイテク加速器を離れ、ローテクで競い始めた。ドイツの物理学者ギュンター・ヘルマンが書いている。「われ先にと走り始めた。高額な実験装置はなくていい。……天然試料をうまく選び、台所の隅でやる測定くらいで大発見につながる可能性があった」。こうして科学者は、地球のあちこちに超重元素の痕跡を探し始めた。

超重元素コミュニティーにできていた党派が、それぞれ別の場所に探索の手を伸ばす。フリョロフは渡りに船と、天然で起きた自発核分裂（若いころの研究テーマ）に目をつける。超重元素の核が分裂すれば、中性子が一〇個ほど出る。かりに同位体の半減期が一〇億年なら、原子一ミリグラムで毎秒四〇〇回ほど壊変が起きる勘定になり、検出はやさしい。そのとき宇宙線（宇宙から飛来する高エネルギー粒子）のノイズにはよく気をつける必要はあるが。ドブナのアンドレイ・ポペコが思い出す。「うちは地下深くの岩塩を調べました。［検出器に］宇宙線が当たらないよう用心して。検出に使ったのは中性子増倍《ぞうばい》カウンターです」

バークレーの発想も似ていた。ただし岩塩鉱ではなく、バークレー－オリンダ間の深さ二八〇メートルにベイエリア高速鉄道（BART《バート》）が掘った地下鉄のトンネル内を調査する。一九七〇年五月、グレンとヘレンのシーボーグ夫妻にスタンリー・トンプソンが同行し、BARTのトンネルの入り口から二キロほど入った場所に中性子増倍カウンターを置かせてもらった。ソ連の計測では、バックグラウンド以上の中性子をつかまえたフシはあるものの、同業者が同意するほど確かな結果でもなかったという。

次に米ソのチームは、かつて超重元素が核分裂した痕跡を、自然界に探し始めた。ソ連はまず岩に目をつけ、地殻に多い橄欖石《かんらんせき》（緑色の透明な石。ケイ酸マグネシウム鉱物）を調べる。橄欖石の結晶は損傷を受けやすいため、核分裂の断片がぶつかったとき、顕微鏡で見えるくらいの軌跡（跳んだ跡）を残しただろう。うまい試料が見つかれば、軌跡の深さから、ぶつかった核のサイズと衝撃の強さが見積もれる。米国の一グループは、同様の超重元素の痕跡を六〇〇〇万年前の化石（サメの歯）に探した。

それでも、めぼしい証拠は見つからない。

フリョロフもシーボーグも、あっさり投げるつもりはない。ウランより重い元素が、どこかに必ず見つかるはず……。二人は周期表を眺め直した。縦に並ぶ「同族元素」は性質が似ている。未発見の超重元素が第7周期の空席を順当に埋めていけば、１１４番は14族となり、性質は鉛に近そうだ。すると、鉛の中にひそんでいるかも……という化学的推理のもとドブナのポペコは教会に出向き、ステンドグラスのかけらをもらって分析した。「ステンドグラスの線と枠は鉛でつくる。［鉛に混じっていた］超重元素が自発核分裂すれば、ガラスは化学作用を受けただろう」。ロシアのチームは、同じ理由で鉛精錬工場の煙塵《えんじん》を集めたりもした。

やはり化学の知恵をもとにバークレーのトムソンたちも、自然界に１１０番を探す。１１０番の性質は、同じ10族の白金に近いだろう。白金の不純物なら、当時は一〇億分の一（一ｐｐｂ）の濃度まできれいに測れた。トンプソンはほかに、自然金を始めとする天然鉱物の試料を四〇点以上も集め、１１１番の痕跡を探る。超重元素が壊変するときに生まれそうなクリプトンやキセノンなどの安定同位体も調べ始めた。

またしてもソ連が「痕跡らしきものを発見！」と声をあげるが、他国の研究者は冷ややかな目で見ていた。

深海底と宇宙に探索の手を伸ばした人もいる。まずハインツ・ゲーゲラーの体験談を聞こう。「うちは深海底のマンガン団塊に目をつけました。成長が遅くて〔半径の一センチ増加に数百万年かかる〕重金属の比率が高い団塊を、フリョロフは何十トンもほしがりました。私自身も、マンガン団塊を熱して鉛を飛ばす実験をやっています」。ゲーゲラーは何も見つけられなかった。ほかにイヴォ・ズヴァラが、カスピ海の水一〇〇立方メートルを分析して自発核分裂の兆候をつかんだけれど、実測の壊変（一日あたり原子一個）は予想より何桁も遅い。同様の発想でバークレーは、カリフォルニア州サンアンドレアス断層の真上にある塩湖（ソルトン湖）に出向き、マントルから湧き昇る温泉水が含む金属の分析を試みた。だが芳《かんば》しい結果は得られていない。

その一方でバークレーはＮＡＳＡにお伺いを立て、アポロ計画でもち帰った月の石三キロを手に入れる。さらにはスカイラブ宇宙ステーションでのデータ収集も試みた。気球を飛ばして上空の空気を集め、微量の超重元素を含むかどうか調べたりもしている。月の石に縁のないソ連のドブナは隕石《いんせき》でがまんし、宇宙から地球に落ちた超重元素の名残を探る。助け合い精神でバークレーは、二

○キロの隕石をドブナに贈った。一九六九年のメキシコに落ち、かつて見つかったうち最大のアジェンデ隕石から、太古にあった超重元素の名残らしきものがつかまる。

だがそれも、自信たっぷりに発表できる結果ではなかった。

一九七六年にはオークリッジ研究所とフロリダ州立大学、カリフォルニア大学デーヴィス校の混成チームが、自然界に超重元素をひとつ見つけたと発表する。岩石の一部には、放射能による「ハロー効果」が足跡を残す。放射線を浴びて色が薄くなった同心球（ハロー）形の模様だ。ハロー部の切片を顕微鏡観察すると、木の年輪に似た同心円が見え、円の半径がアルファ粒子の飛行距離を表す。混成チームは、マダガスカル島の浜辺で得た黒雲母のハローを観察し、ハローの源を、なんと126番元素（！）が出したアルファ粒子だと推定する。

それが正しいなら、インド洋に浮かぶ島々の浜辺では、大量の126番が発見されるのを待っていたことになる。すると、126番を起点に始まるアルファ壊変系列が生む元素（124、122、120、118、116番……）もたやすく見つかる？　また、84番ポロニウムを好んでとりこむという甲殻類には、同族の116番も蓄積されている？　それなら、モルディブ島を訪れた科学者は、砂の城をつくって遊び、クルマエビ入りカクテルを楽しみながら、超重元素を発見できる？

だが一年もしないうち、混成チームの発表はミスだとわかる。「126番の痕跡」に見えたものは、黒雲母が含む不純物（58番セリウム）の放射性同位体が残したものだった。つまり、これも空振りに終わる。

「何かの気配」はありながらも、自然界の超重元素探索は不首尾に終わった。ゲーゲラーが、ため息まじりに言う。「マンガン団塊、海の深層水、岩や隕石……に痕跡は見つかりませんでした」。混成チームの計測器は、一トンの試料あたり「一〇兆分の一グラムの、さらに一万分の一」まで検出できる。途方もない感度だが、何ひとつつかまらない。ありさえすれば、つかまるはずだった。

とはいえ、「あるいは……」と思わせるニュースがひとつだけ記録に残る。科学界は二〇〇年以上も、地球誕生のころから残る元素のうち、いちばん重いのはウランだと考えてきた。けれど超重元素コミュニティーが自然界に未知の元素を探していた一九七一年、ロスアラモス研究所のチームがそれを反証してみせた。

チームを率いたのはダーリーン・ホフマン。彼女は（事実なら）二〇世紀最高クラスの発見をする。いまそれを覚えている人はほとんどいないのだが。

＊　＊　＊

一九四五年の春、アイオワ州立カレッジ。一八歳のダーリーン・クリスチャン嬢は腕を組み、進路指導員とにらみ合っていた。彼女は米国の中部地域、トウモロコシ農家ばかりで眠気を誘いそうな田舎町ウェスト・ユニオンに生まれた。父親は学校の校長だった。身長一五二センチと小柄で、ハニーブラウンの髪を肩まで伸ばし、愛くるしい顔立ちが男子学生（戦争に駆り出されて減少中）を幾人かとりこにする。性差別を受けるなどまっぴらな女子学生だった。

クリスチャンは専攻を変えたくて進路指導員と面談した。応用美術科に登録したのだが、必修科目の家政化学にのめりこむ。講義担当のネリー・ネイラー教授が目からウロコを落としてくれたのだ。後日『超ウランの人々』の中でこう振り返る。「どの教科よりも化学に心を奪われた。［講師の先生は］化学がみごとなまでに論理的で、暮らしに密着していることを示してくださった」。まぁ「家政」部分はどうでもいい。化学者になってやるんだ……。

だが進路指導員は首を縦に振らず、女性としてまっとうな人生を送らせようとする。「女の子でしょ？　化学をやるなんて、正気の沙汰とは思えないけど」

クリスチャンは口角を上げ、涼しい顔で言い返す。「それしかないと思ってます」

高校は創立以来トップの成績で出た。暇を見つけては高度な三角法など先端数学も学び、部活ではサキソフォンを吹き、バスケットボールも得意だった（身長一五二センチだと曲芸に近い？）。心に抱くヒロインは、新元素二つと放射能を見つけ、ノーベル賞を二つもとりながら二人の娘をきちんと育て上げたマリー・キュリー。意固地なところも反骨精神もキュリーは、漫画『ザ・シンプソンズ』のリザ・シンプソン夫人そっくりに思えた。マダム・キュリーにできて自分にできないはずはない……。

進路指導員は一本気なクリスチャンに手を焼いて、切り札を突きつける。「化学なんか専攻しても、たいした仕事はありませんよ。化学教師が関の山でしょうけど、女性教師は寿退職するものと世間は思っています。だいたいあなた、男の子に興味ありありみたいだから、未婚のまま終わるはずはないわね……」。指導員は、クリスチャンが化学を諦め、美術に専念すると期待した。

クリスチャンはたじろがない。不敵な笑みを崩さずに抗弁する。「ええ、教えるだけの仕事などしません。マリー・キュリーみたいになるんです。結婚したくなったらするし、子どもがほしくなったらつくります」

もう指導員はお手上げだ。クリスチャンも許可など望んでいない。若い男が戦争に行く時代とはいえ、化学コースを卒業した唯一の女性で、成績は群を抜いていた。

貧しい彼女はカレッジ在学中の夏、ウェイトレスや銀行の窓口係のバイトをした。一九四七年の夏休みはバイトにも飽き、アイオワ州立大学エイムズ研究所（通称リトル・アンクニー）の研究助手に応募する。当時は大学キャンパスの隅に建つ小ぶりの平屋群で、学生の噂によると秘密の実験をし、夜中に何かが光ったりしたという。それもそのはず、エイムズ研究所はマンハッタン計画用につくられ、戦後はウランの大量濃縮が任務だった。クリスチャン嬢は採用され、若いころのアル・ギオルソと同じくガイガーカウンターづくりを任される。ただし投げやりなギオルソとちがって、その仕事が気に入った。ただでも喜んでやっただろうこの仕事で、月に一七〇ドルもらえた。

エイムズ研究所では、キャリアを阻む障害物に次々とぶつかる。まずは、身分証に三個のイニシャルを要求された。ダーリーン・クリスチャンにはミドルネームがない。ただし、それを口実に彼女を追い出そうと画策した同僚は、相手を見くびっていた。彼女は肩をすくめて書類に「DXC」と書き、今後はダーリーン・ザンタシア・クリスチャンと名乗りますね、よろしく……。それが決め球になったのか、嫌がらせも影をひそめた。

核化学者への道を歩み始めたクリスチャンには、なお障害物が待ち受ける。カレッジ入学の二年後に父親が亡くなった。悲しみを胸に大学へ急ぎ、葬儀のため翌日の試験（量子化学）をパスさせ

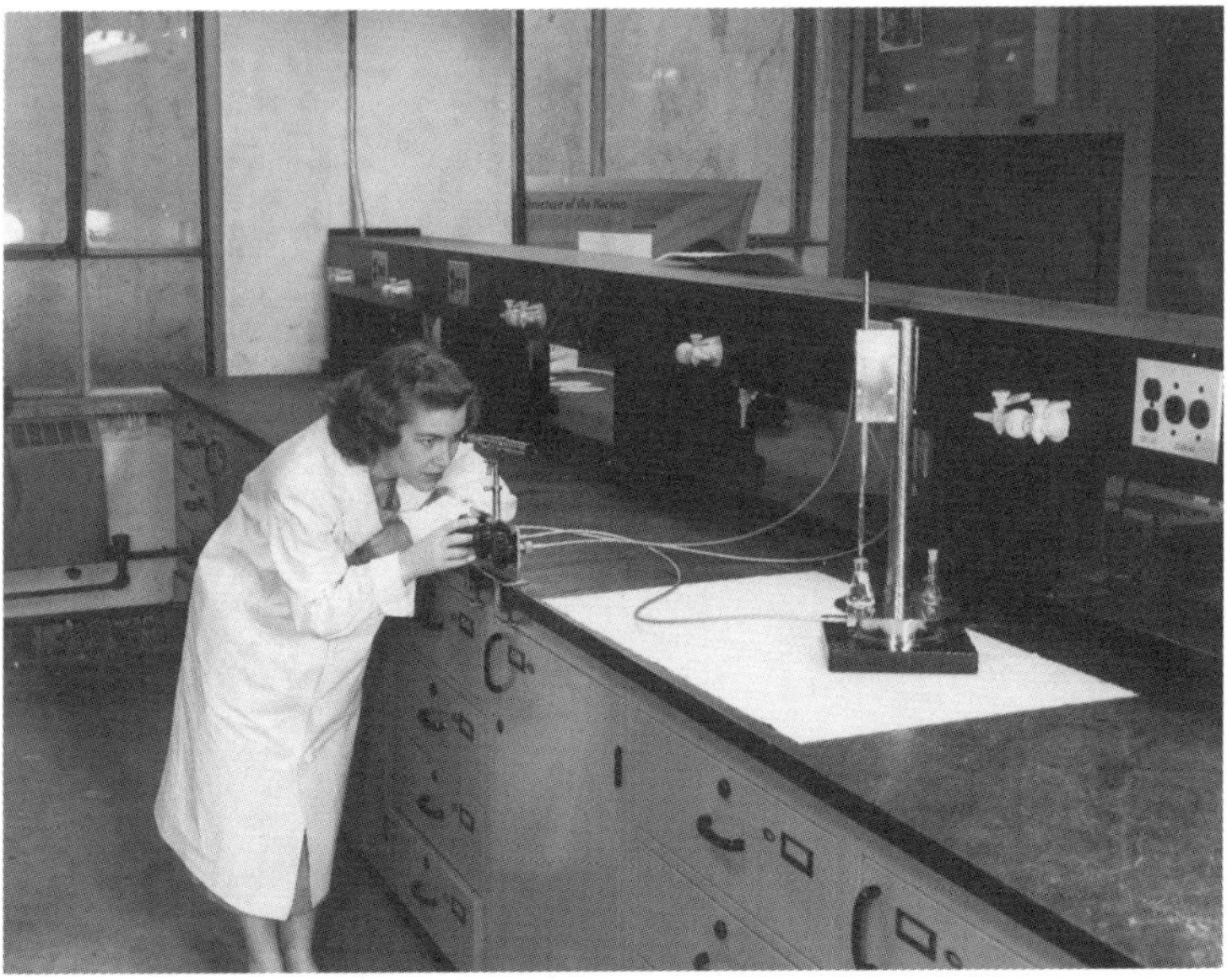

図7　エイムズ研究所時代のダーリーン・クリスチャン（1950年）。

てほしいと願い出る。担当の教授は、いまここで試験を受けろと迫る。涙ながら、心ここにあらずで試験を受けても、B（良）がとれた。

父親の死で稼ぎ手がいなくなる。家は人手に渡り、調度品は競売にかけられた。家計はダーリーンが支えるしかない。手を尽くしたすえ、母親と幼い弟と一緒に大学のそばで住むことにした。卒業後は大学院で研究に入ったが、狭い自宅は勉強に向かない。そこで夕方は願ってもない人物、夜中にシンクロトロンを使って「光核誘起《ゆうき》シラード・チャルマーズ反応」というものを研究していたマーヴィン・ホフマンの家に入り浸る。終戦から六年後の一九五一年一二月、博士号を得た彼女はホフマンと結婚した。

障害物はなお消えてくれない。ダー

リーン・ホフマンとなった彼女は、いっときオークリッジで働いたあとニューメキシコ州のロスアラモス研究所に移り、やがては核化学部門の責任者となる。だが入り口でつまずいた。ロスアラモスに着いたとき人事課の職員が、見下すような語気で言う。「何か誤解があるようですね。核化学に女性を雇う予定はありませんが」。一か月近くも書類づくりに追われたあげく、上司となる人物にパーティーで会う。彼はすぐ人事課に話をつけてくれた。障害はまだ続く。着任は決定事項のはずなのに、人事課に預けた人物保証書が紛失してしまう。以後また三か月ほど放っておかれたホフマンは、しびれを切らしてＦＢＩ（連邦捜査局）に訴える。すると間髪をいれず、「紛失した保証書」が出てきた。

役所仕事の泥沼でもがくうち、新元素二つと行きちがう。ロスアラモス研究所は、マイク・ショット（一九五二年。第6章）のフィルターが最初に届くラボだった。人事のごたごたが決着するころフィルターの分析はすみ、99番と１００番が確認されていた。歴史に名を残す好機をつぶされたホフマンには、恨み骨髄の仕打ちだった。『超ウランの人々』にこんな発言が残る。「アインスタイニウムとフェルミウムの発見者になれるチャンスをみすみす逃した……ひどい仕打ちにカッカしながらアパートにこもっている間に。人事課など信用しない。『女性を雇う予定はない』とウソをついたばかりか、思いやりも能力もなく、偏見に満ちあふれているのだから」

以後も事態はとりたてて好転しない。ホフマンから話を聞いたバークレーのジャクリン・ゲイツによると、実験装置の試作工場に出向いたとき、これ見よがしに『プレイボーイ』誌のヌード写真が貼ってあったという。また、ホフマンを秘書だと勘違いした人から思いがけず差別を受けたり、

「か弱い女性」に見えるというだけで軽んじられることが何度もあった。しかし、ホフマンが泣き寝入りすると思っていた人たちはすぐ考えを改めることになる。彼女は、ロスアラモス研究所人事課の女性蔑視《べっし》を一掃したのだ。

意志が固く、化学知識の豊かなホフマンにかなう人間はいなかった。核分裂でも同位体の話でも、バクテリアと金属の相互作用でもプロだった。女性科学者を守る活動にも手を染める（むろん、性別に関係なく「化学者」として讃えられたかった）。いま米国で現役の核化学者に、いちばん世話になった人は誰かと問えば、ダーリーン・ホフマンの名をあげる人が多い。グレン・シーボーグは居室の壁に一〇年間も、自分より一三歳も若いホフマンの写真を貼り、インスピレーションを受けていた（やがて女優アン＝マーガレットの写真に変えたのは、愛妻ヘレンのご機嫌をそこねたせいか？）。

めきめきと頭角を現したホフマンの研究歴は、一九七一年の時点で二〇年に近い。メタルフレームのメガネをかけ、核化学の研究を率いる第一人者だ。そのころは自然界の超重元素探しが世界規模の激烈な競争だった。ホフマンは地面の下に目を向けて、地球誕生のころから残る超ウラン元素の実在を証明できるのではないかと考えた。プルトニウム244を見つけてやるわ……。半減期は八〇〇〇万年で、マイク・ショットの試料にロスアラモス研究所が検出した同位体だ。

計画は単純そのもの。重元素に富む鉱石を分析する。チームは米国全土を当たったあと、生成年代が先カンブリア紀（五億四〇〇〇万年前より古い時代）のバストネス石〔58番セリウムを含み、比重が約五と大きい炭酸塩鉱物〕に目をつける。バストネス石は、米国モリブデン社が製錬し、磁石やレーザーやオーブンに使う酸化セリウムを抽出していた。酸化セリウムの含有率は、ありふれた石の五〇万倍も高い。

バストネス石は天然産のプルトニウムを含む……とホフマンはにらんだ。酸化セリウムを抽出したあと、プルトニウムは廃鉱石の中に残るはず。モリブデン社に電話し、廃棄物を引きとりたいと申し出たところ、同社は快諾してくれた。ホフマンは同僚のフランシーヌ・ローレンスと試料を念入りに化学処理した。マンハッタン計画時代にトンプソンがやった仕事に肩を並べるほど厄介な操作だ。

処理ずみの試料をホフマンはニューヨーク州スケネクタディー市のGE（ゼネラルエレクトリック）社に送った。GE社では知り合いが、世界トップクラスの感度を誇る質量分析装置（イオンを重さで精密に分ける装置）を使っている。試料がプルトニウムを含むなら、確実につかまるだろう。

その夕刻ホフマンは、サンタ・フェ市へ野外オペラの観劇に出かけた。夜空を仰ぎ、星たちのきらめきを見つめる。星々はせっせと元素をつくり、宇宙にばらまいてきた。彼女は後日、『超ウランの人々』にこう書いている。「舞台の後方、ニューメキシコの澄み切った夜空に輝く星々に目をやった。そのとき何となく、およそ五〇億年前の銀河で進んだ重元素合成の産物、いままでは逃げ水のようだったプルトニウム244が今度こそつかまるような気がしてきた」

読みは図星のようだった。翌日にラボへ戻り、ニューヨークからの報せを読んだところ、試料に八フェムトグラム（一〇〇〇兆分の八グラム）のプルトニウムが検出されたという。当時のどんなにいい顕微鏡でも見えない量だ。超新星爆発で生じたあとガスにまぎれこみ、ガスが冷えてできる途上の原始地球に組みこまれた原子にちがいない。
アイオワ州の片田舎で生まれ育った少女が、度重なる障害にもめげず励んだ結果、天国のマリー・キュリーが褒めてくれそうな偉業をなし遂げた。地球上でいちばん重い石のひとつを分析し、私たちみなの起源に触れたのだ。*

ダーリーン・ホフマンは「戦果」を発表したあと、その裏づけとなるような、天然超重元素の探索はしていない。なぜ切り上げたのかと問われた際は、こう簡潔に答えている。「プルトニウムを見つけるのは困難をきわめます」。原子量（相対質量）も化学的性質も推測の域を出ない元素をつかまえる？　そんなことはほぼ不可能だったのだ。

---

*ただし、一九七一年の『ネイチャー』誌に出たホフマンの結果を再現した人はいないし、実験法を疑った人も多い。宇宙線の作用でできたプルトニウムだったかもしれず、それなら地球誕生時までさかのぼれない。かといって彼女は論争を乗り越えたようだし、個人的には「疑わしきは罰せず」のスタンスをとりたい。論争があってこそ、重元素科学だと思うので。

第12章　先端科学の鼓動　一九七〇～七五年、106番

ラボ（研究室）は生き物だ。固有の鼓動を刻みながらも、ときにメンバーの出入りが特有な進化を促す。赤狩りの波もほぼ引いた一九七〇年代のバークレー放射線研究所は、もう八人もノーベル賞受賞者を出していた。歴代の所長ローレンス（退任一九五八年）とマクミラン（同一九七二年）が率いた「丘の上の家」は、実験物理のほかコンピュータやエネルギー、生物学も扱う不動の組織になっている。HILAC〔第9章〕は「スーパーHILAC」に世代交代した（もっと強力な設備を望んでいたかもしれないが、ベトナム戦争への出費でかなわず）。いま重元素の研究は、アクの強いアル・ギオルソが率いる。ラボの実験ノートは、シーボーグ時代の几帳面な記述から、ワシリー・カンディンスキーやポール・マチスの絵かと見まごう派手な姿に変わった。軍が予算をかっさらうのをぼやくギオルソの声が、しょっちゅう廊下から聞こえてくる。

麓《ふもと》の大学キャンパスも生き物だった。サマー・オブ・ラブ（一九六七年から始まった改革運動）

の名残で、穏健な反体制の空気が満ち、ビートルズやデヴィッド・ボウイ、ロバータ・フラック、スティーヴィー・ワンダーの歌声をしじゅう聴く。近くのオークランドを本拠とするアスレチックスが三回も野球の大リーグ優勝を果たした。サンフランシスコ湾の沖合にあるアルカトラズ島の連邦刑務所は、人種差別に抗議する先住民が一九か月も占拠したあげく、塀が落書きだらけになっている。その向こうに見える金門橋（ゴールデンゲートブリッジ）は、いまや世界に名だたるランドマークだ。湾岸の一帯には上昇気運があふれ、研究者という職業もどことなくカッコいい……そんな時代だった。

『エボニー』誌の一九七三年五月号から、科学と世情の関わりが読みとれる。流行のファッションできめたモデルの写真やタバコの広告がひしめく誌面に、派手な書体の活字が躍る。巻頭を飾るスターは、ジャズ歌手のナンシー・ウィルソン。特集記事の主人公が、ホワイトハウスで歌ったサミー・デイヴィス・ジュニア。そして人物紹介欄が、「目立たなくても気さくで自信たっぷり［……］ヒップでサイエンティフィック」というキャッチコピーのもと、ひとりの研究者をとり上げていた。その名はジェームズ・ハリス。新元素の発見にからむ初のアフリカ系米国人だった。*

一八年前の一九五五年にハリスは二三歳で陸軍を除隊となり、職を探した。テキサス州ワコーに生まれ、カリフォルニア州オークランドで母親に育てられ（ハリスが幼いころ両親は離婚）、テキサス州オースチン市のハストン・ティロットソンカレッジ化学科を出た。軍人から市民に戻るのは至難だとわかっていたが、リベラルな湾岸地帯の科学界さえ、これほど人種差別がひどいとは思いもよらなかった。面接官にギョッとされたり、「用務員にご応募？」と秘書にあしらわれたりで、一〇回以上も落とされる。小学生でもこなす足し算・引き算の「知能テスト」を課されたこともある。問題用紙にちらりと目をやって担当者に突き返し、柔和な声でこう言った。そこまで切羽詰《せっぱ》まっているわけじゃありません……。

やがて湾岸の企業で放射線化学がらみの仕事を見つけ、五年後にバークレーのラボに採用されて、ギオルソのチームに入る。ギオルソと同じ学部卒という異色の存在ながら、加速器に入れる標的の精製を受けもった。二二段階もの分離を続け、〇・〇六ミリグラムの放射性金属を単離する。誰にもまねのできない、気が遠くなるほどこまかい作業だった。つまりハリスはラボで最高クラスの化学者、ひいては世界でも指折りの分析化学者だったといえる。

ラボではグレン・シーボーグの顔もたまに見かけた。元素合成への道をつけ、一〇年余りワシントンDCの政府機関に勤めた彼は押しも押されもせぬ大物で、紳士録の記事もいちばん長い。ワシントンDC時代には、円熟した政治家への変身も遂げていた。あるとき連邦議会の公聴会で、ルイジアナ州選出の浅はかな上院議員がシーボーグの知識を試す。「シーボーグ博士、プルトニウムのことは何かご存じ?」。若いころなら、自分が見つけた元素ですよと一喝しただろう。だが歳を重ねて丸くなった彼は、にっこりして「はい、少しなら」と返した。

五九歳で原子力委員会の委員長を退いた一九七一年以降、シーボーグは元素合成実験の切り盛り

*ハリスは新元素発見に関わった最後のアフリカ系米国人ではない。二〇〇九年にクラリス・フェルプスが97番バークリウムの精製を受けもち、117番の合成と115番の確認につなげている（くわしくは第20章）。

をギオルソに任せ、悠々自適の日々を過ごしている。悪名高い階段を昇り降りするのが朝の日課だった。運動のあと居室に戻ってドアを開け放ち、誰が来ようと歓迎する。学生が入ってきたら、やりかけの仕事（大統領への返事書きなど）も放り投げて相談に乗った。うまくいくはずのない夢物語を学生が語っても、まずはやってみなさいと助言した。しくじるに決まっているが、痛い目にあった学生は「なぜ？」を突き詰めて成長する。雑務をこなしたらラボを巡回し、戸口から顔をのぞかせ、ぶっきらぼうな中西部訛りで問いかける。「何かある？」。どのメンバーも、ボスに言いたいことが何かしらあった。

フィンランドから来たマッティ・ヌルミアの実験報告がひっきりなしに届く。当時ヌルミアは、ギオルソと二人三脚でラボを運営していた。一九六八年にヌルミアは、ヘルシンキ大学で自分の学生だったエスコラ夫妻（カリとピルッコ）も呼び寄せ、コンピュータが際限なく吐き出すデータの解析を託した。つまり当時のメンバーは、フィンランド人が三名で米国人が二名（生え抜きはギオルソだけ）。少し遅れて加わったフィンランド人のマッティ・レイノが、よくこんなふうにこぼしていたという。「フィンランド人が（やがて加わる日本人も）あのギオルソにうまく調子を合わせるのは大変だったよ」

ダーリーン・ホフマンと同じくピルッコ・エスコラ夫人も、米国の科学界にはびこる男尊女卑の洗礼を受けた。ヌルミアの記憶ではこうなる。「米国に女性研究者は多くありませんでした。ブロンドの美人、ミセス・エスコラはありとあらゆる出来事に遭遇していました。仕事がらみで別のラボに電話しただけで、先方は開口一番『秘書さんね？』というぐあい。とくに核科学の女性は希少

図8　バークレー放射線研究所のメンバー（1969年4月）。左からマッティ・ヌルミア、ジェームズ・ハリス、カリ・エスコラ、ピルッコ・エスコラ、アル・ギオルソ。

種でした」。エスコラはそんなことにもめげない。なにしろ、ギオルソとも平然と渡り合えるのだ。いつだって前のめりのギオルソとはちがい、彼女は地道に実験データを増やしたい。ヌルミアによると二人の「一触即発の議論」は、たいがいエスコラ夫人の勝ちに終わった。

元素ハンターたちはときに羽目を外す。何か仕事がひと区切りしてギオルソがご満悦なら「ＨＩＬＡＣパーティー」を挙行した。さんざん飲んで冗談を言い合い、壁いっぱいの双六《すごろく》で遊ぶ。いまもバークレーに伝わる話だと、ギオルソは放射性物質を詰めたテニスボールで試合をした（厚いゴムが放射線をさえぎるので無問題）。

そんなか、元素合成は行き詰まっていた。安定の島も、島に近い「岩礁」も幻に見え、合成を何度試みようとも、自然界にそれを探す試みと同じく、徒労に終わる。耳に入ってくる成功例は、アムノン・マリノフ率いるCERN（欧州原子核共同研究所）のイスラエル・英国合同チームのものだけ。彼らは「112番合成」論文を何本も発表したが、別ラボの研究者に言わせると、「あんなものゴミの山だってこと、みんな知ってましたよ」。*

問題は中性子の数だった。合体した直後の核は、分裂を避けようとして中性子を何個か捨てる〔148ページ〕。すると、核内に残る中性子が減って、安定の島に届かない。112番の核を安定化させるには、マジックナンバーにあたる一八四個の中性子がほしい。イオンビームと標的をベストな組み合わせにしても中性子は一七三個しか残ってくれず、「島」までに一一個も足りない。「核種の地図」でいうと船が北のほうへ漂流し、島に上陸できないのだ。

要するに、「不安定の海」を行く船はオールが折れている。さしものギオルソも万事休すのようだった。

＊　＊　＊

ソ連・ドブナのJINR（合同原子核研究所）の研究にも特有の鼓動があった。起動の時期はとうに過ぎ、レーニンメダルやノーベル賞につながった成果もある。チェレンコフ放射（原子炉の水槽が出す青い光）のしくみを突き止め、量子物理学の新分野を拓き、国のコンピュータ科学を先導してきた。順調な歩みだったといえる。

ただしソ連の暮らしは米国とは大ちがい。西側からの訪問者はカルチャーショックを受ける。街に出れば公安の尾行がつく。ドブナに一軒だけのホテルはワンフロアをKGB《カーゲーベー》（国家保安委員会）が押さえ、夜な夜な公安が客室を盗聴しているらしかった。とはいえ、公安の目を盗んで研究者どうしの交流はできた。あるときソ連のチームは、米国からの訪問団を誘って森のキャンプに出かけた。尾行をまいたのを確かめると、ロシア人はトランジスターラジオを取り出し、違法な周波数に合わせる。たちまち米ソの集団は、ジョニー・リバースの曲「シークレット・エージェント・マン（秘密諜報員）」（一九六八年）に合わせてツイストを踊りまくった。参加した米国側のひとりからこう聞いている。「互いの政府が邪魔だてしなければ、科学者は交流します。お互い、言葉はちがっても使う学術用語は同じですから」。ジョニー・リバースにも国境はない。

ゲオルギー・フリョロフはまだ研究所長の職にあり、独特な運営を続けていた。一九七五年に彼と初めて会ったときのことを、スイス出身のハインツ・ゲーゲラーがにこやかな顔で話してくれた。「話し好きですね。自分の居室の前をしじゅう行き来しながら、会う人ごとに仕事の調子を訊いたりして」。ゲーゲラーが自分の研究を説明した際にフリョロフが「趣味は何?」と訊く。「山登りだと答えました。フリョロフも山登りが好きそうだったから、レーニン山［ソ連の高峰。標高七一三四メートル］に登りたいと言いました。当時、そこへはスポーツ大臣の許可がなきゃ行けない。外

＊後日マリノフは、天然のトリウム鉱物に122番（またはその近縁元素）を見つけたと発表する。原子一兆個のうち一個だという。それも超重元素コミュニティーは（正しく）黙殺した。

国人の私には、そんなこと望むべくもない」。ところが、その後すぐゲーゲラー宛てに許可書が届き、年末近くにスイス人の一行とレーニン山に登っている（ただし悪天候で登頂は断念）。「フリョロフが当局に掛け合ってくれたんです。私は無名でも、彼は超有名人ですからね」

一九七〇年代の中期まで一五年ほど、フリョロフとオガネシアンは一緒に研究してきた。歳が親子ほどちがうため友人とはいえないが、一時はしじゅう一緒にいるなど、親密な上司部下の間柄だった。ユーチューブチャンネルの「Periodic Videos」でオガネシアンが振り返る。「フリョロフが科学と物理学の道へ導いてくれました。夕方の六時に帰宅すると、九時ごろに恩師から『いま何かしてる？』と電話が来ます。とくに何もしていないと答えれば、『うちに来てくれ』。ほぼ連日そうでしたね。夜の九時から一〇時ごろまで、研究のことを話し合ったんです。翌朝も電話をくれて、『朝早く悪いけどね……』といった調子」。上司じきじきのモーニングコールか。フリョロフが働けば、オガネシアンも働いた。

ファーストネームとミドルネームの頭文字でGN《ゲーエヌ》と呼ばれたフリョロフは、気さくな半面、四角四面な人でもあった。自由に突っ走るメンバーを大目には見ず、「動物学なんかに手を出さない」よう全員に厳命した。「動物学」とは、「核科学以外の全部」だったそうな。言いつけを守らないメンバーには「ゲリラ」の烙印を押す。JINRの紀要にこうある。「ゲリラ仕事が何か結果を出したときGNは、水を差したりはしないまでも、絶賛も激励もしなかった」

研究発表会ではフリョロフ自身がベル係をした。話の途中だろうと、ベルが鳴ったら次の話題に移らせる。また紀要を引こう。「フリョロフは一本気な人だった。なにごとにも猪突猛進。仕事が回り道や脇道にそれるのを好まず、雛《ひな》たちがはぐれないよう翼で守る親鳥のような人」ドブナもバークレーと同じ壁にぶち当たっていた。ただし米国とはちがい、秘策をもつ人物がいる。師のフリョロフは、チリーン……「はい次！」と、にべもない態度をとるのだけれど。

フリョロフが退けたその秘策を低温核融合《コールド・フュージョン》という。オガネシアンのみるところ、師の見立てはまちがっていた。フリョロフがスターリンに直訴したときのような気分でオガネシアンは、「正しいこと」にキャリアを賭けようと決める。

若きアルメニア人はゲリラになった。訪問のとき彼は、「低温核融合……おぉこれだ、と飛びついたんです。画期的な、すごい発想でしたね」と目を細めた。

＊　＊　＊

「低温核融合」と聞いて眉をひそめる人は多い。室温で安直に核融合を起こしたという話、一九八九年の春から短期間だけ世を騒がしたエセ科学もそう呼ぶからだ〔そちらの日本語訳は「常温核融合」〕。だが元素合成の「低温核融合」は本物だった。

低温核融合の発想は一九六〇年代の中期、ドブナにいたチェコの科学者マリ氏の頭に浮かぶ。かなり単純な話だった。それまでは、軽いイオンを重い原子にぶつけていた。しかしいまや技術が進み、重い元素のイオンもビームにできる。じゃあ、重さの近い元素どうしをぶつけてみようではないか……。

すんなりいくとは思えなかった。サイズが似ている核どうしなら、クーロン障壁（正電荷の反発）を突き破るのはむずかしい。強さに大差がある磁石どうしのN極とN極は押しつけやすいが、強い磁石どうしだと押しつけにくいようなものだ。そのため、飛ばすイオンのエネルギーを上げるのが勘どころと思えた。とはいえ痛しかゆしで、イオンのエネルギーが大きすぎると、融合核の分裂も起きやすい。

ほんとうにそうなのか？　空中でぶつかり合う二個の水滴を思い描こう。ぶつかって合体した直後の水滴は、安定になろうとして変形する。核の場合もそうなるのでは？　米国の物理学者ケン・ムーディーが『超重元素の化学（*The Chemistry of Superheavy Elements*）』に書いている。「液滴の増量分がヒートシンク（熱の捨て場）の役目をし、融合核から余分なエネルギーを運び去る」。実際、サイズの近い核二つの合体に必要なエネルギーは、軽いイオンを重い標的に当てる場合の半分～三分の一ですむという。エネルギーが少なくてすめば、核が安定になろうとして「吐く」中性子も少ない。すると中性子がたくさん残って、核の安定度が上がる……？

低温核融合にも問題はある。従来の核融合で重い標的原子にぶつかる軽いイオンを、頑丈な要塞に正面からいっせいにとりつく強襲部隊（スワット）の隊員とみよう。かたや低温核融合でぶつける（やや）重いイオンは、門番の隙をついて大名屋敷に忍びこむ忍者に似ている。ミクロ世界なら、最小エネルギーでクーロン障壁を越す営みだ。そのとき、核と核を「うまくぶつける」のがミソになる。また低温核融合では、ぴったりの標的元素を選ばなければいけない。候補には鉛やビスマスがある（陽子と中性子の両方がマジックナンバーの82番・鉛２０８は、安定性がひときわ高い。鉛

２０８に近い83番ビスマス２０９もかなり安定)。

まだ誰も確信がもてなかった一九七三年、オガネシアンは一か八かで低温核融合に挑戦する。フリョロフが休暇でシベリアへ出かけた期間、臨時チームをつくってトライした。思い出し笑いをしながらご当人がこう語る。「低温核融合がうまくいくはずはない、と恩師は踏んでいました。だから、鬼の居ぬ間にやってみたというわけですよ」

もしも低温核融合が起きたら、１００番元素のフェルミウム２４４ができ、四ミリ秒の半減期で壊変するはず。「ふつうフェルミウムは、92番ウランの中性子捕獲でつくります。でも今回は、18番アルゴンのイオンを82番・鉛にぶつけました。アルゴンは重すぎて核融合しない、というのが当時の常識でしたね。けれど装置を改良し、ビームの強さを加減できるようにしたんです」

師が留守の五日間、アルゴンのイオンを鉛にぶつけ続けた。ＪＩＮＲの紀要にこうある。「なんと、検出器が核分裂産物をいくつもつかまえていた」。目論見どおりにフェルミウムができ、壊変していったことになる。だが実測の半減期は四ミリ秒ではなく、その二五〇倍も長い一・一秒だった。つまり、できたフェルミウムの質量数は２４４ではなく、それより重い同位体だったとわかる。

「すごいでしょ？　秒ですよ！　みんなびっくり仰天、頭に血が上りましたね。反応断面積が予想の一〇〇〇倍！　結果を見た瞬間、低温核融合が起きたとわかりました」とオガネシアン。

とはいえ、休暇から戻ったフリョロフは鉄の掟《おきて》を曲げず、オガネシアンを「ゲリラ扱い」にした。ＪＩＮＲの紀要に、「部下の手柄を喜ぶふうもなく、他人事のように受けとった」とある。フリョロフは改めて全員に申し渡す。動物学なんかに手は出さず、まっとうな道に戻るのだ……。

ややあってソ連科学アカデミーの会長が研究所を訪れた。仏頂面のフリョロフは、横に座るオガネシアンのほうへ顎《あご》をしゃくってから向き直り、ぼそりとこう言ったらしい。「彼が「超ウラン元素を」つくりました」。アカデミー会長は事情を見抜き、オガネシアンの肩を両手でがしっとつかむ。JINRの紀要に、「会長は『ラッキーボーイ』の頬に三度もキスし、ゲリラ仕事の大戦果を讃えた」とある。

＊　＊　＊

低温核融合が元素合成に新風を吹きこんだ。オガネシアンは一九七四年、82番・鉛に24番クロムのイオンをぶつけ、壊変イベントをつかまえた。まずできたのは（82＋24の）106番にちがいない。意気上がるチームはその成果を、米国テネシー州ナッシュビルの会合で発表しようと準備にかかる。主催側の米国には、ゲオルギー・フリョロフ自身が出席すると予告しておいた。

同じころバークレーも、106番の合成報告を準備中だった。メンバーはだいぶ入れ替わっている。舵《かじ》とり役のギオルソ、番頭役のヌルミアは同じでも、ハリスとエスコラ夫妻はもういない。三人の穴を埋めていたのが、ドイツから来た物理学者のマイク・ニチュケと、夫婦で今度はイェール大学から来たジョセ・アロンソと妻キャロルだった。元素合成の実験には、同じ州内のリヴァモア研究所からケン・ヒューレットとロン・ロヒードも参加している。バークレー校の衛生化学科を出たヒューレットは、グレン・シーボーグの「戦後の弟子」として元素合成に引きこまれた。

リヴァモアは、もはやバークレーの支所ではない。エネルギー省の研究所として、国の核兵器開発を担う。ヒューレットにとって元素合成は本業ではなく、趣味のようなテーマだった。しかし、優秀な頭脳を引き留められるのならと、国はヒューレットへの援助を惜しまなかった。

106番の合成に向け、米国チームの滑り出しは上々だった。ヒューレットとロヒードが98番カリホルニウムの標的をつくり、ギオルソが8番・酸素18のイオンビームを用意する。そんななかジョセ・アロンソがラボの最新コンピュータの試運転として、一九七一年のデータを解析してみた。すると、バークレーは106番を合成しながらうっかり見逃していたとわかる。データを洗い直したところ、既知の同位体とぴったり合うアルファ壊変系列が浮かび上がった。そこでバークレーは106番の報告をまとめ始める。

こうして米ソはほぼ同時に同じ106番をつくり、どちらも「一番手」になりたがった。ナッシュビルの会合でも新元素の噂が陰で飛び交い、サスペンス劇の舞台を見守る気分の参加者も多かったという。

バークレーから参加したのはキャロル・アロンソだけ。ほかのメンバーはラボでデータ固めをしていた。会合の二日目に彼女は、別の参加者と連れ立って、マーク・トウェインの作品から飛び出してきたような外輪船でカンバーランド川を下る遠足に参加する。紅一点のアロンソを囲む同乗者たちは、106番の話は本物なのかと知りたがる。もちろんそうよと応じる彼女は、外輪の枠に身を預けてスパイさながら、顔見知りの四人にドブナ（フリョロフ）も106番を見つけたのかどうかそれとなく探らせた。慎重なフリョロフは演技したのか、四人のひとりにこうシラを切る。「いやいや、「うちが発表するのは」108番だよ！」

夕刻に宿舎へ戻ったアロンソ夫人は、電話でギオルソに指示を仰ぐ。「異能の男」は発表の見送りを決め、「ロシア人に暴走させ、こけてしまうのを楽しもう」と返答。翌日にアロンソは、なおも女スパイを演じつつ、会合の世話人からこっそりフリョロフの発表原稿を手に入れて、ソ連の目論見を探る。フリョロフが講演し、106番の発見だと明かされたとき、アロンソは平静を装い、ソ連の主張を黙殺できた。アロンソの態度を見た参会者は、ソ連の発表はあやしいぞ、米国はきっちり裏もとっている……と感じただろう。少々あざといやり口だったが、おおむねバークレーの筋書きどおりにことは運んだ。

何日かあとソ連の代表団が西海岸のバークレーを訪れる。106番の実験につき、双方が手の内を披露し合った。ソ連は米国の結果に心を打たれ、かたや米国はソ連の話をまるごと信用しないままでも、ライバルの結果を疑う余地はない。元素合成レースが「ほぼ同着」に終わるのは、それが史上初のことだった。

米ソはかれこれ一五年も競い合ってきた。バークレー（シーボーグ、ギオルソ）もドブナ（フリョロフ、オガネシアン）も、無用な争いは好まない。そこで両者は、結果が確定するまで元素名は提案しないということで手打ちする。一九七五年にはシーボーグとギオルソ、ヒューレットがドブナを訪問した（図9）。

確実につくれた106番も、以後しばらくは名無しのままだった。ともあれ一九七五年の時点で、米ソの熱い超フェルミウム戦争も、ひとまず休戦を迎えたといえる。

図9　ドブナで会合した米ソのチーム（1975年）。左からユーリイ・オガネシアン、ゲオルギー・フリョロフ、V. A.ドルーイン、アル・ギオルソ、グレン・シーボーグ、ケン・ヒューレット。

第13章　ドイツの猛追

一九六九〜八四年、107〜109番

サンフランシスコの郊外を二台の車が爆走中。片方が抜こうとするたび、ボディがこすれそうになる。カブトムシを操るギオルソがエンジンに悲鳴をあげさせ、同乗する仲間の体をシートにぎゅっと押しつける。だが、フリョロフとオガネシアンと、鋭い目つきのKGB諜報員を詰めこんだソ連車がカブトムシを抜き、前に出て行く手をはばむ。

ギオルソは強引にハンドルを切り、ソ連車の前に出ようとジグザグ走行をした。ゴムの焼けるいやなにおいが漂う。歯を食いしばり、車の半身を路側帯に出してアクセルをベタ踏みにする。石ころやゴミを跳ね飛ばしつつカブトムシは、じわじわとソ連車に迫り、とうとう抜いた。バックミラーの中でゆっくり遠ざかるソ連車を見つめながらギオルソは会心の笑みをもらす。だが前方に目を戻すと、迫るのはレンガの壁だ。ブレーキが利かない！　制御不能のまま、仲間もろとも激突死してしまう……。

目が覚めた。悪夢が脳裏にくっきりとよみがえる。なんとなく胸も苦しい。そばに妻ウィルマのいる自宅、一九七六年の七月一七日。ベッドから這い出して、シャワーを使う。制御不能。目をつむり、うなり声を出す。意識下で、自身のキャリア最高の発見を拒絶している。

それまで一八時間、ギオルソは自分のチームが「安定の島」に着いたと信じて疑わなかった。バークレーのチームはリヴァモアと共同で、20番カルシウムのイオンを96番キュリウムにぶつける実験をやった（HILACの事故〔第10章〕から一九年たち、放射性の標的をまた使えるようになっていた）。カルシウムのビームは素性がいい。天然のカルシウム（九七％がカルシウム40）は、中性子が少なすぎて「島」に迫れない。天然のカルシウムに〇・一九％含まれるカルシウム48なら、中性子が八個も多い。二つの核が合体したあと、中性子の一部が飛んでも何個か余分に残り、融合核を安定化するはず。なにしろ陽子数（20）も中性子数（28）もマジックナンバーなので、二重に安定性が高い。ただしコストが壁だった（現在カルシウム48は一グラムが約二〇万ドル）。加速器には一時間あたり〇・五ミリグラムほど使う。かつての栄光の日々なら、二〜三時間の照射で新元素ができた。だが一九七〇年代の獲物は、重いせいで反応断面積がぐっと小さい。何週間も何か月もかけて原子が一個できるかどうかだ。カルシウム48の購入費があっというまにかさむ。それでも安定の島に上陸できるなら、経費など問題ではない。

昨日、バークレーとリヴァモアの合同チームは、116番の合成に挑んでいた。「ピッチングネット」〔第7章〕に、黒い汚れが薄い膜を張っている。万全を期そうと、その汚れも分析してみた。検出器内に置くと自発核分裂の気配を示す。すると116番は、つくれたばかりか「単離」もできた？　全員が鼻息を荒くする。核分裂の発見以来、ひょっとして最大級の発見か？

ギオルソは電話でスタンリー・トンプソンに知らせた。六四歳のトンプソンは、末期がんで死の床にある。プルトニウムの単離法を見つけ、ワシントン州のハンフォード基地で原爆第一号用のプルトニウム製造を助けた傑物も、がんにやられて受け答えがあやしい。「話したら、スタンはわかってくれたようだった」と、ギオルソが『超ウランの人々』に書いている。

夜が更けて引き上げる前、ギオルソは念のため結果を再チェックした。どうも、ひっかかる。ラボをうろうろしたのち、まっさらな濾紙も調べたところ、放射能が出る。何かおかしい……。まぁいい、とにかく帰って少し眠ろう。そのときに、冒頭の夢を見てしまう。

シャワーを浴びながらピンときた。あれは超重元素なんかじゃない。黒い汚れは、金属箔を固定する接着剤が炭化したものだろう。炭が一兆分の一ほどの割合で含む炭素14も放射能をもつ。濾紙も主成分は炭素か……それだな。あわててトンプソンに電話したけれど、前夜の電話からほどなく息を引きとっていた。*

トンプソンの葬儀では娘婿《むすめむこ》のケネス・リンカーンが、ラコタ族（スー族）の称号「カンテ・クサパ（賢者の心）」を義父に捧げた。「誰にも好かれ、尊敬された人でした。昔かたぎで質素に暮らし、……善意にあふれ、折々の友人に恵まれた人」。グレン・シーボーグの弔辞も参列者の胸を打

＊トンプソンがいたハンフォード基地はいま「米国で最悪の汚染場所」とされ、除染には数十億ドルかかるという。二〇一八年、州法に除染条例が追加され、基地の元作業者には、がん治療費などの補償をすると決まった。

つ。「戦時中にトンプソン氏が進めた放射化学の研究は、キュリー夫妻のラジウム発見と肩を並べます。彼が超ウラン元素五つの発見で発揮した指導力も、まことにみごとなものでした。〔……〕化学界はかけがえのない指導者を失い、私自身は生涯の友を失ったのです」

超ウラン元素ハンターのうち、最初に世を去るのがスタンリー・トンプソンだった。そのころはドイツに次世代の研究者が生まれ、次の新元素あれこれも視野に入りかけていた。

＊　＊　＊

ヴィックスハウゼンという町名には、失敗作の気味がある。八〇〇年前の誕生時には、「水辺の家々」という意味でヴィッケンハウゼンと呼ばれた。時の流れに呼称が変わり、ドイツ語の俗語もいろいろできる。いま、住民にはハタ迷惑な（愉快な？）ことに「ヴィックス」は、その……大きな声では言いにくい……「自分を慰める」という俗語に響きが近い。だからヴィックスハウゼンにできた研究所の立地名には、市の名（ダルムシュタット）を使う〔ヴィックスハウゼン町はダルムシュタット市の自治区〕。

街外れにヘルムホルツ重イオン研究センター（ＧＳＩ）がある。車の代理店と修理工場の脇を過ぎ、広やかな草原に続くうっそうとした森を抜けたあと、景観がじわじわ妙になる。深い森が切れるや突如、モダンなガラス張りの会議場が目に飛びこむ。そうかと思えば道端には「ヒキガエル横断注意」の標識が立つ。そして、加速器の廃棄部品を組み合わせ、美術展示場かのようにした公園がある。それを見てようやく、ヨーロッパ屈指の先端研究所に来たのを実感できた。周囲から浮いた感じはあっても、ドイツの科学が王冠なら大粒のダイヤにあたる施設だ。最新の公開日には一万一〇〇〇人が訪れた。重機が並ぶ敷地の奥では、五〇か国の共同研究施設、反陽子・イオン研究施設（略称ＦＡＩＲ）の建設が遠からず始まる。粒子をぶつけ消滅させる実験で、宇宙の起源に迫るのだ。ＧＳＩの別部門では、粒子ビームでがん細胞を殺す研究が進む。ビーム強度を調節し、正常な組織や骨は傷つけずにがん細胞だけをやっつける。つまりいまＧＳＩは、自然界の謎を暴き、命を救う研究をしている。

ＧＳＩは西ドイツが戦後復興期に見せた経済発展の賜物だ。一九六九年までに、あちこちの大学にできた原子核工学科が研究用の加速器を次々とつくり、小型から中型までの二〇基が成果を競い合った。それだと効率も悪いということで、ダルムシュタットとフランクフルト、マールブルクの三大学が共同出資を決める。やがてギーセンとハイデルベルク、マインツの三大学も加わって一九六九年、ＧＳＩの創設に至る。バークレーやドブナと張り合えるどころか、追い抜けそうな組織だった。

カフェに座ってコーヒーをいただきながら、ゴットフリート・ミュンツェンベルク氏の回顧談に耳を傾ける。「建設場所には迷いましたね。ハイデルベルク、カールスルーエ……が名乗りを上げたあと、最後はここに決まったんです。ダルムシュタット市が土地を提供したし、フランクフルト空港も近いしで」

ミュンツェンベルクは恰好《かっこう》の取材相手だ。気負いなく淡々と語るところがいい。白髪混じりの風貌は、テレビドラマ『NCIS～ネイビー犯罪捜査班』でデヴィッド・マッカラム演じるダッキー（ドナルド・マラード博士）を彷彿《ほうふつ》させる。そんな彼が、クッキーをつまみながら自分史を楽しそうに語る。アル・ギオルソ愛用「カブトムシ」の製造工場があるヴォルフスブルク市に生まれた。流暢な英語は、これも車産業で名高い英国ルートン市への留学で身につけたという。ルートンは以後あまり変わっていませんよ、と教えたら含み笑いを返してくれた。

ＧＳＩの立地が決まり、加速器の建造にかかる。「どんな元素のイオンも飛ばせるマシンをつくるというのがコンセプトでした。標的を何にするかは未定でしたが……バークレーの仕様じゃだめというのだけは明白。さらには、加速器の性能に合わせ、どんな元素も検出できる分光器が必要になりましたね」

つまり世界最高の分光器だ。ドイツもまた、ゼロから自分たちで生み出していった。イオン分光学屋として当初から参加したミュンツェンベルクは、活力にあふれ、頼まれたら何でもやる若いポスドク（博士号取得後研究員）だった。マインツ大学の物理学者でＧＳＩのメンバーでもあったギュンター・ヘルマンが、コネを使って放射性物質取り扱いの特別許可を手に入れる（ミュンツェンベルクいわく、「いまの世ならそんなことできませんが、許可さえとれればこっちのもの」）。標的の工夫をする研究者も、標的とビームの相互作用を考える研究者もいた。イオン源は、なんと（かつての敵国）ソ連のゲオルギー・フリョロフが提供してくれた。

ドイツ人には、研究の意欲はもとより、遊び心もある。マシンを組み立てるときは、コンデンサー（凝縮器）をアルコール洗浄する。ミュンツェンベルクたちは洗浄液に少しだけ「有機汚染物」を混ぜた。洗浄力が損なわれず、かつ、ラボじゅうにウィスキーの匂いが満ちるくらいに。「愉快でしたね」とミュンツェンベルクが片目をつぶる。

総指揮はペーター・アルムブルスターがとった。ハンサムで黒髪、みごとな顎《あご》ひげを生やした彼の生地ダッハウは、ユダヤ人収容所の暗い影を引きずる。一九五〇年代にシュットガルト工科大学とミュンヘン工科大学で物理を学び、重元素の核分裂に引きこまれた。GSIでは上級研究員として、研究所の方針決めの全権を握った。ミュンツェンベルクのアルムブルスター評を聞こう。

「適任は彼だけでした。チームリーダーじゃなくてボス、なにせ所長です。装置の選定も、ボスの鶴のひと声で決まる。委員会で議論したりしません。彼が全部を周到に準備……メンバーがプレゼンした内容をひと晩でまとめ、翌朝さっそく全員に配る人でしたよ」

指揮官の活力がGSIの仕事を軌道に乗せる。整地から始め、わずか五年後の一九七五年に世界最先端のUNILAC（重イオン線形加速器）を完成させた。ミュンツェンベルクに言わせると、「すごい馬力でしたね。一年目に組織がスタートし、二年目に設計。翌年から建設……みんな『うまくいきっこない』とこぼしていたけど、とにかく速かった。まぁ運命の女神が微笑んだんでしょう」。

ミュンツェンベルクは胸のひとつも張っていい。やがて彼がとる指揮のもと、超重元素の数を倍増させたのだから。

＊　＊　＊

いまGSIで超重元素の物理を率いるミヒャエル・ブロック氏が、「ここで元素ができたんですよ」と、UNILACの大空間に案内してくれた。私たちは、どこまでもまっすぐ続くコンクリートの長いトンネルの中にいる。そばには、見上げるように巨大な紫色のチューブが標的まで一二〇メートルを走る。あまりに大きいため、二〜三人が中に入って立ったまま歩ける。チューブ上部からは、金属の筒が乳牛の搾乳機《さくにゅうき》よろしく列をなして飛び出している。筒それぞれの末端から黒くて太いワイヤーが伸び、チューブ壁面に接続されている。

サイクロトロンは、この世のものとは思えないほど巨大な磁石ではさんだUFOの趣だった。GSIの線形加速器はさらに印象的だ。延々と走る太い筒を眺めていると、SFに出てくる宇宙大砲《スペースキャノン》に見えてきた。そんな設計が元素の合成にはいいのだという。「ビームをできるだけ強くするには、まっすぐ飛ばすのがベストなんです」とブロック氏。

二人でトンネルの中、イオン銃の巨大な砲身の脇を並んで歩き、ときどきメンテナンスのために部品を外した場所で立ち止まる。そういう場所では、加速器の内部がよくわかる。全体を構成している各チャンバーは、内側に銅めっきがほどこしてある。筒の中心には、上部から吊り下がったロッドに沿って、太いドーナツのような金属のリングが列をなす。ドーナツの穴を、八〇年来の「ニンジンと鞭」方式でイオンビームが飛んでいく。加速器のスタート地点には、ビームのもと

図10　GSI（ダルムシュタット）にある線形加速器UNILACのメンテナンス作業。

（たとえばウラン）を置く。ウラン原子に高電圧をかけると、核外電子の一部が吹き飛ばされて陽イオンになったあと、電場の作用で加速器内へ引っ張りこまれる。あとは電極の正負をタイミングよく切り替え、イオンを秒速三万キロ（光速の一〇％）に加速して標的にぶつける。イオンが生まれてから衝突までわずか〇・〇一ミリ秒の出来事だ。

ＧＳＩは、一度に二つ以上の実験ができるよう設計されている。また、イオンは連続ビームではなく、二〇ミリ秒ごとに五ミリ秒間だけ飛ばすパルスビームだ。イオンのうち約一％はＧＳＩのシンクロトロンに入り、リング内で何十万回も回しながら加速すると、最後は秒速二七万キロ（光速の九〇％＝太陽まで九分の速さ）になる。ＦＡＩＲが本格稼働すれば、ボタンを押すたび、全長一・一キロのリングが、ウランのイオン五〇〇〇億個を光速の九五％にまで加速するという。

イオンの九九％（シンクロトロンに入れない分）を端部までまっすぐ飛ばし、台所のアルミ箔より薄い標的に当てる。表面が黄色に輝く照射ずみの標的（鉛２０８）をブロックが見せてくれた。「この変色部分、わかります？　標的は純粋な鉛じゃなく、硫化鉛。これだとビームを二～三週間は吸収できるんですね」。手に入れやすい鉛（やビスマス）をＧＳＩは大量に買いこみ、一回の実験あたり、回転試料台に何個か載せる。回転させると、イオンは同じ点を叩き続けるのではなく、試料のあちこちをまんべんなく叩いてくれる。

ブロックが続ける。「以前はビームを年に六〇〇〇時間、つまり八か月以上もぶっ通しで使えました。いまは三～四か月もらえたら御の字。途中にメンテ期間も入ります。ＦＡＩＲの建造に人手を割くため、それもやむをえません」

加速器を見たあと制御室へ向かう。『スター・トレック』に登場する宇宙船のブリッジ（操舵室）かと見える。豆電球とダイヤル、表示板、計器類がずらりと並び、一九七〇年代以降あまり見かけなくなったオレンジ色の制御パネルがいくつもある。「宇宙船『エンタープライズ』みたいでしょ？」とブロックが相好《そうごう》を崩す。「制御盤はほぼ当時のままですけど、中身は新しくしてありますよ。元素やイオン、ビームラインとか、パルスの形、ビームの強度とエネルギーの切り替えも簡単になりました」。万事が簡素化されている。創設時のＧＳＩには、実験用の電子機器だけを納める専用の建屋があったが、コンピュータとデジタル計測が進化した現在、デスクトップＰＣサイズのパネル上で実験全体を制御できる。

ただしＵＮＩＬＡＣは、ＧＳＩが成功した理由の半分だという。何か原子ができたとき、元素の特定もできなければいけない。ＧＳＩの創立時に主流だった核融合は反応断面積がうんと小さく、あちこちへ飛ぶ粒子の中に「産物」を見つけるのはむずかしかった。そこでＧＳＩは重イオン反応産物分離装置（ＳＨＩＰ）というものをつくる。ＳＨＩＰ《シップ》という略称は意図したものだろう。不安定の海が記憶に新しかったＧＳＩは、二つの大国に先んじて新元素を見つけるという冒険に船出したのだから。

ブロック氏について通路や扉をいくつも通り、分離装置のコア部分に着く。入り組んだ構造のＳＨＩＰも、原理は「単純そのもの」だと彼は言う。イオンと標的原子が融合した核は重いため、飛ぶ速さはビームのイオンよりずっと遅い。磁場と電場をうまく組み合わせ、高速のイオンは「あさっての向き」に追いやり、遅い粒子だけを検出器に向かわせる。それを「飛行中反跳《はんちょう》分離」と呼ぶそうな。

飛行中反跳分離では、ビームイオンのノイズを抑えて核融合産物をつかまえ、新しい核ができたことの証明に必要な計測をすべて行う。まずは、三〇センチだけ離した金属箔二枚を、原子のスピード違反摘発装置かと思える形に使って、粒子の飛行時間（一〜二ミリ秒）を測る。次に、待ちかまえた検出素子でアルファ壊変の痕跡をつかむ。ブロックが説明した。「アルファ粒子は四方八方に飛ぶため、素子が一枚ならうまくいっても半分しかつかまりません。そこで、内面に素子をびっしり貼った箱の中に、アルファ粒子を導きます。そうすれば、アルファ粒子の八〇％から九〇％までつかまるんですね」

理解しようと私は頭をフル回転させる。ブロックは磁石で遊んでいる。スパナをつかみ、磁石から一〇センチほどの空中で離すと、少し落ちたあと磁石にバチッとくっついた。彼は、私が混乱気味なのに気づいてくれた。「新元素をつくるときはですね、できた核は磁場にはじかれ、フィルターを通ります［照射ビームのイオンから分離される］。核は壁にぶつかって、アルファ壊変するなら検出できるという寸法ですね」。ふうむ……単純そのもの……なのか？

ＧＳＩの威力はそれにとどまらない。自発核分裂やアルファ壊変の産物を推定する「なぞなぞ遊び」の世は過ぎた。ＧＳＩの装置は、飛んでいく原子一個の重さ（質量）も測れてしまう（超精密な質量分析）。同位体の質量は決まっているから、産物が「正確に何なのか」わかるのだ。「安定の島」に住む元素なら、原子がたとえ一個でも楽につかまる。安定な核は、検出器に届いたときアルファ壊変も分裂もしない。超精密質量分析を使えば、そんな一個の核さえ特定できる。

「検出感度はどれくらい？」と訊いてみた。

ブロックは天井をにらんで息を吸い、こう答えた。「うーん、大型旅客機、たとえば総二階のエアバスA380の座席に乗客が一セント硬貨を置き忘れたとして、それを検知できるくらいですね」

すごい感度だ。反応断面積にして、一バーン〔第7章〕の一〇〇億分の一を切る。それでも反応確率がとにかく小さいため、核融合で新元素をつくるには、加速器をひたすら動かし続けることになる。

まだ見つかっていない新元素のことが、私の頭をよぎった。「経費には目をつぶるとして、装置を一〇年ほど動かし続けたら、新元素の原子一個がつかまるっていう寸法かな？」

ブロックが肩をすぼめた。「時間をいくらかけてもよければ、何だってできますね」

「時間のほか、お金もだよね？」

表情を少し曇らせて相槌《あいづち》を打つ。「ええ、お金もですよ」

＊　＊　＊

ジグルト・ホフマン氏は用意周到な人だった。取材対象者のなかには、立ち上げ時期の思い出話をしたり、独自の考えを披露して議論を吹っ掛けたりする人もいるが、ホフマンはパワポを使ってプレゼンをしたあと、二六本の査読つき論文もくれた。私たちは、GSIの小ぎれいな事務棟でお茶とビスケットを楽しみ、元素づくりの話に浸る。

ホフマンもミュンツェンベルクと並ぶ古株だ。ドイツ領ズデーテンラントで一九四四年に生まれ、父親はランプ用のボヘミアンガラスをつくる職人だった。生後一六か月でソ連の侵攻にあい、のちチェコ軍の迫害を逃れてチューリンゲンへ、次にダルムシュタットへと移住した。その地で若きジグルトは、最先端科学の研究拠点に身を置くこととなる。実家のそばで暮らしたかった彼は、ダルムシュタット工科大学で物理を学ぶうち、核反応とコンピュータプログラミングに触れた。「学生時代、第一世代のコンピュータをもっていました。メモリはたったの八キロバイト。自分でプログラムを書き、ガンマ線スペクトルを解析しましたね」。やがて生まれるGSIが、SHIP用のコンピュータ専門家をほしがった。ホフマンはおあつらえ向きの人物だった。

GSIの加速器は一九七六年に起動する。そのころウランのイオンも飛ばせる世界で唯一のマシンだから、以後五年間はおもにウランのビームを飛ばした（世界最高の加速器で、よそでもできることをしても意味はない）。飛ばすだけでなく、新元素の合成もしてみたい。そこで一九七六〜七七年にチームは、五日半分のビームタイムをもらって超重元素づくりを試し、122番までの合成に挑んだ。運も不運も、他国のチームと変わりない。ホフマンが自著『ウランの向こう（*On Beyond Uranium*）』にこう書いている。「落胆はあまり表に出さないものだ。ともかく、当時の記録にシャンパンの話など出てこない」

それならと低温核融合を試すことにする。オガネシアンの快挙〔第12章〕のあと、低温核融合は行き詰まりかと見えていた。ドブナの指揮官フリョロフが低温核融合に興味を示さず、所期の仕事に戻れと指令している。米国のバークレーも二の足を踏み、アル・ギオルソの教義「一個のアルファは核分裂一〇〇〇回分の価値」にこだわったまま。いまにして思えば、米ソの姿勢は不思議でもない。オガネシアンの106番は、低温核融合でつくれそうなぎりぎりの元素だった。重元素のイオンを飛ばせる加速器と、超高感度の検出器がなければ、その先には行けない。

GSIには二つながらそろっていた。

オガネシアンの記憶によると、GSIは彼を（かなうならソ連のチーム全員も）招いて低温核融合の実験をさせたがった。心は大いに動いたが師フリョロフの言いつけを守り、オガネシアンはドブナから出ていない。

当時ドブナにいたスイス人のハインツ・ゲーゲラーは、ドイツの誘いを受ける気になった。以前オガネシアンのラボにいたころ低温核融合の威力をその目で見たし、いま「次」に挑めるのはGSIしかない。ゲーゲラーが念押しする。「低温核融合［の発想］を盗むわけじゃありません。低温核融合で新元素をつくるには、いいビームといい検出器がなけりゃいけない。あのころソ連の技術は西側に後れていました。GSIにはSHIPがある。むろん簡単な話じゃなく、三年かけて収穫はゼロ……まぁ昨今、みんな当時のことは忘れたふりをするんですけど」

無駄な三年間ではなかった。GSIのチームは学び続け、宇宙でいちばんまれな事象の検出法を見つけ、ひいてはそれが宇宙でいちばんまれな元素の合成へとつながっていく。

一九八一年二月一二日から一七日の一週間、ミュンツェンベルクらは83番ビスマスの標的に22番チタンのイオンをぶつけた。衝突時の衝撃がクーロン障壁を突き破り、合体核は中性子を一個だけ捨てて分裂を逃れる。その結果、アルファ壊変で103番になっていく105番元素を生んだ（その当否は以後しばらく論争のタネ)。

ねらいどおりの低温核融合が起きたのだ。

味をしめたチームは一週間後の二月二四日、同じビスマスを、チタンより陽子が二つ多い24番クロムのイオンで叩いた。一〇時四八分に何かができ、きれいなアルファ壊変系列がつかまった。データを洗い出してみたところ、まず１０７番ができ、アルファ壊変で１０５番に(続いて１０３番に)なったとわかる。九時間後にも同じ現象を確かめ、以後もまた何度か成功。四日間できれいなアルファ壊変系列が何度もつかまり、壊変の一部は98番カリホルニウムまで続いていた。原子の質量は、飛行時間と、検出器に届いた瞬間のエネルギー値から計算できる。ホフマンの思い出を聞こう。「一週間で六個の壊変系列を確かめました。それを聞き及んだシーボーグのチームが関心を示します。ドブナのフリョロフも同じ。だから彼らは実験を見学しようとダルムシュタットに来ましたよ」

シーボーグは一九八一年の九月、フリョロフは一二月にGSIを訪れた。ジグルト・ホフマンの目にシーボーグは「上背がすごい、威厳のある大物」、フリョロフは「同じく大物だが、一歳だけ若くて上背はなく、威厳は微塵《みじん》もない」と映る。超重元素界の二大巨頭は、ＧＳＩの仕事に感服しきりだった。低温核融合で生じた長寿命の原子は多くない(一九八八年までに三八個)。だが数は問題ではない。一九五五年からこのかた初めて、「ある元素を誰が初めて見つけたか」に全員が同意した。つまりドイツは１０７番を「文句なしにつくった」のだ。

六年のうちにＧＳＩは、森を拓いた空地から、世界屈指の重元素ラボへと変身を遂げていた。ギオルソもキュリウムを抱えてGSIに飛び、116番の合成を目指すも不本意な結果に終わる。お返しにGSIのチームがバークレーに飛んで試みた共同実験も無駄足だった。同じ「装置屋」のミュンツェンベルクとギオルソはウマが合ったけれど、実験の進めかたでは意見がちがった。気の短いギオルソは、カエル跳びで不安定な元素をピョンと跳び越え、暗礁に乗り上げたりせず「安定の島」に直行したい（一九五〇年代は「島」の存在を信じなかったギオルソも、八〇年代には信じていた）。かたやドイツのチームは、その証明は無理だよとたしなめる。たとえば、未知の元素五つがからむアルファ壊変（途中の元素も壊変確率も不明）のあと、既知の壊変系列に至るとしよう。うまくいくにしても、既知系列の手前がどんな系列だったのかを証明するには、何年も、ひょっとしたら何十年もかかりそうなので。

そこでミュンツェンベルクは別の低温核融合を試すことにし、今度は109番に挑戦する。偶数番の元素は核が分裂しやすいからと、108番はスキップした。やはり「カエル跳び」を試みたらきれいなアルファ壊変系列がつかまり、出発点だった元素を疑問の余地なく特定できた。

その実験では、天然で26番・鉄の〇・二八％しか占めない同位体、値段も目の玉が飛び出るほど高い鉄58のイオンをビームにした〔天然の鉄は約九二％までが鉄56。ちなみに鉄56は、あらゆる核のうちで安定性がいちばん高いため、星の中心部で進む核融合の最終産物になる〕。実験は一九八二年八月に始め、五日後に109番の気配が見える。さらに一〇日後にも見えた。ディスクの空き容量が尽きているのに気づき、ディスクを更新して二分以内にヒットしたため、運もよかった。合成の確認に「ヒット二本」では不十分とはいえ、GSIはまさしく波に乗っていた。

ホフマンの記憶ではこうなる。「一九八四年には、鉄（26番）と鉛（82番）で観測できた三つの壊変系列が、既知の壊変系列に合流しました。すると、合体の瞬間には〔26＋82の〕108番ができたんですね」。望外の結果だった。108番の核はアルファ壊変せずに分裂すると誰もが思っていたからだ。後日アルムブルスターとミュンツェンベルクが『ヨーロピアン・フィジカル・ジャーナルH』誌に書く。「大騒ぎになった。ただし、そのあと私たちが108番の〔……〕同位体264をつくったときの騒ぎは、こんなものではなかったが」

新しい実験が、核の内部で進む出来事を明るみに出し、それまで未知だった同位体や壊変系列を浮き彫りにして、GSIの結果には太鼓判が押された。ゴットフリート・ミュンツェンベルクが新所長、ジグルト・ホフマンが研究の司令塔になった一九八九年当時、ドイツが107〜109番をつくったのを疑う余地はなかった。

こうして後発のドイツ人がトップを走り、ほか全員が後を追う展開になる。

第14章　ルール変更

一九八〇〜九一年、101〜109番の出自

グレン・シーボーグは一九八〇年に錬金術師《アルケミスト》の夢を叶える。卑金属を金《きん》に変えたのだ。加速器内に83番ビスマスの箔を置き（周期表で鉛の次がビスマス。同位体が一種なので高純度にしやすい）、炭素やネオンの陽イオンで叩く。その衝撃で陽子四個と中性子の一部が吹き飛び、79番・金の原子が残った。つまり彼は現代のミダス王になったのだ。ただし、丸一日分のビームタイムを使っても（使用料一二万ドル）、できる金は肉眼でも見えない。「一グラムの金をつくるには三〇兆ドルかかります」とシーボーグはAP通信社の記者に語る。経費はともかく、ついに科学が錬金術を越えたとはいえよう。

ドイツのGSIが108番の合成を確かめた一九八四年には、もうひとつの奇跡も起こる。米国の女性化学者ダーリーン・ホフマンが、四〇年前の誓いを破って教師になると決めたのだ。ロスアラモス研究所からカリフォルニア大学バークレー校に移って教授となり、重元素合成チームに加

わった。ギオルソは彼女を大歓迎し、元素探索に向ける（度の過ぎた）情熱に感染させる。三人の大スター（ホフマン、ギオルソ、シーボーグ）が、合わせて一二五年分の経験を活かすのだ。

しかしほどなく、米国では元素探索の風向きがおかしくなる。一九八六年の四月二五日、ウクライナとの国境に近いソ連のチェルノブイリ原発で、安全点検中に大事故が起きた。午前一時二三分に四号機が爆発して屋根を吹き飛ばし、七トンもの放射性物質を大気にばらまいた。

チェルノブイリ事故が米国民の原発観を揺るがす。七年前の一九七九年三月二八日にペンシルベニア州スリーマイル島の原発で起きたやや小さな事故も、国民の心をかき乱した。ただの杞憂《きゆう》と思えたものが、本物の恐怖になってしまう。反原発派は「チャイナ・シンドローム」などという話をもち出す。メルトダウンの溶融物が地球の中心を突き抜け、中国まで届くというのだ。* 一九四〇〜五〇年代に芽生えた「無尽蔵のクリーンエネルギーが手に入る」期待も薄れ、原発を社会のお荷物とみる人が増えた。

シーボーグにとって反原発の風潮は、ライフワークへの直撃だった。自伝にこう書いている。

「批判されても仕方ない。なにしろ若いころ原子力を熱烈に支持したせいで、のちの問題の片棒を担いだかもしれないからだ。［……］未完成なまま原発が肥大し、技術の歩みを阻んだ結果、事故の発生確率は低くても被害規模を高めてしまった」

国の後押しが弱まって予算も細るにつれ、放射化学の分野に暗雲が漂う。冷戦時代の機密保持体質が状況を悪化させた。国の安全保障のために、情報を公開できないこともあるにはあった。不信と懐疑の空気がピンと張り詰め、公開してもよい（ときには公開すべき）情報も隠し立てされたのだ。ラボには新しい血が入らない。大物の元素ハンターが居残るせいで若手が参入しにくく、勧誘する機会も少ない。参入する若手は少なく、多くの若者は別の道に進んでしまう。

予算カットは悪夢だった。もはやバークレーも国の研究費をあてにできない。110番合成のビーム用に28番ニッケルの希少な同位体を買いたくても、先立つものがもらえない。ドイツのSHIPと肩を並べる高精度な分離・検出装置もほしかったけれど、国の予算はほかへ回ってしまう。ついにチームは、がらくたを利用して自前で装置をつくるようになる。たとえばギオルソの息子ビルが設計した緊急排気バルブには、ネズミ捕りのバネを使う。何にでも名前をつけたがるギオルソは、そのバルブをつけた装置を格好よく小角《しょうかく》分離システム（SASSY）と呼んだ。

場当たり的な改造はしても、SASSYで分ける元素がない。丘の上のスーパーHILAC〔第12章〕は、競輪場サイズの加速器ベバトロンに連結され、イオン注入装置になっている。もともとギオルソが設計したその怪物は、緊急性の高い課題をもつ別のチームが使っていて、そこが予算の一セント、ビームタイムの一秒まで根こそぎにする。たまに重元素チームが使えたと思ったら、不幸に見舞われるというありさま。ある金曜日、ドイツからGSIの一行が訪れた日、ラボ全体がいきなり停電になった。電力会社はバークレーと、消費電力が限度を超せば電気を切る契約をしていて、ギオルソがマシンを運転していたときに限度を超えた。米独の集団は暗闇の中で右往左往。なんだなんだと大混乱のなか、分離装置に送るヘリウムの遮断を担当者が忘れてしまう。一九五九年

＊むろんそんなことは起きない。しかし、いつからニュースの見出しは事実と食いちがうものになったのか？

のHILAC事故と同様、ヘリウム圧が上がって注入部の窓材を破り、標的のキュリウムを飛散させたのだ。

幸いラボ全体の除染をするまでもなく、放射性キュリウムに汚染されたのはギオルソのSASSYだけ。訪問者のひとりだったGSIのジグルト・ホフマンが後日、『ウランの向こう』の中で同情する。「気の毒なギオルソは、週末も返上で汚れ仕事に追われた。申し訳ないと思いながらも、彼に任せるしかない。なにしろ浄化作業者の資格をもつのは彼だけだったから」

＊　＊　＊

米国が苦しむ一方で、ドブナのフリョロフ軍団も、ひたひたと迫るソ連崩壊のあおりを受けていた。冷戦時代はふんだんにあった研究費が涸《か》れ始め、東欧ブロックにひびも入る。JINR（合同原子核研究所）の台所も火の車で、このまま行けば研究費が底を突く。研究を続けたければ、何か目覚ましい成果が不可欠だった。

一九八九年にフリョロフは、超重元素の国際集会に出席した。当時まで米ソの共同作業は、個人レベルの交流か、（森の中でジョニー・リバースの曲に合わせて踊ったりしても）公式訪問の形で行われた。その状況もいずれ終わるとみた彼は、リヴァモアから出席していたケン・ヒューレットに共同研究をもちかける。

二人はひとしきり、腹を割って話しこむ。ドブナには最新鋭のサイクロトロンがある。リヴァモアは標的用の元素をつくれて、検出器など装置の高い専門技能も有する。二人とも口には出さなかったが同じくらい重い要因として、リヴァモアはとにかく世評が高い。ソ連の研究者も優秀だとはいえ、バークレーとの論争がソ連の結果に疑問符を打たせた。リヴァモアが相棒なら、バークレーが信頼性を疑うこともなかろう。

化学者ヒューレットと物理学者フリョロフは、固い握手で対談を締めくくる。前代未聞のことだった。米国人とロシア人が冷戦の谷に橋を架け、ソ連の研究所ドブナと米国の核兵器施設リヴァモアがパートナーになったのだから。*

フリョロフとヒューレットの会談から数か月を経た一九八九年の一一月、ベルリンの壁が崩壊する。翌年の初め、ケン・ムーディーとロン・ロヒードがリヴァモアの研究者として初めてドブナを訪れた。冷戦時代の敵対ムードはまだ残り、国際電話は一回しか許されず、ホテルの部屋はKGBに盗聴され、外出時は公安の尾行がついたけれど、ラボに入ってしまえば科学の世界だ。

核物理学史の生き証人ともいえるゲオルギー・フリョロフは、技術と戦争、外交のすべてにからんできた。冷戦の影も薄れるなかで、米ソ共同研究の発足を助けもした（それが最大の業績かもしれない）。だが共同研究の果実を目の当たりにすることはなく、一九九〇年の一一月にモスクワで急死する（享年七七）。ドブナは三日間の喪《も》に服した。ドブナに滞在中だったムーディーとロヒー

＊共同研究を全員が支持したわけでもない。マッティ・レイノも誘われたが、フリョロフの流儀が気に食わないからと参加を見送っている。

ドは、フリョロフを追悼するいくつもの儀式に出ている。共同作業は、片方の指揮官を失ったとはいえ堅実な歩みを刻む。

　フリョロフは、超フェルミウム戦争の終局にも立ち会えていない。一九八六年、化学・物理の学術界を仕切るＩＵＰＡＣ（国際純正・応用化学連合）とＩＵＰＡＰ（国際純粋・応用物理学連合）はドイツの要請を受け、超重元素の問題を扱う「超フェルミウム作業部会（ＴＷＧ）」を立ち上げた。新元素の合成（発見）年と合成者を、ＴＷＧが確定する。まるで、史上初のフットボール試合を挙行するようなものだった。審判がまずルールを説明してから試合開始に至るのが絶対で、初得点をあげた選手を試合後に決めるような局面もあった。

　科学のルールが変わろうとしていた。そう、ルールは変わるものなのだ。

＊　＊　＊

　過去一二〇年のうちに世の万物は、ほんの少しずつ軽くなってきた。パリ郊外に置いてある金属のかたまりが、すべき仕事をサボったからだ。

　人間は数千年間、正確な重さ（質量）など必要としなかった――そもそもどんなものにも精密さなど要求されなかった。けれどビクトリア朝（一八三七〜一九〇一年）の末ごろに状況が変わる。重さを精密に測るようになったため、質量の基準が必要になったのだ。* そこで、フランス革命の開始年から一〇〇年後の一八八九年、パリ郊外セーヴルにある国際度量衡局《こくさいどりょうこうきょく》のキログラム原器（白金・イリジウム合金)「ル・グラン・K《カー》」を一キログラムの基準にしようと決めた。ぴったり正確に一キログラム。四〇年に一度、保管庫から出して質量を確かめ、世界の六七か所に配ったレプリカの認証に使う。それをもとに、風呂場の体重計から八百屋の秤まで、どんな秤の目盛も決まる。

キログラム原器は、三重の鍵をかけて温度と湿度を一定にした部屋の中、ほか六個の副原器とともに保管された。むろん管理はきびしくて、鍵の一個は必ず外国に置く。そこまでするのも当然だろう。原器の質量が(誰かが削ったりして)変わったら、その瞬間に一キログラムの大きさも変わってしまう。ジェームズ・ボンドの007シリーズに出てきそうな悪役が、世界の質量基準を変えたりしたら困るのだ。

悪役などがいなくても、年を追うごとにキログラム原器の重さは変わっていく。環境をいくら一定に保とうとも、目に見えないちりが表面についてじわじわと重くなる。すると当然、一キログラムの定義値が大きくなり、いきおい、世界の万物はほんの少し軽くなってしまう。

それはよろしくないというわけで、二〇一〇年に国際度量衡局はルールを変えた。原器ではなく「プランク定数」をもとに一キログラムを定義する。プランク定数は量子論の心臓部にある。** プランク定数が基準なら、「一メートル」と「一秒」も定義できるが、それはさておき新しい定義だと、キログラム原器の変質が万物の重さを変える心配はない。本書が出るころに定義は変わっているだ

*時間の基準も決めた。船舶の位置確認に正確な時間が必要となり、英国海軍本部が精密な時計をつくる。敷かれ始めた鉄道にも正確な時間が欠かせない。鉄道ができる前なら、ロンドンがケンブリッジの四分遅れだろうと、サウサンプトンより二分だけ早かろうと、誰ひとり気にしなかった。

ろう〔二〇一九年五月二〇日から正式に変更された〕。

宇宙の基本法則にからむ一キログラムの定義変更は、日ごろの暮らしに影響することはないものの、ただのルールいじりではない。科学の歩みにつれ、それに合わせた定義が必要になる。ビクトリア朝の科学ならキログラム原器で完璧だった。いまやその精度だと間に合わなくなったのだ。

一九八〇年代の末、新元素の分野でも似たようなことが起こる。一八世紀のラヴォアジエにとって元素は、「いちばん単純な何か」ですんだ。ラザフォードの時代になると、元素を「核内の陽子数」で区別した。しかし核科学の最先端では当時、「準核分裂」状態の核、つまり壊れる前に「ほぼできていた（らしい）核」も考える。そんなものを元素と呼んでいいのか？　そもそも、何かが起きたことをどうやって証明すればいい？

おまけに一九八〇年代の末ごろは、重元素の呼び名も支離滅裂な時期だった。たとえば「ラザホージウム」は、ソ連が言う103番なのか、米国が言う104番なのか？　そこでIUPACは、混乱を鎮めようと仮の名を考えた。名前が決まる前の元素は、原子番号そのもので呼ぼうというわけだ。104番は「ウン（1）・ニル（0）・クアジ（4）ウム」、112番なら「ウン・ウン・ビ（2）ウム」。考案者のノーマン・ホールデンがIUPACの機関誌『ケミストリー・インターナショナル』にこう書いた。「新元素をめぐる『冷戦』の広報面では、『自分の』元素をどう呼ぶかが強力な武器になる。誰もその武器を手放したくはないし、中立的な名前など受け入れないだろう」。

誰も自分たちが見つけたと確信できないからこそ、提案した名前に固執するのではないか。

超フェルミウム作業部会（TWG）もその点に悩む。三〇年来、米ソの論文はピンキリだった。

ゴミ論文が多い半面、中身の正しい論文もあったけれど、敵陣の研究者はそれを否定した。質の悪いデータがとり下げられずに残る一方で、良質のデータもラボの実験ノートにひそみ、敵陣がそれを見る余地はなかったのだ。***

TWGには、もう発足時から弱みがあった。中立的な判定が建前のIUPACとIUPAPは、「まったくの第三者」を委員にしたい。ところが元素合成コミュニティーは小さいうえ、誰もが一家言をもつ。そのため分野外から大物を集めたものの、座長の英国人核物理学者デニス・ウィルキンソンをはじめ、委員の誰ひとり超重元素や放射化学の十分な経験がなかった。

TWGの委員は世界各地へ足を運び、新元素合成を発表したラボを訪ねた。しかし、ことあるごとに政治が顔を出す。当初はバークレーの前にドブナを訪ねるはずのところ、土壇場で「ドブナ訪問は最後」と決まった。アル・ギオルソとダーリーン・ホフマンがいきり立つ。彼らは、ソ連が「最終発言権」をモノにし、「データの『後知恵的な再評価』でTWGと『協力する』という、許し

**では、プランク定数はどう決めるのか？　むろん科学者に抜かりはない。まず、電流と電圧の値から質量を精密に測れる「ワット（キブル）天秤」を使う。次に、直径九三・六ミリの「ほぼ真球」に仕上げたケイ素（シリコン）の結晶を何個か用意し、結晶をつくっているケイ素原子の数とプランク定数を対応させる。その値と従来のプランク定数は、誤差およそ一〇億分一で一致する。

***TWGは、超フェルミウム戦争を調停する初の組織ではない。TWG発足の一二年前にあたる一九七四年には、米ソから計三人を加えた委員会が、「誰がどの元素を見つけた？」の判定を委任される。初会合の冒頭で委員会は、米ソ双方の言い分を聴いた。米国側のダーリーン・ホフマン女史が色をなし、新元素はことごとく米国の手柄だとまくしたて、ソ連の委員はいっせいに席を蹴る。結局その委員会は一回もまともに開かれていない。

がたいほどいかがわしいアドバンテージ」を手にしたのだと、ロシア人の汚いやり口を声高に非難した。

　シーボーグとオガネシアンは、ＴＷＧが動きだす前に落としどころを見つけようと、楽屋裏で協議を重ねた。バークレーもＪＩＮＲも、超重元素の発見で両方が寄与した点には合意する。ただし１０４番の命名は意見が合わない。ソ連はフリョロフの恩師から「クルチャトビウム」を提案したが、米国はそれだけは受け入れたくない。そのころシーボーグとギオルソがＧＳＩのペーター・アルムブルスターへ宛てた手紙に、二人の心境がにじむ。「当方はクルチャトフにちなむ元素名など金輪際《こんりんざい》受け入れません。水爆を発明した米国人にちなむ元素名が論外なのと同じです」

　行く手は袋小路だった。両陣営ともＴＷＧが自陣に命名権をくれるよう祈るだけ。一九九一年にＴＷＧが見解を発表する。新元素を定義する前半部分――「合理的な疑いの余地なく検出され、寿命が一〇〇兆分の一秒より長い、新規確認元素の核種」は、「合理的な疑いの余地なく」という表現にあいまいさが残るにせよ、とりたてて問題はない。一〇〇兆分の一秒は、裸の核が「電子を着る」のにかかる時間だ。

　次にＴＷＧは、元素を合成（発見）した組織も明記した。二つの組織が共同でつくったとみてよい元素には、二か所の名前を併記する。査定の結果はこうだった。

原子番号	出生地

101　バークレー
102　ドブナ
103　バークレーとドブナ（共同）
104　バークレーとドブナ（共同）
105　バークレーとリヴァモア（共同）
106　ドブナとダルムシュタット（共同）*
107　ダルムシュタット
108　ダルムシュタット
109　ダルムシュタット

だがTWG裁定には、ソ連も米国も自分たちの貢献が正当に評価されていないと目くじらを立てる。後発のドイツに格別な不満はない。なお、三四年前の一九五七年にスウェーデンがやった102番合成の発表（第8章）は、あっさりと無視された。

米国のうちバークレーはすぐ、104番のドブナ併記に抵抗し、「この査定は科学コミュニティーを冒瀆《ぼうとく》するものだ」と抗議した（ただしTWGの座長デニス・ウィルキンソンは、バークレーの反

＊いま107番（最終名ボーリウム）の出生地はダルムシュタットとされるが、オガネシアンはその貢献度から「名づけの親」になった。

応を「ギオルソ、シーボーグ両氏の本意ではない」とみて反論を退け、報告書の手直しを断固拒否)。

とはいえ最後は米国も折れた。またしても、国際関係を悪化させずに決着させたいという政治的配慮の結果だ。米国チームは(マッティ・ヌルミアの名だけ外した)書簡で、TWGの査定結果を呑《の》むと回答。ヌルミアがこう思い出す。「僕を除く全員が署名した合意です。なにしろ僕はソ連の発表を疑い続け、TWG査定にしじゅう文句を言っていたため、仲間外れにされたんですね」

だが重い問題が残った。103〜105番の命名だ。TWGは、別々の提案をしていた二グループに、横並びで命名権を与えてしまう。

それが諍《いさか》いのタネになる。

第15章　命名論争

一九九〇年代、101～109番の確定

一九九三年にギオルソは、『ニューヨークタイムズ』紙からの電話を受けた。半世紀前の自分なら、自慢できたのはモグリの無線通信だけ。だがいまや、国際組織の超フェルミウム作業部会（TWG）が、新元素一一種もの発見にからむ人間だとお墨つきをくれている〔本章の106番も合わせ、計一二個の元素にからんだ〕。一八〇六～一〇年に英国のハンフリー・デーヴィーが立てた記録（ナトリウム、マグネシウム、カリウム、カルシウム、バリウム、ホウ素の発見）を一八五年ぶりに破る快挙だった。酒の密造業者を父にもち、学部卒でしかないアルバート・ギオルソが、史上最大の成果を誇れる元素ハンターになったのだ。

いちばんの自慢は、106番合成の功績がバークレーにあると認められたこと。確認には二〇年もかかったが、バークレーは念願の命名権を得た。前から頭にあったのは、同僚のルイス・アルバレス〔元素合成から離れたあと素粒子の研究で一九六八年のノーベル物理学賞〕にちなむ「アルバレジウム」。

フレデリック・ジョリオ＝キュリーの名でもいい。なにしろソ連がそれを１０２番の候補名にしていた。歴史上の有名人、アイザック・ニュートンやレオナルド・ダヴィンチ、クリストファー・コロンブスもよさそう。神話の英雄オデュッセウスでもいいかな……。仲間のマッティ・ヌルミアは、「当時のラボは米国人が二名、フィンランド人が三名」だったからと「フィンランジウム」にご執心だったけれど。

受話器をとったとき、そんな名前が脳内を飛び交っていた。先方のマルコム・ブラウン記者は、化学科を出て朝鮮戦争に従軍したあとジャーナリストに転じ、軍の『星条旗新聞』に職を得た人。とんとん拍子で大成し、ＡＰ通信社時代はインドシナ地区の筆頭特派員に昇り詰めた。在任中、ゴ・ディン・ジェム政権の仏教弾圧に抗議してベトナムの仏僧ティック・クアン・ドックがやった焼身自殺（一九六三年六月）の現場を取材し、ピュリツァー賞に輝いている。一九七七年からは、戦争報道と科学報道の二刀流で名を売った。新元素も守備範囲だった。

ご教示いただけたら大スクープですねと、からかうような口ぶりでブラウン記者が水を向ける。

「１０６番の名前はどうします？　もしかしてギオルシウムとか？」

思わず高笑いする。昔むかしの一九五七年、似たような提案をされたことがあった。クリスマスパーティーでシーボーグが彼に、こう書かれた大きな瓶を手渡した。「１１０番：ギオルシウム。役立たずの金属。真夜中～明け方に活性。自己発火・分解性。自動変速装置《オートマ》つき」。まぁそんなことは記者に言わなくていい。質問をはぐらかし、それなりに如才なく話して受話器を置いた。

やがて、ブラウンの言葉が脳内で何かに火をつける。歴史上、存命者にちなむ元素名はなかった。

けど、存命者はだめという規則もない。ロシアのチームと雑談した際に、存命者は避けたほうがいいという話が出ただけ。ギオルソは、そのひらめきを仲間に話してみた。むろん全員がうなずく。一九九三年一二月二日、106番の発見物語を図示したフォルダーに特製のカバーをつけ、グレン・シーボーグの居室へと足を運ぶ。五〇年来の友人・同僚だった人物がフォルダーを開け、中のメッセージを読んだ。

グレン　ラボの総意で、106番には君の名前をつけるよ!

シーボーグは天を仰ぐ。「嬉しかった。どんな賞よりもすごい栄誉だった。なにせ永久に残るから。周期表があるかぎり永久に」と自伝に書いた。一八六七年にスウェーデン名のShöbergを書けなかった移民検査役人の発明品Seaborgが、化学の教室や実験室を飾るのだ。106番元素、シーボーギウム(seaborgium)として。

ギオルソがブラウン記者と雑談したころ、元素名を決める作業は少しずつ進んでいた。101番は誰にも異存なく「メンデレビウム」になる。102番は、米ソともスウェーデンが発見したことを認めないにせよ、まぁ無難な「ノーベリウム」で落ち着きそうだった。103番は「ローレンシウム」の一択か。

続く104番と105番が悩ましい。米国は相変わらず「ラザホージウム」と「ハーニウム」にこだわっている。かたやロシアは、「発見の先取権のみならず、知的財産とラボの尽力に見合うもの」として命名権を主張していた。提案は１０４番を「クルチャトビウム」、１０５番を「ニールスボーリウム」とする一方、有力な代案として「ドブニウム」も残した。

残るドイツ（ＧＳＩ）は、米ソ双方の貢献を高く買いながら、泰然と構えていればよい。ただし取材の際、ゴットフリート・ミュンツェンベルクがこう言った。「バークレーから深夜に電話が来ました。『いまそばにシーボーグが座っていましてね。私たちは元素名を提案したいと思っています』とこう言うわけです。クルチャトフの名前は却下したのに、シーボーグの名前を使う腹でしたよ。それじゃ、話に一貫性がない。うちが元素名を提案したときはバークレーから電話をよこし、『クルチャトビウム』を支持するようなら談判は決裂だ［ドイツの提案に賛同しない］と吐き捨てたくせに」

ドイツは事を荒立てたくない。「シーボーギウム」は支持しながらも、１０７番はニールス・ボーアを讃えるロシアに同調し、１０５番をめぐる緊張が和らげばと「ニールスボーリウム」に一票を投じた。*ドイツは「ニールス・ボーアの功績は元素名の栄誉にふさわしいというドブナの主張に、心から賛同していた」。

ドイツのＧＳＩは、「自家製」の１０８番と１０９番を自由に命名できる。ＧＳＩのあるヘッセン州はラテン語名を「ハッシア」という。ゆかりのある地名から命名する慣例に従って、１０８番を「ハッシウム」と命名する。

残る１０９番の命名には、罪ほろぼしの意味もあった。核科学でドイツがなした最大の貢献は、核分裂の発見だ〔第１章〕。その主導者オットー・ハーンにちなむ元素名を、バークレーが提案してくれている。だがドイツ人のミュンツェンベルクとしては、もうひとりの名も歴史に刻みたい。リーゼ・マイトナーだ。ノーベル賞の委員会にはびこっていた性差別のために過小に評価されていたうえ、ユダヤ系という出自のためにやむなく海外へ逃亡させられてもいる。彼女の名を元素につければ、過去の負い目も水に流せる。

ホフマンが言う。「マイトネリウム一択でしたね。一九三〇年代のナチスに迫害され、国外逃亡という難儀もさせた彼女は、ハーン研究室の屋台骨だったんです。しかも、科学に女性がほとんど受け入れられなかった時代にね」。GSIは性差別を完全に終わらせられたわけではないが、偉大な女性物理学者がいたことを広く知らしめることはできた。マリーとピエールのキュリー夫妻にちなむ「キュリウム」はあるけれど、マイトネリウムは当面、実在の女性ひとりにちなむただひとつの元素名だ。**

自力でつくった元素なら、正式な承認など待たずに命名できる。合成から一〇年以上もたち、もう待てない。一九九二年九月七日にドイツは記念式典を挙行し、二つの元素名を公式なものとした。

そのあと米・露・独は、IUPAC(国際純正・応用化学連合)とIUPAP(国際純粋・応用

＊「ニールス」も名称に入れたのは、ホウ素(英boron, 独Bor)と混同しないようにとの配慮だったが、じつは別の理由もある。ボーアの息子オーゲが一九七五年のノーベル物理学賞をとったため、息子と区別するにも「ニールスつき」がよさそうだった。

＊＊実在の女性ではなく神話の女神にちなむ元素名なら、セリウム、ユウロピウム、ニオブ、セレン、テルル、バナジウムがある〔元素記号でAuと書く金のラテン語名アウルムも、ローマ神話の「暁の女神」アウロラから〕。

物理学連合）の裁定を待つことになる。

＊　＊　＊

英国のロックバンド「モーターヘッド」のリードボーカル、イアン・フレイザー・キルミスター（愛称レミーLemmy）の名を載せた理科の本はない。渋革色の顔で怒鳴るように歌うレミーは、試験管やバーナーを扱う手際などより、トレードマークの頬ひげとカウボーイハットできめるところと、やや荒れた生きざまで名高い。マンチェスターで一度だけ、気も滅入る湿っぽい夜、彼のライブを観たことがある。ダミ声でヒット曲の「スペードのエース」をがなり、二番の歌詞へ行く前に少し間を開けた。ギターをだらしなく下げてアンプへ向かい、音量を最大にしてから元の位置に戻る。それから三日ほど耳がおかしかった。

英国では、化学や科学に縁などないレミーが、ある元素名の候補としていちばん名高い。彼が七〇歳で（幸か不幸か）世を去った二〇一五年、新元素が立て続けにいくつか確定される。話を聞き及んだ英国民は元素名の提案ゲームに加わり、なんとレミーの名が一位に躍り出た。最終案が固まるころ、１１５番には一五万七四三八人が「レミウムlemmium」と投票した。超重元素の金属《スーパーヘビー・メタル》には「ヘビメタの帝王」こそ似つかわしいのだと。

あいにくそうはならなかった。超フェルミウム戦争の動乱期を経てＩＵＰＡＣは、元素の命名法を勧告にまとめ、二〇一六年に公表した。まず、名前の末尾は「イウム-ium」を基本とする（例外として、塩素chlorineやヨウ素iodineなどハロゲンの末尾は「イン-ine」、ネオンneonやクリプトンkryptonなど貴ガスの末尾は「オン-on」とする)。第二に、元素名の由緒は五種類(科学者名、元素の性質、元素を含む鉱物名、地名、伝説の生き物)のどれかとする。そして第三に、かつて一度でも使われた名称は、決まったあとに撤回されたものでも、使ってはならない。

以上の規則が、エンリコ・フェルミの(かつて使われた)「アウソニウム」と「ヘスペリウム」も、レミーのファンが夢見た「レミウム」も蹴飛ばした。出身地ストーク・オン・トレントの住民が「伝説のロッカー」と崇《あが》めるレミーも、「伝説の生き物」とはみなされないのだ。* IUPACの事務局長リン・ソビー博士が説明してくれた。「IUPACは中立を守ります。任命された研究室や研究者と一緒に作業プロセスを管理しているだけです。まぁ制限はあります。指針とでも言いましょうか。神話の生き物だと、範囲はいささか広がりますね。命名に際して創造力を発揮する機会はほかにもたくさんありますよ」

新元素の命名に向けたIUPACの作業はこう進む。特設の委員会が、発表論文をつぶさに当たり、裏打ちが十分な発表を選ぶ。次に、つくったラボ(複数可)を、つまり発見者だと名乗れるラボを特定する。優先権を認められたラボは、元素名をIUPACに提案する。六か月以内に提案しないと命名権を放棄したとみなされ、命名はIUPACが行う。つくったラボが二か所の場合、超

*同じストーク・オン・トレントに生まれ、ロックバンド「ガンズ・アンド・ローゼス」でレミーに次ぐ人気のスラッシュ(ギタリスト)も、あいにく元素名の候補にはなれない。

フェルミウム戦争の二の舞にならないよう、六か月以内に二か所が「共同提案」しなければ、やはりＩＵＰＡＣが命名する。

提案された元素名もまだ候補だから、ＩＵＰＡＣはそのまま承認しなくてよい。一九四七年からこのかた、最終決定権はＩＵＰＡＣの理事会がもつ。そのため、委員会の結論をＩＵＰＡＣが門前払いし、独自の命名をしてもよい（最後の手段）。

候補が固まったあと、科学界一般の意見を聴く。語感の吟味も欠かせない。元素名が突飛すぎないか、特定の集団を傷つけたりしないかなど、さまざまな言語と照らし合わせる。ソビーがこう説明した。「市民がどう受けとるか、ＩＵＰＡＣは判断しきれません。要点のひとつは、元素名を多様な言語集団が使うこと。ネガティブな意味合いはないか、どの言語でも発音しやすいか、何かきわどいことを意味したりしないかなどを考えます」。英語やフランス語で穏当な元素名も、トルコ語だと下品かもしれない。「提案の元素名をいろんな言語に照らし合わせ、問題がないか当たるわけです」。たとえば、ＧＳＩがある町（ヴィックスハウゼン）の名はいやらしい含みがあるため〔第13章〕、「ヴィックスハウシウム」は認められないだろう。

科学界一般の意見も容れて元素名を確定させる。ＩＵＰＡＣとＩＵＰＡＰの合同作業部会が承認するまで二〜三か月かかる。ひとたび承認されると元素名は永久に固定され、後日、発見者が別だとわかっても修正はない。

そんなふうに進むと期待されていた。だが一九九四年にＩＵＰＡＣが行った新元素名の発表は、波乱含みとなる。バークレーとドブナ、ダルムシュタット（ＧＳＩ）がそれぞれの提案を出し、世界の名だたる化学者二〇名が検討した結果だった。同程度の優先権をもつラボが別々の元素名を提案したこともあり、妥協の産物として作業部会は、米・露・独の提案をごちゃ混ぜにしていた。結果はこうなっている。

原子番号	名称
101	メンデレビウム
102	ノーベリウム
103	ローレンシウム
104	ドブニウム
105	ジョリオチウム
106	ラザホージウム
107	ボーリウム
108	ハーニウム
109	マイトネリウム

突拍子もない案だった。「ジョリオチウム」など、105番の候補に一回も使われたことがない。107番はニールス・ボーアの「ニールス」が落ちてボロン（ホウ素）と混同しやすく、米国が1

05番に提案した「ハーニウム」は、GSIがつくった108番の名前にされている。最悪なのは「ラザホージウム」で、かつて103番と104番の案だったのがこのたび106番にされたため、三〇年間に周期表上の位置を三度も変えたことになる。そして大論争を巻き起こしたのが「シーボーギウム」だ。その案を米国はもう世界に公表していたし、ドイツもそれに賛成だった。だがIUPACはいつの間にか、「存命者は元素名にしない」という手前勝手なルールをつくっていた。そのため「シーボーギウム」は一蹴される。『エコノミスト』誌がこうからかった。「何かに名前をつけるとき、論理を放り投げるのが科学者の習性らしい」

超重元素コミュニティーはIUPAC決定に猛反発する。支援母体のうち最大の米国科学アカデミーは、「シーボーギウム」が不採用なら出資をやめると脅したといわれる。「なぜIUPACがあんな決定をしたのかはわかりません」とは、米国の化学者ポール・キャロルの回想。現在、元素の発見時点を判定するIUPAC・IUPAP合同作業部会委員をしている彼は、一九九四年当時、発表に立腹し、委員会に抗議文を突きつけた。「存命者を元素名に使わないって……ただの提案ならかまいませんが、正式な布告でした。外部からの意見を聴かなかったせいで、あっというまに非難の的になりました。シーボーグは誰がみても第一人者ですよ。彼の貢献は計り知れません。愚劣きわまりない決定でしたね」

キャロルは、米国が不当にも元素業界の暴君とみられている一方で、ロシアは「シーボーギウム」を外せとIUPACに迫りながら自分たちの主張を認めさせようとしているのではないか、と訝《いぶか》しんだ。彼の予感は当たっていた。だがドブナのアンドレイ・ポペコに言わせると、ロシアの姿勢は政治的なものではなく、バークレーとの紳士協定をもとにしていた。「[シーボーギウムが提案される前に発見機関を検討した]委員たちが、存命者は元素名にしないことに合意しました。合意されていたんです。うちはクルチャトビウムをとり下げたから、シーボーギウムにも異を唱えました。なにしろ、合意されていましたから！　グレン・シーボーグのことをとやかく言うつもりはありません。けど、合意されていたんです」*

IUPACは批判の矢面に立つ。最大支援母体（米国）の圧力に折れ、作業部会はそそくさと「存命者は不可」の縛りを外したうえで再会合をもち、一年後の一九九五年にまた別の元素名リストを公表する。今回は、「シーボーギウム」を入れたのでロシアのご機嫌をとろうというのか、ゲオルギー・フリョロフの名を加えるなど、ロシアの提案をほぼ受け入れていた。

原子番号	名称
101	メンデレビウム
102	フレロビウム
103	ローレンシウム

* 「合意」につき、当時を知るバークレーのメンバーから確認はとれなかった。ただし「合意」の強調はウケねらいではない。四半世紀を経た現時点でも、当時の感情的な諍いはくっきりと感じとれる。

104　ドブニウム
105　ジョリオチウム
106　シーボーギウム
107　ニールスボーリウム
108　ハーニウム
109　マイトネリウム

ボーアの「ニールス」が返り咲き、かつて三種の元素に使われた「ラザホージウム」が消えている。だが今回も科学界は反発した。米国は「シーボーギウム」を手にしたものの、「引き換えにほかの提案をあらかた蹴られた」と怒る。各国の化学会からもIUPACに意見が舞いこんだ（中国と日本の化学会は米国を支持）。

超フェルミウム戦争の角突《つのつ》き合いが再燃する。一九九六年にドイツはペーター・アルムブルスターの六五歳を祝い、米国とロシアを招待した。そのときこんなことがあったとミュンツェンベルクから聞いている。「アルムブルスターはシーボーグとギオルソ、オガネシアンを招きました。三人が講演したあとの夕刻、ジグルト［・ホフマン］も同席のうえ元素の話をしたんです。ワインを出したら、ギオルソが『われわれはいらないよ』。そこで発泡水を注文すると『それもいらない』。ならばとミネラルウォーターをすすめたら、『水道水で十分！』とまぁ、そんな感じで……私たちは中立だし、命名にさほど関心もなかった。解決策を探りたい一心でした」*

二年間も脅迫や抗議を受け続けて弱り果てたＩＵＰＡＣは、一九九七年にジュネーブで会合をもち、最終リストを発表する。

原子番号	名　称
101	メンデレビウム
102	ノーベリウム
103	ローレンシウム
104	ラザホージウム
105	ドブニウム
106	シーボーギウム
107	ボーリウム
108	ハッシウム
109	マイトネリウム

＊ホフマンの記憶だと水道水を要求したのはシーボーグらしい。どちらだったにせよ、張り詰めた空気は痛いほどわかる。

ドイツは「ニールスなし」の107番に心もち不満だったが、五年前の提案「ハッシウム」を認められた。米国もおおかた満足しながら、105番は「ハーニウム」にしてくれと口をはさむ。ロシアはクルチャトフとフリョロフを落とされたうえ、102番に昔のスウェーデン案「ノーベリウム」を押しつけられる。ただしもう激論はなく、まずまずの着地点になった。

その発表は、あやうく死者一名を出すところだった。シーボーグのお嬢さんがカリフォルニア湾岸を走行中、カーラジオのニュースでIUPACの発表を聴く。「存命者は元素名にしない」というルールが土壇場で消えたのを知らない彼女は、「シーボーギウム」を耳にして、父親が死んだと思ってしまう。どっとあふれた涙で道路から飛び出さんばかりに蛇行したのち平静に戻り、車を停めて電話したらまだ生きていてホッとする。

超フェルミウム戦争も二度目の休戦を迎えた。戦いのさなか、三つの元素がラザホージウムと呼ばれ、102番に三つの名がつき、ボーリウムは「ニールス」がついたり落ちたりしたけれど、これでようやく次に進める。

「元素名は一度きり」のルールが、核科学の大物フレデリック・ジョリオ＝キュリーとオットー・ハーンを、元素名から（さしあたり）永久に追放した。ハーンの場合は、友情物語ふうの趣がある。かつてノーベル賞委員会はハーンを讃え、右腕のリーゼ・マイトナーを切り捨てた。いまや彼女が周期表に載り続け、ハーンは忘れられていく。粋《いき》な計らいが生んだ化学平衡といえようか。

グレン・シーボーグには別の愉快な物語がある。「シーボーギウム」確定の直後に仲間たちはこんなことをおもしろがった。シーボーグは、次のように五つの元素名を並べるだけで手紙が届く唯一の人間なのだと。

Seaborgium,〔シーボーギウム〕
Lawrencium Berkelium,〔ローレンシウム　バークリウム〕
Californium,〔カリホルニウム〕
Americium〔アメリシウム〕

八六歳のシーボーグは、四十代の人でも真似できそうにない日課をこなした。二冊の本を書き進め、ときたま大統領に進言し、理科教育は大事なのだとカリフォルニア州知事に「教育ファースト」を説く。一九九八年の八月にはボストンへ飛び、米国化学会の秋季年会（世界最大規模の化学集会）に出席した。会期中は一万八〇〇〇人ほどがボストンの街に群れ、参加票を首にかけてホテルと会議場を埋め尽くす。材料科学から農芸化学、有機・無機化学、分析化学、地球化学、毒物学、医化学などの化学者が一堂に会する。

シーボーグは、大勢の同業者が見守るなか、晴れがましい表彰を受ける。会員一五万の投票で米国化学会は彼を「過去七五年で第三位の化学者」に選んだ。一位と二位（一九五四年にノーベル化学賞を得たライナス・カール・ポーリングと、一九六五年にノーベル化学賞を得たロバート・バーンズ・ウッドワード）はもういない。つまりグレン・セオドア・シーボーグは、存命化学者の頂点に立ったのだ。

シーボーグは表彰のあと講演して壇を降り、自分の名が載る周期表にサインした。その夜、六〇年来の日課に従い、ストレッチのためホテルの非常階段を昇り降りした。だがひとりきりのとき発作に見舞われ、意識不明になってしまう。数時間後に助けが来たときは全身が麻痺していた。寝たきりで関節炎の激痛にも耐えられなくなった彼は半年後の一九九九年二月二五日、食事いっさいを拒んで八六年と一〇か月の生涯を閉じる。

シーボーグとともに、超重元素の大物研究者たちが築いた時代は歴史となった。最初期からの元素ハンターは、もはやアル・ギオルソしかいない。だが次の元素に挑むレースはまだ続く。一九九〇年代には、バークレーもGSIも、ドブナ・リヴァモアの合同チームも、若きシーボーグには想像さえできなかったほど、「周期表の果て」を押し広げ続けた。

病床の友シーボーグを見舞ったとき、五〇年前の賭けに負けたギオルソは、友に一〇〇ドルを手渡す。「安定の島」はあると確信し、ギオルソが鼻で笑った「島」にたどり着くのがシーボーグの夢だった。オガネシアン率いるドブナ・リヴァモアの合同チームが、とてつもなく寿命の長い114番の原子を一個、つかまえていた。かつて114番は不安定に過ぎ、IUPACが決めた新元素の基準をクリアできないと思われていた。だが114番の半減期は三〇秒もあった。

ギオルソは『超ウランの人々』でこう振り返る。「グレンに知らせたかった。彼のベッドサイドに駆けつけ話しかけた。グレンの瞳に光が差すのを見た気がしたけれど、翌日また訪ねると、私が来たことも憶えていなかった。脳梗塞に見舞われた際、彼の中の科学者は亡くなっていた」

ドブナによる114番の発見以外にも、一九九〇年代にもたらされたブレークスルーはある。命名をめぐる論争のさなかでも、元素ハンティングは粛々と続いていた。ドブナもＧＳＩもフル稼働で前進していた。

Ⅲ　化学の果てへ

第16章　壁の崩壊　一九八九年〜九〇年代、110〜112番

　一九九〇年代初めのロシアは暗かった。IUPAC・IUPAPの超フェルミウム作業部会（TWG）が最初の報告を出す一九九一年八月（ソ連崩壊の四か月前）には、ミハイル・ゴルバチョフ政権の転覆をねらったクーデターまで起こる。経済は長くて暗いトンネルに入ったままで、男性の平均寿命が八ポイントも下がった。

　ドブナのユーリイ・オガネシアンは、チームの先行きに頭を痛めていた。恩師なら妙手を知っていたでしょうね……とは、ご当人の弁。長年の師フリョロフは、どんな難局も気力で乗り越えた。JINR（合同原子核研究所）のラボ群を予算の増減や好不況の波が襲っても、超重元素の研究を引っ張り続けた。だが巨人フリョロフはもういない。

　ソ連崩壊の余波はJINRをも見舞う。またたく間に研究費が減り、研究計画は凍結され、各地から来た研究者も別の仕事に移っていく。誰も彼らを責められない。私企業なら実入りもいいし、

先々の気苦労もここよりは少ないだろう。残留集団にもまともな給料は払えなかった。

オガネシアンはチームの士気を保とうと、友人のほかラボの仲間もちょくちょく自宅の夕食に招くことにする。モスクワ音楽学校を出た細君がバイオリンの演奏でもてなした。彼女の演奏は、意気消沈した人の心を少しでも慰めただろう。米国リヴァモアからの訪問者にも、ロシアの苦境はありありとわかる。米国から何かもっていきましょうかと問えば、答えはいつも「野菜の種をぜひ」。研究者も家族も、荒れ果てた研究所の敷地で野菜をつくりたかったのだ。荒廃途上のJINRは、錆《さ》びた戦車の残骸や、モスクワ川の土手に投棄された共産主義の英雄たちの銅像と同じ運命をたどろうとしている。

だがオガネシアンも、不可能を可能にしてきた。二〇年ほど前の一九七〇年代にサイクロトロンU300の後継機U400をつくったときは、二一〇〇トンの磁石を現場で組み立てることになる。ウクライナ・クリヴィーリフ市の製鉄所から、長さ一五メートルの巻き鋼板が届いた。ドブナには、大面積の鋼板を加工する設備がない。そこでレールと滑車を巧みに使い、鋼板の上で工具を動かした。加速器を納める建屋も面積がだいぶ足りない。オガネシアンは若いころ身につけた建築方面の知恵で立ち向かい、コンクリート壁をぶち抜いてケーブル類を通すなどした。米国から来た化学者の誰かが、「ロシア人は自給自足の達人ですな」と感心しきりだったとか。

ごく微量の核融合産物をつかまえる検出器も欠かせない。一九八九年にオガネシアンは、それまでより感度が一〇〇〇倍も高いガス充塡《じゅうてん》検出器を開発した。反応断面積が一〇ナノバーン（一〇のマイナス三六乗平方メートル）でも検知できる。U400の改良も進め、世界最強のビームをこしらえた。

リヴァモアの助けもあってドブナは、元素合成をゆっくりと再起動していた。今回は新しい方法の高温核融合《ホット・フュージョン》を試す。ビームに軽元素のイオンを使うところは同じだが、このたびは二重マジックナンバー〔第11章〕で中性子も多い20番カルシウム48にする。かつては技術が未熟だったため、カルシウム48のイオンを飛ばしてもうまくいかなかった。けれど一九九〇年代になったいまなら、既知の元素を「安定の島」の岸辺に揚げるくらいはできそうだった。

オガネシアンがスタッフをそろえたころは、もう八方ふさがりの雰囲気だった。超重元素に用途などない。国民はパン屋の店先に行列をなす。二〇世紀にはあった動機、原水爆や原発など国威発《こくいはつ》揚《よう》の思いも、すっかり影をひそめている。科学のための科学など何になる?

だがオガネシアンはへこまない。残ってくれた仲間にこう語る。「泣きたい気持ちはわかる。やらない言い訳はいくらでも見つかる。だが逆境は跳ね返そうじゃないか。財源を見つけ、障害をひとつずつ乗り越えよう」。彼は手際よく、ドブナとの連携に関心を示す外国の研究所や、加速器を使いたい民間組織に声をかけていた。うまくいけば研究費が手に入り、実験を続けられる。

一九九〇年代のうちにドブナは、自分たちの夢を追えるだけの研究費なら集められるようになっていた。まずは108番ハッシウムの周辺を調べ、なぜ前後の元素より安定なのかを探る。どうやら核が変形して「安定の小島(岩?)」になるせいだとわかり、それをもとに装置の改良もした。

ケン・ヒューレットの退職後にリヴァモアから来たメンバーは、ケン・ムーディーとロン・ロヒード、ジョン・ワイルド、ナンシー・ストイヤーの四人。少しあとにナンシーの夫、物理学者のマーク・ストイヤーも合流した。そのマークに言わせると、「ビームの強化に八年かけました。あれこれ改良しながら１０８番の実験を、いやというほどやりましたよ」。やがて米露の共同チームは、知られていた重元素の新しい同位体をいくつも見つける。

チームは当初、１１０番に照準を合わせた。けれど一九九八年には装置もビームも強化され、さらに先の島（に住む１１４番）へ向かって「カエル跳び」する目星がついた。94番プルトニウム２４４を標的にして、20番カルシウム48のイオンで叩くのだ。オガネシアンは楽観していたが、チームには新しい元素をつくれる確信などなかった、とマーク・ストイヤー。「期待はして……感度を目いっぱい上げたけど、あまり自信はなかったね」。だがカルシウム48は理想のビームだ。二重のマジックナンバーだから、ほどほどに安定な同位体を生むのでは？　米露の経験を合わせて取り組んだところ、手応えがあった。たった一個の原子だけれど、病床のシーボーグにギオルソが告げたとおり、寿命が一秒もある１１４番ができた。最終確認はなお先で、ノイズの線も捨てきれないとはいえ、三〇年に及ぶ努力が実り、ついに「上陸」の気配が見えたのだ。

それでも島はなお遠い。中性子の多いカルシウム48を使っても、１１４番のうち中性子１７６個の同位体しかできてくれない。上陸には中性子があと八個もいる。だがオガネシアンは前向きだ。「かりに安定の島がなかったら、［１１４番の］半減期は一〇のマイナス一九乗秒です。実測値は秒の桁。じつに一九桁（一〇〇〇億の一億倍）も寿命が長いんですよ」。安定の島はたしかにあるが、まだ遠すぎて手が届かない。それでも「一・一秒」は画期的な戦果だから、米露の合同チームはさらに前進しようと腹を固める。

ＪＩＮＲの紀要に、「オガネシアンの働きでフリョロフ研究所は息を吹き返した」とある。平板にすぎる記述だろう。彼の並外れた指導力が、ロシアの研究を奈落《ならく》の縁《ふち》から引き戻し、二一世紀の推進役に仕立て上げたのだ。先ほどの結果で意を強くしたチームはさらに、１１４番（の確認）と１１６番（の合成）に挑む。

未来はドブナのものに見えた。しかしドイツＧＳＩ（ヘルムホルツ重イオン研究センター）のジグルト・ホフマンたちは首位を譲らず、新元素を三個もつくる。

＊　＊　＊

一九九〇年代のドイツは、ロシアの対極にあった。ベルリンの壁崩壊（一九八九年一一月九日）で東西ドイツが融合し、再編後のヨーロッパでいちやく主役に躍り出る。いっとき落ちこんだ景気も一九九四年ごろには勢いよく盛り返し始め、国じゅうが活気に満ちていた。

ジグルト・ホフマンのチームも元素探索の準備は万端だった。問題は、長丁場になるビームタイムの確保だ。低温核融合の反応断面積は、原子番号が1だけ増すとほぼ四分の一に減る。そのため、まずねらう１１０番は、断面積が一・五ピコバーン（一兆分の一・五バーン）しかない。産物の半減期もどんどん縮む。１０９番マイトネリウムで最初にできた同位体（質量数２６６）は半減期が一・七ミリ秒だったから、安定な核が住む島の沖合はるか、水面下にある。しかも、ビームを二週間も当て続けて原子一個しかできない。１１０番はその先なので、同じ条件だと原子一個をつくるのに、二四時間ぶっ通しで半年もマシンを運転しなければいけない。

運よく装置が使えたとしても、そんな挑戦には誰だって二の足を踏む。また、加速器は別の業務にも使っている。鉛にイオンをぶつけるなどという話より、ずっと大事な業務だ。110番はできるかもしれないが、できても使いようはない。つまり実験の意義さえ疑わしい。成功しても、「ほら、これができたよ」と仲間うちで自慢するだけのこと。巨費のドブ捨てとみる人も少なくない。

研究に青信号をともすには、効率の大幅な向上が絶対だった。ホフマンが当時を思い出す。「110番に挑もうと思い始めたのは一九八八年。それを自分の仕事にしました。効率を一〇倍に上げ、一五〇時間だったビームタイムを一五時間に減らすのが先決でしたね」

マシンの改良には五年もかけた。ホフマンが言う。「ビーム照射位置の後ろに冷却水を流します。以前ビームを当てたとき、プレートの一枚が壊れました。強いビームの熱で穴が開いたんです。それじゃダメ」。たぶん最高の改良は、SHIPに巧みな「曲げ」を加えたところ。できた融合核を電場と磁場で加速したあと、磁石の助けで七度だけ角度を曲げる（ほかの原子はみな壁に衝突）。そうすると、ノイズや余分な分裂産物、飛行イオンを、九〇％も除けてしまう。

GSIには新参のキラ星がいた。ブルガリアから来たヴィクトル・ニノフ青年だ。彼がチームの熱気をあおる。黒い短髪のニノフは活気にあふれ、ルネサンス期の傑物ばりに、科学のほか音楽やスポーツでもプロ顔負けの腕だった。ユーモアかどうかメールの末尾には、Your crazy Bulgarian（いかれたブルガリア人）と署名する。趣味も幅広い。当時GSI滞在中のマッティ・レイノとつるみ、「試食」と称してダルムシュタット市内あちこちのイタリア料理店に出かけ、いつも同じスパゲッティ・カルボナーラを頼んで「最高の店」を決めようとした。レイノの回想――「お互い似通っていました。僕の結婚式でバイオリンを弾いてくれる予定のところ、自転車の事故で肝心な親指を傷めるとかも」。山登りも好み、実験の暇を見つけては、アルプス高地にあるハインツ・ゲーゲラーの別荘に泊まった。「飛び抜けて切れ、熱意あふれる期待の星……誰にも好かれていましたね」とはゲーゲラーの回想。ニノフは大事な役目を担う。ホフマンの説明を聞こう。「ヴィクトルはプログラミングのプロ。一九八八年に更新したコンピュータの専従になった」。彼が開発したソフト「グーシー（おっちょこちょい）」は、検出器の「ヒット」を自動検知して記録する。産物の確認にカブトムシで飛ばすとか、全員でアナログコンピュータをとり囲み、固唾《かたず》を呑んで「ピコーン」信号を待つ……なんてシーンはもう昔話になっていた。

一九九四年の暮れ、UNILAC（線形加速器）にビームタイムの空きができたとき、ジグルト・ホフマンはむずかしい決断を迫られる――どんな勢いでビームをぶつけるか？　過去二〇年、できた超重元素の核がどうなるかについて、GSI内部でも意見は割れていた。確実に言えるのは、重い核ができた瞬間、核をまとめ上げている引力と反発力のバランスが狂い始めるということ。そのため、ホフマンらは次の二つの選択肢からひとつを選ばなくてはならない。ビームを強める（エキストラ・プッシュ）か、弱めてクーロン障壁をかわす〔201ページ〕か。ホフマンが解説。「アルムブルスター所長は『強化』派で、私のほうは『弱化』派。どちらか決めかねていました」。読みを誤れば、それまでの努力が水の泡になる。

四の五の言わずやってみようとGSIは心を決める。ホフマンいわく、「『励起関数』を精密に測らなきゃいけない。110番に挑む前、108番ハッシウムをつくろうと決めました。それには26番・鉄のイオンを82番・鉛にぶつけます。問題は、三〜四週間の実験に鉄58を四グラムも使うところ。当時の鉄58は一グラムが五〇万マルクでしたね〔いまの相場で七〇〇〇万円〕」。そこにロシアから助け船が来る。「ドブナが気前よく恵んでくれました。高純度の鉄58を、なんと二一グラムも。それを机の引き出しに入れた僕は億万長者！」。ロシアの苦境を知っていたドイツは恩返しに、ロシアが喉から手の出るほどほしがる電子機器と検出器をオガネシアンに贈った。オガネシアンの外交手腕が実を結んだといえよう。

108番ハッシウムの実験で手応えはつかんでも、ビームの最適エネルギーは決めきれていない。そうこうするうちGSIには利用待ちの行列が延びる。ほかの部門も加速器を使いたいのだ。ホフマンは110番合成用に四週間の枠をもらっていたが、どちらのやり方がいいのか、アルムブルスター所長との論争は続いていた。最後はホフマンが「わが道」を行く。「所長がグルノーブルに出張しました。マシンの改良は僕がほぼ全部やってきたから、実験も彼抜きでやろう、とね」

一九九四年一一月九日、飛ばすイオンを鉄から28番ニッケルに変え、ビームを弱めてみた。「思いもかけず一日後に、もう最初の壊変系列がつかまった。四週間後には、完全な壊変系列をつかめましたよ」

GSIは一〇年ぶりに新元素を照準にとらえた。ジグルト・ホフマンとヴィクトル・ニノフを含めた全員の心が浮き立つ。

その直後、もっと嬉しい報《しら》せも届く。自分たちのあとに控えていた加速器実験が、準備に手間どっているという。元素合成チームは追加で一七日間のビームタイムをもらえた。110番を見つけたいま、手をこまねいている理由はない。ホフマンが思い出す。「今度は標的を［鉛より陽子がひとつ多い］83番ビスマスに変え、111番を目指しました。すると年末までに111番を示す壊変系列が三回もつかまって……いい年でしたよ」。ただしGSIの独走だったわけではない。一九九五年の元旦にミュンツェンベルクは、オガネシアンから電話をもらう。ロシアも110番合成に挑んできたという報せだった。GSIは、ドブナ・リヴァモアの合同チームに、かろうじて一か月先んじたことになる。*

もはや110番と111番は確定だった。不眠不休の実験で心身ともにくたくたのチームは、さらに先を目指すかどうかと悩む。反応断面積はさらに減り、できる同位体の半減期も〇・二ミリ秒を切る。成功はおぼつかないが、次に挑みたいという気持ちをどうしても抑えられない。約一年後の一九九六年一月、ホフマンやニノフをはじめチーム全員の準備が整い、82番・鉛に30番・亜鉛のイオンをぶつけ、112番を目指す。すると、GSIはすぐ金脈を掘り当てたかにみえた。

ホフマンが解説する。「一週間後、お昼の少し前にニノフが、何かつかまえたようですと言ってきました。『ぜひ見せてくれ』と、データのプリントアウトを頼みましたよ。エネルギーと時間、核種の重さをプリントする単純な作業です。ニノフは、『じゃあ、午後イチでおもちしますね』。午

＊バークレーも（弱いながら）110番の壊変系列を見つけた。低温核融合を使ってギオルソらが、一九九四年六月に「原子一個だけ」の観測を発表する。しかし後日ギオルソが地団太を踏むとおり、原子一個では裏づけが弱いし、新元素づくりで二番手に意味はない。

後イチに来ないので、どうしたのかと訊きました。キーボードを一回たたくだけなのに、『時間がなくて……』とか、いつになく歯切れが悪いんです。何時間かあと、ようやくプリントアウトをくれました。データの一部に欠落があるし、ふつうの壊変系列には見えません。これじゃあ論文にできそうもないな、次回の実験に期待しよう……と言っときました」

「一週間後、112番の完璧な壊変系列がつかまりました。エネルギーも何も、全部が合っています。すごい論文になるって、てんやわんやの大騒ぎでしたよ。一週間前の（ニノフが見せた）壊変系列にも、論文中で軽く触れようとは決めましたが」

ジグルト・ホフマンは、やや気詰まりな間合いをとった。

「……そうは問屋がおろさなかったんですけどね」

第17章　元素詐欺　一九九九〜二〇〇二年、幻の114〜118番、本物の110〜112番

バークレーのダーリーン・ホフマン女史は、大学キャンパスから登る途中に建つ研究所の居室で、サンフランシスコ湾の眺望に見入っていた。観光名所のひとつ、アルカトラズ島のだいぶ古びた連邦刑務所が遠望でき、その先では金門橋の下に霧がたなびく。一九九九年の四月一九日、月曜日。グレン・シーボーグが存命なら八七歳の誕生日だった〔二か月前の二月二五日に永眠〕。

彼女は五〇年ほど前、女性研究者もいるのだと人事課が悟るまでロスアラモスのラボに入れず、99番アインスタイニウムと100番フェルミウムの発見にかかわれなかった。そんな彼女の部下から、重要な報告がありますとの電話が入る。電話口で確認したかぎりでは、脳裏を一瞬よぎったトラブルの類じゃなく、何か吉報のようだった。

七十代を迎えたホフマンは、気のいい老婦人に見える。浅はかな大学院生が、甘いボスだと勘ちがいしてホフマン研究室を選んだ。「甘い」が都市伝説だということは、少し話せばすぐわかる。

とりわけ、１０５番を（正式名のドブニウムではなく）ハーニウムと呼ばない学生は、非道にも締め上げられる。厳しさと情を兼ね備え、化学界で尊敬を集めるホフマンは、核科学の存続に人生を捧げてきた。たとえ、学生の鍛え直しに汗をかきながらでも。

独露の後追いレースでバークレーは、どうにか最終コーナーを曲がったようだった。一九九三年にスーパーＨＩＬＡＣがお役御免になったあと、直径二・二メートルのサイクロトロンが稼働中。ギオルソ製作のＳＡＳＳＹも引退させ、感度のぐっと高いガス充填分離装置（今度は緊急バルブつき）が動いている。

マッティ・ヌルミアはフィンランドに帰った。世代交代で三人の新入りがいる。ひとりはかつてホフマン女史のポスドクだったケン・グレゴリッチ。ひょろりと背が高く、顎《あご》ひげの手入れを怠らず、頭頂の髪がやや心もとない彼は、近隣のシリコンバレーに特有な「よく学び、よく遊べ」精神を体現する。研究に疲れを知らず、二四時間の走行距離を競うウルトラマラソンが趣味だった。一九八〇年代の中期からホフマンの下で働き、冷戦時代のいざこざを知らない新人類だ。慎重で根気よい切れ者のグレゴリッチには、超フェルミウム戦争当時の泥仕合など、歴史のひとこまにすぎない。ひたすら「いい仕事」をしたかった。

二人目は、ポーランド・ワルシャワのソルタン原子核研究所からフルブライト奨学金で来たロベルト・スモラニチュク（常勤用の予算がなく、客員として雇用）。理論屋の彼はＧＳＩ（ドイツ）滞在中に、常識外れの計算結果を発表していた。１１５番から先で反応断面積は減るいっぽうではなく、六七〇ピコバーンもの同位体がありうるのだという。一九四〇年代なら「検出不能」でも、元素ハンティングの技術に磨きがかかった二〇世紀末、六七〇ピコバーンはサッカーなら「がら空きのゴール」に等しく、原子が週に何百個もつかまるだろう。チャンスさえもらえれば、スモラニチュクにはドブナがねらっている元素の先、118番さえつかまえる自信がある。突拍子もない計算結果だったが、超重元素の世界では突拍子もない発見がしじゅう起きてきた。

三人目が期待の星だ。バークレーは元素探索界のスーパースター、ヴィクトル・ニノフをドイツのGSIから引き抜いていた。公式には第一線を退きながらもまだ自転車で通う八十代のギオルソは、その新入りに望みを託し、周囲にこう言っていたという。「ニノフ君を見ていると、若いころの……えっと……ギオルソ君を思い出すなぁ！」。ギオルソの眼鏡にかないGSIのお墨つきもあるニノフを、ラボの責任者ホフマンも信頼しきっていた。グレゴリッチがチームを率いてマシンを動かし、GSIから引っさげてきた斬新なソフトでニノフがデータを解析する。ソフトの中身は当人しか知らないけれど、それでかまわない。なにしろ解析にかけては世界トップのプロなのだ。

ホフマン女史は、スモラニチュクの大胆な理論にも望みを託す。ドブナが114番の合成を発表したあと、バークレーはわずか八か月後に追試でき、前進の準備は整っている。だがバークレーには、十分なプルトニウム244もカルシウム48もない（また、丘の上とはいえ人口密集地で、放射性プルトニウムの使用に許可が出ない）。選択肢は絞られている。やれそうなのは「ロベルト（・スモラニチュク）の反応」だけ。36番クリプトンのイオンを82番・鉛にぶつけ、118番をつくる反応だった。

ホフマンもギオルソも、てきぱき実験にかかれと若手をせかす。スモラニチュクの理論が正しいなら、GSIやドブナに先を越されかねない。後日ギオルソが『ニューヨークタイムズ』紙の取材にこう答えた。「［それは］誰もやる気になりそうもない妙な反応でした。でも、まぁ方法は単純だし、当たって砕けろでしたよ」。グレゴリッチは、二・二メートルのサイクロトロンは高性能なので、118番がすぐつかまらなくても、装置の改良でどうにかなりそう……と請《う》け合いつつ首を縦に振る。そうなるとニノフも折れて、「じゃあ」とデータ解析を引き受けた。

実験は、ホフマンが「吉報」の電話を受ける一〇日ほど前の一九九九年四月八日に始め、四日間続けた。案の定、当初は何も起こらない。チームは復活祭《イースター》の休暇で引き払い、ニノフひとりがラボに残った。休み明けに出勤したホフマンの部屋を、グレゴリッチとニノフ、ウォルター・ラブランド（オレゴン州立大学から来て修業中）のトリオが訪れる。データを一枚もっていた。

ニノフの解析ソフト「グーフィー」が、核融合産物の足跡としか見えない三つのきれいなアルファ壊変をつかまえていた。うち二つまで、スモラニチュクの理論にぴったりと合う。解析から出てくる数値も美しく、ノイズとは思えない。

ニノフが頬を緩めて言う。「ロベルトに神様が降りてきたのかな?」

バークレーは、なんと118番をつくったのだ〔118番はアルファ壊変で116番・114番になっていくため、あとの二つも合成できたことになる〕。

ホフマンの部屋に結果を届ける前から、担当の三人ともが半信半疑だったという。ラブランドの第一声は「いったい何が起きたんだ?」。グレゴリッチも動転した。ニノフ自身も結果に面くらったふうで、ホフマンを含めまだ誰にも口外しないようにと釘を刺す（それにはラブランドとグレゴリッチが反対)。話を聞いたホフマンは、軽く高ぶりながらも冷静だった。科学は検証を経て前に進む。再現できない結果に意味はない。幻かもしれないものに飛びつくほどウブではなかった。

だから彼女はこう応じる。「わかったわ。もう一度やってみて」

チームは「ロベルトの反応」を起こそうと二度目の実験にかかる。五月の第一週、スモラニチュクの理論にぴたりと合う壊変系列がつかまった(以前に見えた不完全な系列は無視)。ドブナが114番の原子一個を見つけたとき、IUPACは「発見」と認めなかった。118番は、うちの三個なら決定打だ。ホフマンもギオルソも、オガネシアンの鼻先で新元素をかっさらえる……と内心ほくそ笑む。新元素の命名にも気がはやる。バークレーは二年前に106番シーボーギウムを確定させた。今度の118番は「ギオルシウム」か?

冷戦期の「確認ミス」続出が骨身に染みているバークレーは、ミスの可能性をつぶそうと、まず学内の審査にかけた。審査員は、イオン源から加速器、検出器まで洗いざらいダブルチェックする。どれも問題なし。ついに確信したホフマンとギオルソは一九九九年の六月に記者会見を開き、発表論文の中身を公表した。実験に少しでもからんだ人はみな連名にした論文で、筆頭著者がヴィクトル・ニノフ。ホフマンとギオルソが、同年に出した本『超ウランの人々』にこう記す。「ニュースはむろん科学界の度肝を抜いた。疑問の余地はみじんもない。超重元素の島はある!〔……〕114番と116番、118番の存在は確実。この成果が、まっさらな研究領域を拓いた」

ダーリーン・ホフマンは、なんとグレン・シーボーグの誕生日に、悲願だった「自分の元素」を手に入れる。夢かと思うほどの快挙だった。

だがじつは夢だった。
ホフマンとギオルソも仲間たちも、科学史上、最も大胆な詐欺の犠牲になったのだ。

＊　＊　＊

研究にミスはつきものだ。自然科学は、ミスを修正しながら前に進む。考え抜き、実験をくり返して、少しずつ真実に近づく。結果を捏造《ねつぞう》し、自分自身や世間を偽る不正（詐欺）は、万が一にもしてはいけない。誘惑は多いだろうが当人の信用は地に堕ち、同僚を巻き添えにするほか、ラボの株を大きく下げもする。物理学で名高いのは、ドイツ出身のヤン・ヘンドリック・シェーンが二〇〇〇〜〇一年、滞在中の米国ベル研究所で芋《いも》づる式に発表した「有機超伝導体」だろう。捏造とわかった時点で、有名学術誌に出していた論文二八本がとり下げられた。

ほぼ同時期の「118番スキャンダル」が重元素界を見舞った激震は、シェーン論文の比ではない。バークレーの発表から数か月後にめっきがはがれ始める。ドイツではGSIが、バークレーの結果を追試していた。重元素の合成は一九九六年からあと不首尾が続き、新所長ハンス・シュペヒトはジグルト・ホフマンに発破をかけた。ホフマンの回想を聞こう。「所長命令で動きました。さっそくビームタイムをもらい、118番の追試です。クリプトンのイオンビームも、鉛の標的もある。けど一週間後、何も結果が出なくて所長が雷を落とします。『あんな実験が再現できない？君らはぼんくらか！』ってね。以後の二週間も結果はいっさい出ません」（シュペヒト氏に取材したら、彼はこの件を憶えていなかったが、ホフマンとシュペヒトは没交渉になっているわけでもないようだった)。

フランスと日本も追試をしたけれど、奇跡の壊変系列は見つからない。もっと妙なのは、研究集会に出たニノフがバークレーの大戦果を語りたがらないこと。フロアから質問が出ると煮え切らない態度を見せて、答えをはぐらかすとか、GSI時代のように忘れたふりをした。時の人が、人生最高の業績に口を閉ざすのだ。

二〇〇〇年の春にバークレーは、批判をかわそうと再実験した。以前はたちまちつかまった現象が、さっぱりつかまらない。118番の壊変系列など見えない。翌年までチームはデータを見直し、第三者にも実験結果の解析と助言を依頼した。

二〇〇一年の四月にチームは、クリプトンのイオンを鉛にぶつける実験をやり直した。ビームタイムを三分の二ほど消化したあたりでニノフが、待ちかねた報せをもたらす。彼の解析結果は、118番のアルファ壊変をまたもきれいに見せていた。

全員が肩の荷を下ろすはずのところ、雲行きがあやしくなる。ラブランドが解説してくれた。「時がたつうち、解析ソフトの『グーシー』を使える人間もでてきていました。僕のポスドクだったドン・ピーターソンがそう」。過去の手順を検証しようと若いピーターソンは、ニノフが解析する前の生データに立ち戻り、壊変系列が見えるかどうか当たってみた。「そのドンが、『あの壊変系列など見えません！』って言うんです。そのとき、疑念が頭をもたげました」

ラブランドはピーターソンの結果を確かめようと、マシンから生データを引き出した。しかしニノフの言うアルファ壊変は見えない。ラブランド発言をまた引こう。「同じ解析ソフトを使っても、ニノフとドンで結果がちがう。そんなことはありえない。だから僕はみんなに、何かがとんでもなくまちがっているって警告しましたよ」

二〇〇一年の六月にはチーム総がかりで、一九九九年の生データ記録テープを調べてみた。ニノフが解析する前、マシンが吐いたままの情報だ。その中に、ホフマン女史が見せられた結果など見つからない。そこで第三者委員会も「118番の証拠はゼロ」と結論する。証拠など、何ひとつなかったのだ。

バークレーは過去数十年、ロシア人のデータを疑い、あざけってきた。いまそれが自身に降りかかる。ダーリーン・ホフマンの花道を飾り、ギオルソの大戦果になるはずのことが悪夢に変わった。気も滅入る話し合いの結果、ニノフを除く全員が論文のとり下げに合意する。データの再解析で証拠がつかめないことにはニノフ自身もうなずきながら、一九九九年に自分がやった解析の結果はしぶとく撤回しない。

もう誰もニノフには耳を貸さない。解析ソフト「グーフィー」がときどき暴走するのはわかったが、データをつぶさに当たった結果、一九九九年に誤作動したはずはない。かりに誤作動があったにせよ、予測どおりの壊変系列を三回も吐いたとみるのは論外だった。また、三つの第三者委員会は、生データのテープから誰かが壊変現象のデータだけ消した可能性もないとみる。すると可能性はひとつしかない。最後に召集された委員会の結論はこうだった。

一九九九年に発表した118番壊変系列の少なくとも一個と、二〇〇一年のデータで発表候補にした壊変系列は、明らかな捏造だった。データ解析ソフトの出力をテキストエディタに入れたあと、中身をシナリオどおりに改変するか、データがそもそも含んでいなかった現象を挿入するかで、118番の壊変系列に見せかけていた。

つまり一九九九年と二〇〇一年に誰かが、生データに「118番の痕跡」を突っこんだ。データを解析した誰か、自分だけ生データを見た誰か、自分にしか解釈のしかたがわからないソフトを使える、その人物が。

委員会の結論はこう。「本件は、118番の壊変系列をニノフが捏造したと考えないかぎり、ありえないことだった」。二〇〇二年にバークレーは、ヴィクトル・ニノフが捏造をしたと決めつけ、彼を解雇した。

むろんバークレーは批判の矢面に立つ。たったひとりに解析を丸投げし、捏造の隙《すき》をつくった……とも酷評される。「世界に名をとどろかせていた人間を雇い、まっとうな仕事を期待したんですね」、とグレゴリッチが『ニューヨークタイムズ』の取材に答えた。捏造など思いもよらないことなので、防ぎようはなかったのだ。

同じ記事にギオルソのこんな言葉もある。「不謹慎ですが、シーボーグが亡くなっていたのは幸いでした。まだ健在なら論文に名を連ね、立つ瀬がなくなっていたはずですから」

＊　＊　＊

ドイツ・ダルムシュタットのＧＳＩでは、ニノフが米国に移って捏造の恐れもなくなったあと、110・111・112番の合成を確認した。それでもジグルト・ホフマンは、自分たちが「無傷」だと確かめたい。一九九四年から九六年まで「奇跡の三年間」に得た生データを部下にチェックさせた。よもや捏造はあるまいな……。

取材のときホフマンが言った。「三〜四時間かけて見直した結果、84番ポロニウムから82番・鉛へのアルファ壊変と思えるものが見つかりました」。だがそれは、加速器実験で生じがちなノイズにすぎないとわかる。「プリントアウトも調べさせました。古いコンピュータは、それぞれバージョン番号があって、計算機センターで調べられます。ニノフが使ったコンピュータは別のバージョン番号で……彼はノイズを『112番の痕跡』に変えていましたね。時を追って少しずつ値を突っこみ、112番のアルファ壊変に見せかけた。ただし完全に正確なものじゃなかったので、何かおかしいと気づきました」

ジグルト・ホフマンは、はたと思い当たる。一九九六年のあの日、ニノフが昼食前に112番の「発見」を告げたあと、何時間も待たされてからプリントアウトをもってきた場面だ。「数時間」の意味に気づいて息を呑む。あのとき、あたふたと細工をしていた?

「新所長（シュペヒトの後任ヴァルター・ヘニング）にそう伝えました。いい助言をくれましたね。

ニノフが扱ったデータはくまなく見直そう、と。見直したら、110番の壊変系列に、やはり捏造らしきものがひとつ見えました」。観測した壊変系列三四個のうち、捏造の二個だけがひときわ目を引く。すかさずGSIは「変造系列」の論文を、「データの一部が整合しないので」と撤回する。

むろんほんとうの意味は、関係者の全員が知っていた。ジグルト・ホフマンのチームに幸いしたのは、彼らがずっとニノフのあやしい壊変系列を慎重に扱ってきたこと。捏造とおぼしい二個を捨てたら、残るデータに揺るぎはない。樽の中身が全滅しないよう、腐ったリンゴ二個を捨てたわけだ。以後一〇年ほどのうち、GSIがつくった元素はどれも本物だと承認される。

むろん元素の名前も考えた。一九九七年一二月一〇日をホフマンは「命名日」と決め、チーム全員のほか、フィンランドのマッティ・レイノも、ドブナとブラチスラヴァ（スロバキアの首都）からの客人も呼ぶ。提案された候補名をホフマンがひとつずつ読み上げ、ドブナからの客人アンドレイ・ポペコが黒板に書いていく。三〇個に絞ったあと全員で意見を言い合った。ホフマンがこう書き残す。「侃侃諤諤《かんかんがくがく》の議論だった。それもチョークで赤丸をつけながら、元素三つ分の候補が残るまでひとつひとつじっくりと」

110番はGSIの立地から「ダームスタチウム」と決まる（ドイツで110は警察《ポリツアイ》の電話番号だからとアメリカンスクールの生徒たちが提案した「ポリシウム」は却下）。111番と112番では、昔の大物科学者を讃えたい。そこで111番は、X線を発見したヴィルヘルム・コンラート・レントゲンから「レントゲニウム」となる。最後の112番は、地動説を唱えたルネサンス期の賢人ニコラウス・コペルニクスから「コペルニシウム」に決めた。

さしあたり以上三つが、ドイツがつくった最後の元素になる。一九九九年の時点でドイツのチームは、126番まで探れそうな「超重元素ファクトリー」をつくろうと夢見ていた。ジグルト・ホフマンは、ドブナ・リヴァモア連合軍を出し抜けると確信し、アクチノイドの標的にカルシウム48のイオンをぶつける実験を申請するも、あえなく却下された。取材のとき、こう内実を打ち明けた。

「高温核融合の実験は準備万端だったのに、却下されたんです。しかも毒を含んだ言いかたで。万策が尽きましたよ[*]」

＊　＊　＊

ヴィクトル・ニノフは悪びれもせず、「自分は無実」の一点張りで、二〇〇二年二月、バークレーの調査委員会にこう抗弁している。「どんな形であれ、データの細工や不正に手を染めたことはありません。［……］意図的なデータの変更、追加、創作、捏造、入れ替え、削除、隠蔽など、絶対にしていません。［……］研究はいつも誠実に進めてきました」

世界のあちこちを訪ねてきたが、私はニノフの肩をもつ研究者に会った覚えはない。一件を口にしたくもない人が多い。なぜあんなことをしたのだろう?……と首をひねる人がほとんどだ。

その問いには答えにくい。みんなをかついで名をあげようと安直に考えたはずはない。捏造したアルファ壊変系列が（やがて見つかる）現実の系列にぴったり合う確率はゼロに等しく、全員をだませるわけもないのだから。事実、GSIのジグルト・ホフマンは「112番の壊変系列」をひと目で捏造と見破っている。

成果をあげるのが絶対というプレッシャーもなかった。あのとき、新しい元素を合成できなければニノフは立場が悪くなるなどとは、誰も考えていない。彼はもう元素三つの発見にからみ、実績は折り紙つきだった。

ギオルソは、推測も交えつつニノフの胸中を忖度《そんたく》する。バークレーに時間稼ぎをさせたかったのでは？　たとえ捏造でも「結果」があれば、ビームタイムを稼げて実験を継続でき、いずれ本物の118番に行き合えるというのだ。だがそれもおかしい。スモラニチュクの理論は、多くの人が眉《まゆ》唾《つば》とみていた。成功のおぼつかない実験に、十分なビームタイムを使わせてもらえたはずはない。

ラブランドに言わせるとこうなる。「ヴィクトルが何を、なぜやったのか、誰にもわかりません。とことん考え抜く才人ですよ。その理由を私に訊かれても、見当もつきません。たぶん、自分は現象を予測できるんだと過信していたんでしょう。心中はついに読めませんでした。ほぼ毎日のように話をしていたんですけどね。あるとき彼は、自分以外の誰かが細工をしたのかも……と口走りましたが、それはどうみてもナンセンス」

いちばん核心に迫るのは、ジグルト・ホフマンの推測か。「妙に符合するのは、［まず110番を

＊内部調査報告の文面から、ホフマンの愚痴も誇張ではないとわかる。しかし、GSIが元素レースで後れをとる理由をすべて一件のせいにするのは、誤解を招きかねないし、関係者に対して不誠実というものだろう。真実はもっと複雑だ。

捏造した日が」一一月一一日だったこと。ヴィクトルが『見た』と言う壊変の半減期は一一・一九分でした。ドイツのお祭り「聖マルティンの日」は、一一月一一日の午前一一時一一分に始まります。だからふざけ半分だったんじゃないか？　ふざけついでに、知ってしまったんですよ。データを小細工できるうえ、それに誰も気づかないって」。米国に渡ったあと、118番を「見つけた」日がグレン・シーボーグの誕生日だったのも、数字遊びをからめた冗談だったのか？

　ラブランドに言わせると、ニノフ事件は科学のポジティブな面を浮き彫りにした。「科学はきちんと機能しています。何か異常な結果が見つかっても、それが正しければ「実験を重ねるにつれ」どんどん確実さが増す。そうならないこともあって、見るからにすごい結果が発表されても、誰ひとり再現できなければ撤回されます。本件の場合、それに捏造が加わってしまいましたけどね」。科学は自己修正し、正しい答えを見つけながら前に進む。ニノフの場合、悪事がばれて「発見」は撤回された。一件落着。もはや前だけ見つめればいい。

　そうはいってもニノフ事件は、超重元素の研究界をぐらつかせた。かつてニノフと意気投合し、アルプスの別荘に彼を泊めてやったハインツ・ゲーゲラーも、裏切られた気分だという。取材のとき彼が言った。「バークレーはヴィクトルを大歓迎しました。サポートは万全。それほどの人物だから、解析の中身など誰も疑いません。目も当てられない悲劇でしたね。バークレーは痛手を受けたかって？　もちろんですよ。バークレーは偉大でした。そんな組織が捏造にからむなど、部外者としても思いたくはない。まぁ波風も収まりましたが」

　一件は、半世紀を超すアル・ギオルソの華麗な研究歴に汚点を残す。研究歴まだ二〇年のケン・

グレゴリッチがこうむった痛手は、それ以上だろう。二〇年が経ったいまでも、あの件がなかったら輝かしいキャリアを歩めたのでは、と他人に言われるのは辛いようだ。そのあたりを訊いたらグレゴリッチは、もう勘弁してほしいと逃げた。「暗黒の一時期でしたが、もう過ぎたこと。封印しておきたいんです」。よくわかる。

仲間がいちばんの同情を寄せるのは、ラボの責任者ダーリーン・ホフマン女史だ。若いころは性差別のせいで99番アインスタイニウムと100番フェルミウムの共同発見者になれず、今回は、新元素の発見者になる夢を一歩手前で断ち切られた。バークレーにいた研究者がこんな感想をもらす。新「(118番を) つかまえたと思った私たちは、新元素を彼女に捧げる腹でした。ダーリーンの元素になるはずだった。論文の撤回はさておき、彼女が何も手にできなかったことが心残りですね」

第18章　米露の祝宴　一九九九～二〇一二年、114番・116番

一九七七年のこと。五歳のドーン・ショーネシーは生涯の宝と出合う。七〇年代の後半をカリフォルニアで過ごした少女たちは、着せ替え人形のバービーに夢中だった。けれどドーンが夢中なのは映画の『スター・ウォーズ』。銀幕のスクロール文字を追い、ジョン・ウィリアムズの音楽を聴き、スター・デストロイヤーがレイア姫を追うシーンを観たとたん、心をわしづかみにされた。ライトセーバー（光の剣）と空中戦から、埃の舞う砂漠と冷たい宇宙空間、賢者ジェダイ（オビ＝ワン・ケノービ）の胸を打つ言葉と悪役ダース・ベイダーの耳障りな呼吸音まで、『スター・ウォーズ』にはすべてがあった。その年だけで二〇回も観たし、翌年から発売のフィギュアは葉書で注文しまくった。届いたらすぐ包みを破り、はるか遠くの銀河に思いをはせつつ、映画のシーンをフィギュアに再現させる。友だちにはよくこうけしかけた。「バービーなんか忘れるの。こっちのほうが断然クールなんだから」

一九八五年に一家はロサンゼルス市のエル・セグンド地区へ引っ越した。サンタモニカ湾とロサンゼルス国際空港にはさまれた一画だ。封切り時の『スター・ウォーズ』がかき立てた熱狂の波も引き、近所の子たちは次の映画や変身ロボットに興味を移していた。だがショーネシーは変わらない。銀河帝国が惑星オルデランを粉々に爆破するシーンを観て、「すごいレーザー」で遊ぶような道に進みたくなる。つまり科学者になりたかった。

たいていの子と同じく彼女の親も、単純な回路基板から実験室の模型まで、いろんな科学キットを買ってくれた。何日かいじると飽きてしまう子とちがい、部屋に閉じこもってハンダづけしたり削り粉でカーペットを汚したりする。どんなキットも最後まで仕上げたし、新しいのを次々にほしがった。エル・セグンド高校の化学実験室はお粗末で、化学の授業も退屈だったから、家で自分の実験を始めた。やがてカリフォルニア大学バークレー校の化学科に入って核科学と恋に落ち、その分野に進もうと心を決める。

だが一〇年ほど遅かった。一九九〇年代初めの核科学は衰退の一途。前にも書いたとおり、米国スリーマイル島（一九七九年三月）とウクライナ・チェルノブイリ（一九八六年四月）の原発事故が、推進力を削《そ》いでいた。若者たちは、自由な発表もままならない核研究の秘密主義にそっぽを向く。大型予算は昔話で、各地の国立研究所も他分野の仕事を始めている。「どうしよう。ひどい分野に来ちゃったわ」と戸惑いつつも彼女は、残党的な研究者から助言をもらおうとする。

そこで女性の大物ダーリーン・ホフマンと面談した。ホフマンは、ショーネシーの資質、つまり元素研究に欠かせない才能と芯の強さをたちまち見抜く。また、ラボの外ではふつうに暮らしたいと、半世紀来の自分そっくりな気持ちをもつこともわかった。だからこう誘う。「うちに来なさい。大学院も行くの。学部とはまるでちがうのよ。丘の上で一緒にやりましょう」

環境学専攻のショーネシーには、縁遠くもない話だった。米国は当時、ラボが出す放射性廃棄物への法整備が弱いと悟り、「浄化に役立つ研究」を奨励していた。けれどホフマン研究室に入ったショーネシーは、超重元素ハンティングのほうに心を引かれていく。やがてケン・グレゴリッチやヴィクトル・ニノフと一緒に直径二・二メートルのサイクロトロンを操るようになり、徹夜仕事も引き受けた。超重元素の研究は、錬金術の現代版かとみえた。心躍るそんな仕事に、呪文や儀式ではなく、ブラスター銃（のようなサイクロトロン）で挑むのだ。

やがて「118番」の大々的な発表で当事者のひとりになる。ショーネシーも、ほかの学生やポスドク（博士号取得後研究員）も、天にも昇る思いだった。博士号をこれからとろうという二十代の自分が、歴史に残る論文の共著者なのだ。

だが一件は、たちまちのうち苦い記憶になってしまう。ニノフ事件がバークレーの丘に激震を見舞ったあとの彼女には、一件に巻きこまれた無実の仲間と同様、科学者としてのキャリアを守るための戦いが待っていた。

＊　＊　＊

118番の論文撤回と続く騒動の記憶がよみがえるのか、うんざり顔でショーネシーが言う。

「えぇ……履歴書にあれを書くと……なにしろ狭い分野ですからね、仕事探しで面接のとき、『あのバークレーご出身？』とわざわざ念押しされます。ここリヴァモアに応募したときは、ナンシー・ストイヤーさんが『じゃあニノフ論文に連名ですね？』のひとこと。『ご存じでしたか。光栄です』と開き直るしかありませんでした」

いま四十代のショーネシーは物静かな女性だ。気の利いたしゃれや、研究の楽しい逸話を交えつつ話してくれる。神妙な面持ちをひょいと変え、いたずらっぽい笑みを浮かべたりもする。少女時代からのこだわり（科学と『スター・ウォーズ』）は変わっていない。『フォースの覚醒《かくせい》』が公開された二〇一五年など、映画館に行く回数をチームで競い、二桁の差をつけて彼女が勝ったという。取材のときは私のオタク度を試そうというのか、開口一番「アソーカ・タノはご存じ？」と詰め寄った。リヴァモアは核政策の本山だから、入館時に身分証の提示を要求される。ショーネシーはそれだけでは許してくれず、ひとつ追加の要求をした。ダース・ベイダーを演じたデヴィッド・プラウズのサイン入りポスターを手に入れて送る……と約束してくださいね。

リヴァモアはバークレーから地下鉄で一時間半。電車はオークランドの中心街を出て球場の脇を抜け、海辺沿いに走る。乗り換え一回のあと、湾を抱くように連なる丘の麓の地下を這い、光あふれるリヴァモア渓谷に着く。『ナルニア国物語』のカリフォルニア版か。スモッグにかすむ大都市、体を冷やす海風、通勤客が駅や通りにひしめく世界から、のんびりした田園地帯に放りこまれる。美しい丘の麓で万事がゆったりと進むリヴァモアは、ジョン・マルシャン市長に言わせると「両極端と極上の」街だそうな。「ここはカリフォルニア最古のワイン産地です。ナパはせいぜい車の部品を買うくらいの町ですが、リヴァモアは本物のワインをつくっています。名高い国立研究所が二つもできました。世界最速級のコンピュータも、最速のロデオもある。ロデオは一頭あたり八秒ですけど、二二個のゲートを使う三〜四時間のショーもやります。世界最長の点灯時間を誇る電球は(一九〇一年以降)まだ切れていませんよ」

電灯の話は出まかせじゃない。二四時間監視のライブカメラ映像をネットで見れば、なるほど点灯を続けている。まぁ電球はさておき、リヴァモアでいちばんの宝はローレンス・リヴァモア国立研究所だろう。

一九五二年の創立時はバークレーの支所にすぎなかった。五〇年代の末はポラリス大陸間弾道ミサイルを開発していた。いまはバイオテロ対策や核拡散防止、エネルギー・環境保全の国立研究拠点だ。二・五平方キロの敷地に五八〇〇人が働き、年間予算は一五億ドル。核化学部門には二三五人いて、約九〇〇〇万ドルにのぼる予算のほぼ八割を実用化研究、二割を基礎研究に使う。アーネスト・ローレンスが創始したビッグサイエンスをこつこつと進めている。

いま超重元素研究の専従はいない。超重元素は、折に触れ研究意欲をかき立てるだけ。ショーネシーは非常勤でリヴァモアの国立点火施設にも出向く。そこにある世界最大・最強のレーザーは、アメフト競技場三つ分の広さをもつ。ゆくゆくは四万個に近い光学部品で一九二本のビームを絞り、綿棒の頭ほどの標的に当てる。標的の温度は一億℃、圧力は一〇〇〇億気圧を超す。かりにレーザーが本格作動したら、消費電力は米国全土の消費量に迫るという。地球上では『スター・ウォーズ』の「デススター」にいちばん近い？　ショーネシーのお気に入りに決まっている。

彼女は二〇〇〇年にバークレーで博士号をとり、二年後にリヴァモアのポスドクとなって、ドブナ・リヴァモアの共同研究にも加わった。* そのころまでにチームは、ニノフ事件と同じようなことがバークレー・ＧＳＩ以外のラボにもあるのではと疑う人への完璧な反論を思いついていた。ショーネシーが解説する。「うちの手順は逆。[ドブナが] アルファ壊変を見つけて核分裂を推定したところ、うちは核分裂を見つけて、そのあとアルファ壊変を調べます。両方の壊変系列が合えば鉄壁ね」。リヴァモアではストイヤー夫妻（化学のナンシー、物理のマーク）が、モンテカルロ法というシミュレーションを試す。モンテカルロのカジノにちなむ方法で（うわさでは、発案者の叔父がギャンブル資金を親戚から借りまくっていたとか）、ランダム事象にひそむ法則を見つけるのだ。コンピュータ上でおびただしい数のシナリオを走らせた結果を統計処理し、法則を浮き彫りにする。かたやロシアはその逆を行き、実測データ中にアルファ壊変の痕跡を探した。ドブナ・リヴァモアの結果は二人の人間によるダブルチェックを受けなかったが、まったく別の方法を使う二つのラボにチェックされていたというわけだ。

捏造事件の後遺症に悩むバークレーと、予算カットにあえぐＧＳＩを尻目に、ドブナ・リヴァモア連合軍はヒットを連発する。両国とも技術の蓄積があり、カルシウム48のビームも使えた。二〇〇二年に高温核融合で１１４番、１１６番、１１８番の気配をつかむ（偶数番の元素はつくりやすい）。二〇〇三年には１１５番もでき、** そのアルファ壊変産物（１１３番）もつかまえた。どの元素の半減期も、「安定の島」がないとした場合より何桁も長い。とはいえ、まだ中性子が少なすぎ、「上陸」は果たせなかった。

ドブナは未知元素への突撃を再開した。すると、超フェルミウム戦争の時代らしさがぶり返す。ひところは紳士的に対話できたのに、冷戦時代の敵対心と疑心暗鬼が息を吹き返した。ナンシー・ストイヤーの回想ではこうなる。「うちが114番をつくったとき、バークレーは温かく讃えてくれました。でも118番の合成を発表した瞬間、藪《やぶ》から棒の手のひら返し。ただの反感や粗探しじゃありません。『ロシア人などと組んで、まともなことができるはずはない』という言いがかりさえありましたよ。最初の原子一個だけは、なるほどランダム事象だったのかもしれません。それも正直に発表したんですけどね」

ぎくしゃく感が強まっていく。二〇〇三年にナパで開いた会合の際、ユーリイ・オガネシアンが114番の話を始めるやダーリーン・ホフマンが気色《けしき》ばんで立ち上がり、OHPシートをプロジェクターで映しながら「何ひとつ確認されてません」と食ってかかる（ある研究者が冗談めかし、「ワインがどっさり待っている研究会で、あれはないよねぇ」とあきれていた）。

＊マーク・ストイヤーに言わせると……「［ニノフ］論文に名を連ねた若手には発言権はなかっただろうし、何かを変えるのは無理だったでしょう。四番目や五番目の［論文］著者は元素発見の中核部分にタッチしたわけでもないため、彼らを悪しざまに言うのは、おかどちがいというものでしょう」。

＊＊115番には妙な逸話もある。一九八九年にボブ・ラザーなるUFO研究家がラスベガスのテレビ番組で、自分はネバダ州の秘密軍事施設「エリア51」で働き、政府の依頼でUFOを逆行分析した……UFOの動力源は（そのころ未発見の）115番元素だった……と発言。ただし本書はオカルト雑誌ではなく一般向け科学書だから、深入りはしないでおく。

ホフマン女史の言い分はわかる。重元素の合成は、放射能や核分裂、飛び交うイオンが織りなす大嵐の中、原子一個の足跡を見つける話だ。半減期の値が未知だし、同位体の特定もしにくいため、やっつけ的な補正をした「発見」は、いずれ正しい結果がわかってゴミになる。科学の研究は、一に再現、二にも三にも再現なのだから。理論物理学者のウィトルド・ナザレヴィッチが『ニューヨークタイムズ』紙上で言ったとおり、「十分な目配りが肝心〔……〕測定誤差がどうこうじゃなく、測定自体が至難の業だから。統計処理できるかどうかの瀬戸際で彼らは格闘している」。

ショーネシーに言わせると、「〔相棒の〕ドブナ以外は、114番さえ信用してくれません。永遠に無理そうな雰囲気。何を言ってもケチがつく。うちも実験をくり返し、『励起関数』も確かめて、どれも整合性はよさそうでした。でも、『よそも納得させなきゃ』とはなりませんでした。私たちはきちんと科学をやってきたという自負があったから」。

二〇〇九年三月にリヴァモアのケン・ムーディーは米国化学会の年会（ソルトレークシティー）で、核化学部門の表彰を受けた。賞の名は、誰あろうグレン・T・シーボーグにちなむ。マーク・ストイヤー部門長のもと（彼いわく「あれはケンが人生初のタキシードを着た日だな」）、受賞記念の特別プログラムをショーネシーが企画した。彼女がこう振り返る。「ひとつサプライズがありました。〔バークレーの〕ケン・グレゴリッチが寄ってきて、こう言ったんです。『ほやほやのデータがあるんだ。誰も見てないやつさ。おたくの114番を、うちも確かめたばかりだよ』」

流儀の差は多々あれど、バークレーは科学に焦点を当てていた。自力で元素をつくれるほどのビームタイム（必須の資源）はなかったが、よそが発表した核反応の追試ならできる。発表論文のエネルギー値に合わせ、実験して結果を見ればいい。空いたビームタイムでグレゴリッチたちはドブナ・リヴァモア連合の実験を追試し、同じ結果を得た。ショーネシーが思い出す。「腰が抜けそうな心地だったわ。うまくいくとは誰も思っちゃいなかった。他人のデータを再現したら新元素の発見になるなんて、数十年のうち初めてでしたね」。これでようやく、冷戦の終結からほぼ二〇年後、長かった超フェルミウム戦争にも幕が引かれたことになる。

だがリヴァモアとドブナでは、もっと大事なことも起きていた。いろいろと工夫しながら研究者たちが自分たちの「はかない子ども」の化学的性質を当たってみたら、新しい超重元素はあらゆる化学のルールから「はみ出す」ように見えたのだ。

＊　＊　＊

二〇一六年一〇月一四日、五時起きのロベルト・アイヒラーは厚手のヤッケを着こみ、実験の準備をしようと、まだ薄暗いドブナの街に歩み出た。背が高くて肩幅の広い男が、氷点下の街をとぼとぼ進み、ＪＩＮＲ（合同原子核研究所）のゲートへ向かう。父親が旧東独からドブナへ来た研究員だったためここで育ったようなアイヒラーにも、今度の実験は初めてだった。

武装した守衛の立つゲートをのろのろと抜け、フリョロフ核反応研究所のドアを押す。階段を上って、オガネシアンの居室がある小ぎれいなホールを突っ切り、コンクリート造りの加速器ラボへと足を運ぶ。タイルの割れとロシア語の警告表示が目立つ埃っぽい空間を抜け、回転警告灯とブンブンうなる装置類の脇を過ぎ、狭い金属台の上に載せた実験装置に近づく。陰気な闇を見下ろす縦穴の上、ベランダのように張り出した台の上だ。

アイヒラーはスイスのパウル・シェラー研究所からドブナに移ってきていた。スイス人とロシア人、日本人の集う彼のチームは一か月のビームタイムをもらい、114番の合成に挑んでいる。予定より三時間も早くシステムが異常停止していた。消えたものは何もないはず——アイヒラーにはわかっていた。全員が片づけをして帰宅したから、仲間の実験記録は無事だ。また彼は、114番はできても週にせいぜい原子一個のペースだということも知っていた。だから、空白の三時間に「次の一個」を見逃した確率はそうとう低い（ただし超重元素の世界では、数時間や数分、ときには数秒が命とりになる）。いちばん貴重な資源のビームタイムは、研究者生命とストレスの源だ。

アイヒラーも、一か八かのとき以外、気ままにやりたい人だった。

アイヒラーの実験は、化学者の興味を大いにそそる。周期表の「穴」が見つかるかもしれない実験だった。

周期表は「性質の規則性」をもとに生まれた。縦の列（同族）には性質の似た元素が並ぶけれど、「そっくりさんどうし」でもない。たとえば14族トップの炭素は言わずと知れた非金属だが、下端に近い鉛は正真正銘の金属だ。16族の硫黄は悪臭を示すけれど、同族のセレンやテルルはほとんどにおわない。また17族トップのフッ素は、同族の塩素や臭素より反応性がはるかに高い。化学の研究は、そうなる理由を探る営みだったとみてもよい。

たとえばこんな問題がある。核の正電荷（原子番号）が増すにつれ、核に近い軌道を運動する電子のスピードが増し、光速に近づく。すると、アインシュタインの相対論に従い、電子の質量が増していく。それを「相対論的効果」という。室温の水銀が液体なのも、金がきらきら輝くのも、鉛蓄電池はできるがスズ蓄電池はできないのも、相対論的効果のいたずらだ。一般に、元素は重くなるほど（核の正電荷が多くなるほど）、周期表上の位置から予想される性質と、実際の性質との食いちがいが増す。

超重元素（104番以降）でも番号の若い元素なら、性質はおおむね従来の予想と合う。だが原子番号が増すにつれ話が変わる。114番の気配を見てから約二〇年、研究者たちはその化学的性質を知ろうとしてきた。なにしろ不安定なため、高校でやる滴定のようなのんびりした実験はできない。そこでアイヒラーは速くて単純な方法を工夫した。加速器内で114番ができた気配を見たら、何かに固定するのではなく、不活性ガスを詰めた石英容器に追いこんだあと、（原子が付着しない）テフロン内張りの毛細管を通し、セレン層一六枚の並ぶ（アレイ形）検出器と、金めっき板一六枚のアレイ検出器に向かわせる。その仕掛けを、不安定でも「ベランダ」から突き出る姿にしたのは、加速器内の標的に近く、114番の生成〜検出の時間差が最小になるからだ。それでも、生まれた114番が検出器に届くまで二秒ほどかかる。二秒もたてば114番は、アルファ壊変で112番コペルニシウムに変わっている。

アイヒラーのアレイ検出器では、一六枚の素子（セレンと金）に温度差をつけておく。飛ぶ原子から見て、遠くの素子ほど温度が低い。コペルニシウムと同じ12族の元素（亜鉛、カドミウム、水銀）はどれも、特有な温度で金とアマルガム（合金）をつくるか、セレンと化合物をつくる。一六枚のどれがアルファ壊変の「ピコーン」信号を出すかわかれば、コペルニシウムがセレンや金と反応した温度がわかる。その結果をもとに、コペルニシウムの「熱力学的性質」がつかめる。

実験してみた結果は妙だった。「ピコーン」信号が、室温と超低温の二か所で出る。それだけでも異常だが、さらに化学の原理を思い起こせば、輪をかけて妙な話だとわかる。周期表上で同族元素を下へたどれば、ふつう熱力学的性質も規則的に変わる。だがアイヒラーの結果を見ると、114番と112番の性質は、それぞれの族（14族、12族）に合いそうもない。実験は始めたばかりで、再現されないかぎり超重元素の特性だといえないけれど、どうみても相対論的効果のせいに思えた。

バークレーのジャクリン・ゲイツ〔第5章〕が、状況をこう説明してくれた。「不思議でしたね。114番は、室温や液体窒素温度（氷点下一九六℃）で金と結合するのに、中間の温度では結合しない。化学の常識にまったく合わないふるまいで、いまのところ、その二つを矛盾なく説明できる理論はありません」

いまリヴァモアでショーネシーのチームが、まさにそこを調べている。114番はたぶん、いまの化学法で調べられるぎりぎりの元素だ。かつては化学法の限界をはるかに超えていた104番ラザホージウムや106番シーボーギウムも、かなり大変だが性質の調べはできる。『ケミストリー・ワールド』誌の取材に答えてショーネシーがこう言った。「［超重元素の］化学的性質をつかむのは、簡単じゃありません。同族元素の性格を目安に、周期表を下にたどって結合がどう変わるかを説明する理論はいくつかあります。理論のどれかが正しいなら、私たちはいま、周期表の読みかたを一新しようとしているのかも」

ショーネシーの相棒（『スター・ウォーズ』ならパダワン？）に、ジョン・デスポトポロス君がいる。むさくるしい無精ひげを生やし、長髪をポニーテールにまとめた彼は、114番の奇妙さを知り抜いている。「114番の性質は同族（14族）の鉛とずいぶんちがい、むしろ12族の水銀に近そう。いま私たちは、周期表の風景を描き直しているのかもしれません」

デスポトポロスは、寿命が二秒以上の元素を調べている。鉛とスズ（114番フレロビウムの同族とみてよい元素）のほか水銀（別の族）も調べ、三つをすばやく精密に分離できる方法を探す。いま彼は、炭素と硫黄の原子がつくる「チアクラウンエーテル」の分子を、金属イオン捕獲用の「わな」にしようとしている。今回も周期表の知識を使う。硫黄は、鉛や水銀などの金属と強く結合する。新しい方法が仕上がったら、それを114番にも試してみるというわけだ。「その結果、114番が［鉛と同じ］14族でいいのか、それとも常識に反して［水銀と同じ］12族に近いのかわかります。話の根元は量子力学でも……まぁ化学の話ですね」

化学は化学でも、私たちの自然観を揺さぶりかねない化学の話だ。

＊　＊　＊

二〇一二年の五月三〇日にＩＵＰＡＣ（国際純正・応用化学連合）が、114番と116番の証拠はもう完璧、とお墨つきを出す。それを受けてリヴァモアとドブナは協議のうえ、それぞれ一個ずつ命名しようと決めた。

114番はフリョロフの名から「フレロビウム」。彼がクルチャトフとの縁でロシアの原水爆開発にからんだという批判をかわすため、「フリョロフ個人とフリョロフ研究所」にちなむ命名です……とチームは力説した。こうしてフリョロフは、周期表上でシーボーグと同居することとなる。二〇世紀の元素ハンティング界で、自分のラボを率い、不安定の海に沈む未知元素の世界を開拓した二大巨頭の名が永久に刻まれたのだ。*

ショーネシーの意見も効いて、リヴァモアの名も刻まれた。マーク・ストイヤーが解説する。「うちは、ローレンス・リヴァモア国立研究所という組織と、リヴァモアの街、元素合成にからんだ全員のため、116番に『リバモリウム』を選びました。まぁ山ほど元素を見つけたのなら、頑張った全員の名前を借りるところですけどねぇ」

シーボーグがバークレー市長に「街の名が元素名（バークリウム）になりますよ」と伝えたとき、市長はまるで無関心だった。だがリヴァモア市長のジョン・マルシャンは一報に接し、誇らしさを隠さなかった。大学で化学を専攻し、水道問題をなんとかしたくて政界に入った人だという。

マルシャン市長を表敬訪問した際、お昼をご一緒した。目抜き通りに面した店のテラス席で肉料理をつつく。ソフトドリンクの泡が涼しげにはじける。「I ♥ San Francisco」のセーターはいらない陽気だ。うららかな日差しに、遠くの丘々が輝き立つ。通りの向こう、小さな広場に置かれた木のベンチいくつかを、地元の芸術家がストリートアートで飾った。ベンチの背もたれに、ボーアの原子モデルや、粒子加速器で実験中の科学者など、科学研究のシーンが描いてある。

市長が解説してくれた。「ここがリヴァモア通り122番地。あの広場は116番地ですからね、

『リバモリウム広場』と名づけました。この町が特別な場所だと市民の皆さんにもわかるよう、絵をちりばめたんです。リバモリウム広場の命名式にお招きしたドブナの市長さんが、いいことを言いましたね。いつかリヴァモアやドブナの街がなくなるとしても、知の世界が存続するかぎり街の名は周期表に残るんですよ、って」。話は地元の学校にも及ぶ。二〇〇二年に116番チームは、特別予算としてもらった五〇〇〇ドルを高校の化学教室に寄付した。エル・セグンド高校の戸棚が空っぽだったのをショーネシーが思い出したのだ。彼女は次代を担う子どもたちに、科学への道を逃してほしくなかった。

ドブナとリヴァモアの絆は固い。表敬訪問し合う市長たちが、114番と116番の命名を祝う調印式を挙行した。その調印式も当世ふうで、マルシャン市長は「リバモリウム」タイに「リバモリウム」タイピンをつけ、「リバモリウム」ペンで署名した。最新のドブナ訪問団は、リヴァモアのワイングラスを手土産にした。市長が当時を回想する。「フリョロフ研究所に着いたとき、温度計の読みと環境放射能の表示にびびりましたが、『そうだよなトト(『オズの魔法使い』に出てくる犬)、ここはカンザスじゃないんだしね』という感じ。ユーリイ・オガネシアン先生と、リヴァモアのワイングラスでウォッカをやりましたよ」。米露の同志たちは新元素を、お酒の名に使おうと決める。ドブナのJINR(合同原子核研究所)は独自ブランドのウォッカをつくり、リヴァモア

＊「フレロビウム」は、一九九〇年代に「提案」されても「使用」されてはいないため〔第15章〕、異論なく承認された。

も「リバモリウム」ワインをつくった。地元のゴルフクラブも「リバモリウム・カップ」を創設する。原子あたりの値段が金・銀・銅をはるかに超すリバモリウムは、賞の名前にふさわしい。

その結末を知れば、一九八九年にヒューレットとフリョロフがやった会談〔第14章〕の途方もない意義がよくわかる。フレロビウムとリバモリウムは、化学の新しい手駒になったばかりか、地球のほぼ反対側にある二つの市の「化学結合」を促しもしたのだから。

113番は、もっと目覚ましい仕事をする。ある国の悲願をついに成就させたのだ。

第19章　日いづる国のビーム　二〇一五年、113番

終戦から三か月後の一九四五年一一月下旬、進駐軍は巨大な金属物体を船上から東京湾に次々と捨てた。デッキに並ぶ水兵たちが小首をかしげ、舷側《げんそく》へ引きずられていく物体に見入っている。舷側でロープをほどき、物体を傾けたあと海に突き落とす。妙な物体の群れは、バシャーンと大きな水音をたてて墓場へと沈んだ。

岸壁に立つ仁科芳雄《にしなよしお》の心が曇る。海に没していく金属塊は、自分がつくったサイクロトロンの残骸だ。つい一か月前には使用継続を許され、いまごろは医学や化学、冶金学に役立てているはずだった。しかし米国の陸軍長官ロバート・パターソンが心を変える。五日間ぶっ通しの作業で米国第八軍がマシンを解体した。同じ部隊は少しあと、大阪帝国大学と京都帝国大学のサイクロトロンを破壊したほか、とり乱した研究者の冗談を真に受けた結果、ベータ線観測用の分光器も壊してしまう。日本の加速器を根こそぎにする蛮行だった。

そのころ仁科は世界でも指折りの核物理学者だった。一九一八年に東京帝国大学の電気工学科を出て理研（理化学研究所）に入る。一九二一年にヨーロッパへ渡り、デンマークのニールス・ボーア研究室に留学した。帰国後は自分の研究室を立ち上げ、原子世界の秘密を探る旅につく。

理研はかなり特異な組織だ。学界と財界のコラボ作品とみていいいかもしれない。一九一七年、大国に追いつきたい科学者が創設した理研の使命は、旗振り役だった実業家の渋沢栄一《しぶさわえいいち》に言わせると、「模倣の国を創造の国へと脱皮させ［……］純粋な物理と化学の研究を推進する」こと。当初は政府の支援がなかったから、創設資金は民間の寄付を仰ぎ、一部は皇室から下賜《かし》された。仁科にとって理研は量子力学の研究をする理想郷、たっぷりの財源で新元素探索にも突き進める場所だった。

二〇世紀に入って以降、日本は元素発見の分野で国名を世界にとどろかせたかった。あと一歩で逃した元素が二つある。一九〇八年には、東京帝国大学化学科を出た小川正孝《おがわまさたか》（一九一九～二八年の東北帝国大学総長）が、英国ユニバーシティ・カレッジ・ロンドンのウィリアム・ラムゼー研究室に滞在中、トリアン石（酸化トリウム鉱物）の分析で、未知元素らしきものを見つける。一八九五～九八年に貴ガスのアルゴンとヘリウム、クリプトン、ネオン、キセノンを発見していたラムゼーは、成果を論文にしなさい、と若き留学生の背中を押した。小川は43番を見つけたと信じこみ、祖国の名から「ニッポニウム」と命名する。帰国後も東北帝国大学で追試を続けたけれど、いい測定器がないせいで、科学の命といえる再現性の確認もままならない。小川の発表は最終的に無視される。どうやら彼は75番（現在名レニウム）を見つけ、43番だと勘ちがいしたらしい。43番と75番はともに7族で性質が似ているため、とりちがえたのもうなずける。

仁科も、元素ひとつの発見物語にからむ。彼は一九三七年、アーネスト・ローレンスの設計をなぞって自前の（米国外では初の）サイクロトロンをつくる。90番トリウムを中性子で叩き、ウランの新しい同位体、ウラン237を得た。ベータ壊変すれば（そのころ未発見の）93番になる同位体だ。つまり彼は、エドウィン・マクミランやフィル・アベルソン〔第2章〕に先んじて、ほぼ確実にネプツニウムを見つけた。ただし小川と同様、最後の詰めができなかった。*

仁科が新元素の確認にもがいていた一九四一年四月、先立つものが底を突く。太平洋の覇権《はけん》を争う日米開戦の足音が高まる時期、理研は暗号名で「ニ号」と呼ぶ作戦に巻きこまれる。原爆づくりが目的の事業だった。科学面を仁科（「ニ」の由来）が率い、ウラン235の濃縮に挑む。

仁科自身は、資源がない日本の原爆づくりを危ぶんでいた。**ただしニ号作戦が始動すれば、サイクロトロン用の予算が手に入る。だから軍の指令に従った。一九四四年に理研がつくった二二〇トンのサイクロトロンは、バークレーのマシンと双子かと見えた。表向きは原爆開発に使うとしても、研究用の頼もしいツールになる。仁科はそのホンネを顔に出すことなく黙々と仕事を進めた。

ほどなくニ号作戦はつぶれてしまう。一九四五年四月に理研の研究棟が空襲にあい、ウラン濃縮用の拡散分離装置がやられた。一か月後、枢軸国の命運を賭けて五六〇キロのウランを積み、日本

* 仁科がとり逃がしたネプツニウムの元素記号はNpで、小川の「ニッポニウム」もNpだった。その奇縁はなかなかおもしろい。
** 米軍と同様、日本軍の高官も原爆に無知だった。あるとき連絡役だった陸軍の某少将が仁科にこう質問。「爆弾に一〇キロのウランが必要らしいが、ふつうの爆薬一〇キロじゃダメなのかね？」

に向かっていたドイツ海軍のUボート《ウー》（潜水艦）が、大西洋で連合軍に捕獲される。六月には仁科も政府に原爆計画の打ち切りを告げた。どうあがいても原爆などつくれません……。

一九四五年八月六日の朝、仁科の心を揺るがす凶事が起こる。広島に落とされた爆弾が一二・二平方キロの市街を焼け野原にし、建物の約七〇％を破壊したのだ。爆風と直後の火災でおよそ八万人が命を落とす。約七万人を数える負傷者は、たいてい熱で衣服と皮膚がくっついていた。緊急招集された政府の秘密会議で仁科は、トルーマン大統領が出した声明文を見せられる。憮然《ぶぜん》とした高官連に彼は、声明文にある「原爆一個はＴＮＴ火薬二万トン以上の破壊力をもつ」が、ありうる話だと証言した。

原爆が大日本帝国にピリオドを打つ。被害をその目で見ようと広島に出向いた仁科は、職員のひとりにこんなメモを残す。「今度のトルーマン声明が事実とすれば吾々《われわれ》「ニ」号研究の関係者は文字通り腹を切る時が来たと思ふ」。被爆地の視察が彼の心を土台から揺るがせた。

仁科は戦後、サイクロトロンを国の復興に役立てたかった。だがマシンが海に沈むのを見て、もう打つ手はないと思い知る。後日『原子力科学者会報』誌に書いている。「もはや［サイクロトロンが］科学に貢献する機会は奪われてしまった」。米国オークリッジの科学者たちも同調し、マシンへの冒瀆《ぼうとく》を「理不尽な愚行。人類に対する犯罪」だと非難する。日本の科学は文字どおり水没した。

けれどもそれは、降りかかった火の粉の一部でしかない。長い歴史を誇る日本が初めて他国に占領されたのだ。国民は飢え、勝者の米国に文化も遺産も踏みにじられた。ただし仁科は天職を放り出さず、米国の友人に手紙を書いて、核物理の先端知見を教えてほしいと頼む。だが反応はそっけない。「いまの貴国は全国民が飢えている。私が貴兄なら鍬《くわ》を手にとる」

親身の忠告も受け流して仁科は研究を再開する。彼が他界する一九五一年の日本は、ひとたびつぶれた科学力の再建途上にあった。まだ日本にゆかりの元素はない。理研は、小川正孝と仁科芳雄の遺志を実らせ、世界に向けて発信する使命を負う。創設を助けた皇室への恩返しという意味でも、せめてひとつ新元素を見つけたい。

＊　＊　＊

二〇一七年の七月に訪れた東京は熱波のさなか。気温が四〇℃を超そうとも都心のざわめきは衰えない。スシ詰めの電車内では通勤客が、少しでも涼をとろうと手で顔をあおぐ。道を行く制服姿の生徒たちは暑さも何のその、スマホから目を離さない。歩行者には上からも周囲からも電子音が襲いかかる。見上げると街角のLED大画面でアニメのキャラが通行人の目を奪い、キャラの背後で万華鏡のごとく星が飛び散っていた。張り巡らされた地下鉄は、遅れなどなく運行され、ホームのスピーカーから流れる小鳥の声が、束の間だけ乗客の気分をなごませる。それが日本だ。熱波ごときで動きが止まることはない。

タコの足さながら縦横に走る地下鉄東京メトロ。その有楽町線の終点、埼玉県の和光市駅に着く。せわしない都心からほぼ二〇キロ、のんびりした郊外だ。南口の改札をどうにか抜けて歩道に上がる。ふと足元を見れば、二〇一六年の暮れに設置したという青銅の路面板にH（水素）と刻んである。一〇メートルほど先にはヘリウム、次がリチウム、ベリリウム……と続く。原子記号を追っていくと、パチンコ屋の電子音とジャラジャラ音もやがて消え、住宅や企業の社屋がぽつぽつと建つ静かな郊外に出た。行き着く先が、仁科加速器科学研究センター（仁科センター）をもつ理研の和光キャンパスだ。

日本最大の研究機関といってよい理研は、薬学や農学、神経科学ほかの先導研究で名高い。いま予算はほぼ全部が国費だけれど、かつての成果も含む製品群として、体脂肪を燃やすエナジードリンクや、塩ビ素材、コハク基材の化粧品などが全国で売られる。二〇一〇年に仁科センターの研究者は加速器で桜の組織に炭素のイオンをあびせた。遺伝子変異で生まれた新種の「仁科乙女」は、年に二回も花をつける。桜の花見が春先のトップニュースになる国では快挙だった。

そんな話に惹かれて理研を訪ねたわけではない。理研がなぜ一九九〇年代に超重元素レースに参入したのか、またどうやって113番の合成レースに勝ちを収めたのか知りたかった。113番元素は、駅から続く路面版の最後尾に彫られ、そこで立ち止まれば、目の前が理研の門だ。

「もう路面板を置く場所はないのでは？」と、ガイドの大西由香里《おおにしゆかり》さんに訊いてみる。彼女は私を空調の効いたセンターの本館へと案内する。「次にまた見つけたらどうするの？」

「知りませんよ」と彼女はにこやかに返す。「たぶん、本館までのどこかに置くでしょ。そのあとは屋内ですね」

元素探索の記念品があちこちに見える。仁科センターのロビーには、あらゆる核をまとめた「核図表」が、三万ピースのレゴで立体展示してある（背の高い同位体ほど不安定）。「安定の島」を囲む凹《へこ》み部分が、「ほれ、ここまでおいで」と元素ハンターをじらしているかのようだ。

米国やヨーロッパで、新元素の発見をテレビが大きく報じるのは珍しい。だが日本で元素の発見は、国の悲願だった。いずれ理研が命名権を得る元素の原子一個が見つかった日のことを、延與秀《えんよひで》人《と》・仁科センター長が思い出す。「娘は高校生でした。その日は私も高校に出向くはずのところ、ちょっとしたことが起きて行けない、と断りました。すると娘は『113番ができたんだ！』。娘の学校じゃ生徒はみんな、うちの研究を知っていたんですね」

黒い髪をきれいに分けて若く見える延與が、笑みを絶やさず、自身の経歴を飾る成果について楽しそうに語る。でもまずは、おみやげを渡さなきゃ。社交が儀式化され、作法と序列に気を使う日本では、おじぎの角度をまちがえただけで恥をかくという。名刺を渡すときは（必ず渡し、同席の全員と名刺交換する）、両手の指で端をもち、受けとってもらう。もらったら向こうの素性を確かめたあと、ポケットに入れたりせずちゃんとした場所に置く。向こうが目上なら、自分の名刺を下にする。初対面なら手みやげが欠かせない。ガイジンの私まで縛る作法ではないものの、郷に入ったら郷に従う。延與は顔をほころばせ、私のおみやげ（王立化学協会のマーク入りクリケット帽）を受けとった。よしよし、どうにか合格らしい。

延與が本題の口火を切った。「新元素の発見は、わが国の夢でした。過去の失敗を帳消しにしたかったんです」。失敗とは小川正孝が「見つけた」幻の「ニッポニウム」だ。日本では失敗を重く受け止める。「仁科芳雄もそうですよ。ある元素の合成を試みました。うまくいったんですが……

そう、確認できなかった。けど、いまの知識に照らせば、明らかに、つくっていたんです。命名まで行けなかっただけ。日本には［元素の発見が］百年の宿願だったといえます」

期待を一身に背負ったのが森田浩介《もりたこうすけ》研究員（現 超重元素研究開発部長）だ。彼を主人公にした漫画さえある。小太りで頭髪がややさびしく、分厚いメガネをかけた人物が最近の森田だそうな。

福岡県出身の核物理学者。博士号をとらず一九八四年に九州大学の大学院博士課程を退学し（とる能力がなかった、とご当人の弁）、理研の研究員になる。一九九二年にドブナへ渡り、ユーリイ・オガネシアンのもとで元素合成の修業をした（一九九三年に九州大学で理学博士号を取得）。日本が元素レースに乗り出したとき、おのずと彼に白羽の矢が立つ。延與がこう振り返る。「三〇年以上も前に森田君は［元素合成に］のめりこみました。世界に追いつくには一〇年かかりましたね。二〇年前に私たちは、世界最強の加速器をつくったんです。それでようやく競争に入れた。二〇〇三年に始めた実験が勝利につながったわけですよ」

延與の言葉に誇張はない。理研の重イオン線形加速器（ＲＩＬＡＣ）は、怪物めいたドイツ・ＧＳＩのマシンに引けをとらない。検出器もたぶん世界最先端だった。ただしカルシウム48が手に入らず、放射性の標的を使えるマシンでもない。だから米露が高温核融合に突き進んでいたころ、日本は低温核融合に頼る。

やむなき決断だったとはいえ、それがハードルを上げてしまう。反応断面積が小さいから、ドブナ・リヴァモア連合軍に比べ、核融合の確率も低い。だが森田チームには無限ともいえるビームタイムがあった。元素合成は、たとえば1から１０００００までの数字が書かれたルーレット賭博だと思えばいい。回し続けていれば、賭けた目がいつか必ず出てくれる。低温核融合も、続けさえすればいつか成功する。ライバルが「当たり」を引く前に結果が出るよう祈るだけ。

大穴ねらいのギャンブルに似ている。

二〇〇三年、83番ビスマスを30番・亜鉛70のイオンで叩き始めた。翌年に初ヒットを打つ。半減期〇・三四ミリ秒の同位体だった。しかしレースは負けに思えた。半年ほど前にドブナ・リヴァモア合同チームが、115番のアルファ壊変産物（113番）を報告していたから。

とはいえ両組織の発表は、すぐ受け入れられたわけではない。どちらの実験でも、最初のアルファ崩壊系列から未知の同位体群ができていた。つまり、従来の知識にぴたりと合う結果ではないため、成否の見きわめがむずかしい。また、奇数番の元素でままあるとおり、実測のエネルギー値がばらつくせいで、既知のデータと合わないという面もある。行司役のIUPAC委員会は、両組織が「ほぼ同時に」「そこそこ確実な」状況証拠を得たと判定したものの、元素が「確実にできた」といえるほどではなかった。

延與が解説する。「要するに、合理的な疑いのないレベルで113番をつくったのは誰か、ですね。試合の審判に似ていましょう。ある審判が『Aの勝ち』と判定したとき、負けた側が『判定ミスだ』と抗議する。私たちは、ただただ驚くばかりでした。……ドブナは113番を直接つくろうとしてイベントを二個つかまえた。そのひと月後、うちは一個のイベントを確かめた。合成はドブナが先行したのに、あちらは匙《さじ》を投げたんです」

延與の言葉は半分だけ正しい。一歩先んじたドブナ・リヴァモア連合軍は、データ補強用の化学実験に軸足を移していた。匙を投げたのではなく、外堀を埋めようとしていた。連合チームにいたマーク・ストイヤーに言わせると「うちは一回の実験で原子を二個つかまえた。効率がいい！　そのあと大事な念押し実験をしていただけ。諦めたなんて、滅相もない」。

両組織とも合成実験に立ち戻り、二〇〇五年にはどちらも次の「ヒット」を確認する。だがそれもまだ、合成の「確証」には足りない。延與の言う「審判」のたとえなら、「ストライク三つ」で相手をアウトにする必要があった。

最終決着には、それからじつに七年もかかる。

＊　＊　＊

一九二七年、オーストラリア・ブリスベーン市にあるクイーンズランド大学のトーマス・パーネル教授が、見かけは固体でもじつは液体……の実例を学生に見せてやろうと思い立つ。ピッチ（貝の付着を防ぐ船底塗料などに使う原油成分）を熱し、ドロドロになったものを漏斗《ろうと》に注ぎ、漏斗の先端を封じる。三年後に先端を切り落とし、講義室のそばの廊下に置いて、ピッチが垂れ落ちるのを待つ。最初の一滴は、八年後の一九三八年にようやく落ちた。

パーネル教授の「ピッチ滴下《ドロップ》」は、連続実験として世界最長を誇る。滴下はほぼ一〇年に一度だけ起き、いままでに九滴が落ちた。実験はライブカメラで監視中（リヴァモアの電球と同様）。パーネルを引き継いだジョン・メインストーンは、かれこれ何十年も実験につき合いながら、ピッチの滴下を目撃していない。一九八八年には、数分の差で間に合わなかった。ナショナル・パブリック・ラジオの取材に、未練たっぷりの口ぶりでこう答えている。「コーヒーを飲みたくなって現場を離れました。戻って見たら落ちたあと。なにやら哲学者の心境になりましたね」

理研の実験は、ピッチの滴下実験どころではない。ピッチの放置に経費はいらないし、いつ落ちるかは一年ほど前に見通せる。けれど理研は、数か月ぶっ通しの一サイクルで毎秒二・四兆個のイオンをビスマスの標的に当て続け、一ミリ秒未満の予測不能な現象をつかまえようとしたのだ。

GSIが優美な施設、ドブナが工事の飯場なら、理研の制御室はさしずめ「抑制の利いたカオス」か。サイバーパンクふう隠れ家といった感じ。会議室を出て階段を昇り、「核図表」レゴの先にある仕事場へ行く。休みなしの二四時間営業。配電盤から電線がごちゃごちゃ延びて、モニターのPCが並び、ゴミ箱にはエナジードリンクの缶と瓶があふれる。どの椅子も年季が入って座り心地がよさそうだ。部屋の中には熱気と根気と苦労が満ちる。制御台の上に、明るい色のぬいぐるみ二つがちょこんと載っている。宇宙服を着たサルかと見えた。

「和光市のゆるキャラ、『わこうっち』と『さつきちゃん』です」、と誰かが教えてくれる。そういえば、日本ではいろいろなところにマスコットがあるのだった。自治体や消防署、学校にもあるという。理研のゆるキャラもあります？

やや気まずい沈黙が落ちる。「えぇと……イエス、ノーの両方ですね。以前は一個ありました。何というか……シロアリです」と言いつつ彼は和光市のゆるキャラをなでる。「宇宙サル」の二匹がお役御免になることは、そうそうないだろう。

大きなモニター画面を見せられた。アプリがあれこれ開いている。白地の枠内に、放射能の時間変化がグラフ化してある。画面の中央には、周囲から浮いた黒地のボックスがあり、真ん中に赤い「×」印が見えた。一九八〇年代のコンピュータゲーム？　遊び心など何もなく、そっけない×だけ。「これが１１３番ですよ」とガイドさん。二〇一二年に１１３番をつかまえた証しだ。「白地の枠内のグラフが、検出の切り札でした」。核融合でできた原子をとらえた信号だという。「赤い×が壊変イベントを表しています」。融合原子のアルファ壊変だろう。「こんな信号から、新元素の原子三個が確認できたわけですね」

小さな×（１１３番原子）をついに見た研究者は、どんな思いだったのか？　昔のビデオゲーム「デザート・バス」を思い出す。プレイヤーは画面上で、アリゾナ州ツーソン―ラスベガスの直線道路を八時間もひた走る。最後まで走れたら一ポイント獲得。その退屈なゲームは、チャリティー募金用のツールに使われた。* 加速器に夜どおしつき合うのは重労働だろう。神経がすり減り、正気を失っていくのでは？　理研では五〇名ほどが合計五五三日分のビームタイムを使ううち、先ほどの「×」を三回だけ打てた。

早い話、ほとんどの時間が空振りだった。二〇一一年ごろにチームは予算の大半を使いきり、実験中止の一歩手前まで追いこまれる。ビスマスと亜鉛は安価でも、電気代に三億円ほど飛んでいた。ＲＩＬＡＣを別のもっと成功しやすい研究に使えという外圧も高まる。だが森田は徹底抗戦した。こう振り返っている。「投げ出すなんて論外。続けていれば、運が味方すると確信していたから」。近くの神社やお寺に詣でるときは、賽銭箱《さいせんばこ》にきっかり一一三円を投げて祈り続けた。

やがて思いがけない試練も見舞う。二〇一一年三月一一日、世界でも観測史上四番目の規模といわれる東日本大震災が突発した。被害は目を覆うばかりで、死者・行方不明者は一万八四三〇人（関連死も入れると約二万二〇〇〇人）を数え、四〇万五〇〇〇戸が全半壊し、被害総額は二五兆円に迫る。三基の原発がメルトダウンし、チェルノブイリ以後で最悪の原発事故だった。あおりで電力料金が高騰する。安いときでさえ肝をつぶすような電気代を請求される仁科加速器科学研究センターは大ピンチに見舞われた。だが元素ハンターは災いを福に転じる。

延與が説明してくれた。「震災で節電が必須になり、業務を縮小せよとの外圧が高まります。だから、『じゃあ実験はひとつに絞りましょう』と応じました。それで、［新元素づくりに］ほとんどの時間を使えたんです。以後の二年は、113番への挑戦だけ。ほかの実験はあらかた手を引きましたね」

二〇一二年の八月に、三度目のイベントがつかまる。モニター上の「×」を指さしながら延與が解説。「アルファ壊変を六つと、ベータ壊変後のアルファ壊変を七つ確かめました。これでもう疑う余地なし。113番を確実につくったんです。成果は福島の被災者に捧げましたよ」

足かけ九年の戦果が、理研を超重元素の分野でスターの座に押し上げた。ウォルター・ラブランドとデヴィッド・モリシーが『現代核化学（*Modern Nuclear Chemistry*）』に、「一日二四時間の実験を

＊「デザート・バス」は奇術師コンビの「ペン&テラー」がつくったパフォーマンスアート作品。毎年、「デザート・バス・フォー・ホープ」という耐久イベントが催され、六〇〇〇万円ほどの募金を集める。

およそ二年続けて、イベントを捉えたのはわずか三日。不撓不屈《ふとうふくつ》の精神が求められる仕事だ」と書いている。リヴァモア国立研究所のドーン・ショーネシーも絶賛した。「日本は筋金入りですね。快挙には拍手喝采するしかありません」

三年後の二〇一五年にＩＵＰＡＣの作業部会が会合をもつ。米露の合同チームも日本のチームも、それぞれ補強証拠をもっていた。米露の結果はスウェーデン・ルンド市のラボが再現した。かたや理研グループは１０７番ボーリウムの新しい同位体をつかまえ、それが１１３番のアルファ壊変系列から生まれたと割り出している。

文字どおりの接戦だったから、１１３番はどちらの手柄になってもよさそうだった。だが作業部会は、ドブナ・リヴァモアの発表を、「合成」の基準全部は満たさないと裁定する。むろん米露は腹の虫が治まらない。最初に１１３番をつくったわけだし、八年の歳月と数千時間のビームタイムをつぎこんでもきた。しかしＩＵＰＡＣ裁定は神の声だ。１１３番の合成者は理研と決まる。*

もう一〇〇年ほど日本は、周期表に元素を載せることを夢見てきた。ついにそれが叶った。二〇一七年三月一六日に盛大な命名記念式典が催され、臨席の徳仁《なるひと》皇太子（いまの天皇）が、長年に及ぶ皇室と理研の絆に祝辞を寄せた。「わたくしが高校二年生のときの化学の夏休みの宿題は、元素の周期表を三〇枚以上、手書きで書くというものでした。大変な思いをして書いたその周期表に、日本の研究グループを発見者とする元素がひとつ加わったということに感慨を覚えます」。日本人にはこれ以上ない賛辞だろう。

ドブナとリヴァモアは、１１４番と１１６番の発見を「フレロビウム」ウォッカと「リバモリウム」ワインで祝った。二〇一〇年に仁科センターは、RILACのイオンビームを酵母に当てて突然変異させ、醸造用酵母の新しい株を手にする。それで日本酒の新銘柄「仁科誉《にしなほまれ》」ができていた。新元素づくりの「大砲」で酵母を変異させ、その産物で新元素を祝うほど、ふさわしいことがあろうか？

113番の命名が、最後の心ときめく仕事になる。IUPACのルールに従い、一一〇年ほど前に小川正孝が「幻の43番」を呼んだ「ニッポニウム」は使えない。だが「日いづる国」を表す国名の読みには「にっぽん」と「にほん」がある。というわけで113番は「ニホニウム」、元素記号Nhに決めた。

＊　＊　＊

「新しい元素や同位体をなぜつくるのかって？　しごく当然の疑問です。半減期が短く、実用になりませんからね」と、理研の化学者、羽場宏光《はばひろみつ》が答えを考えてくれた。一〇年以上も113番を追いかけた、その見返りは何なのでしょう？

＊まずいことに、IUPAC裁定には学術上のミスもいくつかあった。だからドブナ・リヴァモアの合同チームは、いまだに「名誉をさらわれた」と感じている。マーク・ストイヤーに言わせると、「細部こそが肝心。だから、ずさんなIUPAC裁定にはまったく承服できない。新元素の分野に真摯に打ちこんでいる研究者は、またIUPACからひどい仕打ちを受けたというわけだ」。

羽場が言う。「元素は、宇宙にとって、私たちの身体にとって、あらゆるものにとって要《かなめ》となる存在です！　基本粒子のことがわかれば、科学理論の肉づけに役立つ。いま核は三〇〇〇種ほど知られますが、理論上は一万種くらいあるはず。私たちはまだ、元素世界の三分の一しか知らないんですね」

羽場が語るのは最新の核モデルだ。マリア・ゲッペルト＝マイヤーとハンス・イェンセン〔第11章〕の殻《シェル》モデルが核の理解を前に進めたあと、周期表の果てを物理学者はにらみ続けた。裏を返せば、あと何個の元素が発見を待っているのか？　理研のレゴ製「核図表」も、シーボーグやフリョロフが描いた「不安定の海」の地図（図6）も、それを表す。地図に描かれた海岸線を「水切り線（ドリップライン）」と呼ぶ。中性子一個を失った核は「中性子の水切り線」外の海に没し、陽子一個を失った核は「陽子の水切り線」外の海に没する。水切り線の囲む「陸地」に安定な核がある。最新の推定だと（あくまで推定だが）、172番まで「ありうる」らしい。

理研は新奇な核種の探索もしてきた。二〇一六〜一八年に、25番マンガン〜68番エルビウムの新しい同位体をつごう七三個も見つけている。どれも核分裂で生まれ、それまで知られていた同位体より中性子が多い。つまり理研は核を分裂から守るのではなく、むしろ分裂させて楽しみもした。たとえば、ウランの分裂が未知の核断片を生むのではと期待して、4番ベリリウムに92番ウランのイオンをぶつけたりしている。

そんな同位体は、何の役にも立たないのでは？　すかさず羽場が答える。「テクネチウムは史上初の人工元素でしたね」。セグレがローレンスのマシン部品に見つけた43番元素のことだ〔第2章〕。

発見の当時、誰からも関心をもたれなかった。「でも昨今は放射線医療に大活躍です。日本では年に一〇〇万人ほど放射性同位体で治療しますよ。……［ほかに］ランタノイドは磁石や携帯電話に欠かせない。発見時は誰も想像しなかった用途ですね。見た目は似ている元素にも、それぞれ独自の用途があります。性質の似たネオジムとランタンも用途は別で……１１３番にも［ほかの超重元素にも］何か用途があるかもしれません」

いま羽場たちは１０６番シーボーギウムに目を注ぐ。ロベルト・アイヒラーと同じく、高速化学実験で短寿命核の化学的性質を調べている。速い反応を追いかけるのに貴重な「一秒未満」を稼ごうと、ロボットも使う。「これが一例ですね」と羽場が、ＰＣ画面に分子構造の図を呼び出した。結合を六本もつ「星」の中心にシーボーギウム原子がある。線六本の先端部に炭素Ｃが結びつき、そのＣに酸素原子Ｏが結合している。「ヘキサカルボニル」という錯体《さくたい》の分子だ。「シーボーギウムの同位体二種をつくって単離しました。次に一酸化炭素ＣＯを加え、シーボーギウムSgに作用させたら、この分子ができたんです。熱していくとき分子が壊れるようすの解析から、Sg－Ｃ結合の強さがわかるでしょう。それを理論計算と突き合わせます」

そんな営みも、周期表の見直しにつながる。シーボーギウムは74番タングステンと同じ6族だけれど、互いの性質がちがえばどうなるか？　羽場がこう強調した。「周期表の形はこれからも変わらないでしょう。性質はどうであれ、シーボーギウムも原子番号どおりに並べます。……けど、原子番号と性質の変わりかたが想定外なら、そんな周期表に慣れるのはむずかしいですね」

羽場とは反対の意見もある。キログラム原器の廃止と同様、科学は自己修正しながら前に進む。

ある元素の原子番号は不変でも、周期表上の位置は動くかもしれない。たとえばグレン・シーボーグが真実を見抜くまで、ウランはタングステンの真下に置かれていた〔第4章〕。いまそこにはシーボーギウムがいる。リヴァモアのナンシー・ストイヤーもこう解説。「周期表は、性質の『周期性』があればこそ化学で役に立ちます。新元素が特殊なグループに属すとわかったら、それに合わせて動かすしかないわね。周期表は生き物なんですよ」

なるほどね。相対論的効果が元素の性質をどう変えるとか、二〇〇〇年来の化学ルールが破れるのかどうかを調べれば、元素の理解は深まるし、新元素の用途を見つけることにもつながる。思い起こそう。一九七〇年代に米ソのチームは、天然に超重元素が見つかると考え、温泉や砂漠まで探索の手を延ばした〔第11章〕。いまそれは、無駄な努力だったとわかっている。超重元素の性質を誤解していたのだ。ルールを見抜けていなかったせいで、何年もの時間が無駄になった。

ルールの素顔をつかむには、さらに重い元素を見つけるしかない。

＊　＊　＊

理研はニホニウムだけで満足はしない。国民の思いも同じだろう。チームは次の探索にかかっている。新しい実験に向け、重イオン線形加速器ＲＩＬＡＣの改造もする。古いサイクロトロンを使う実験も再起動した。近いうち二基のマシンを並行して動かし、１１９番と１２０番の合成・確認に挑む。どちらの反応断面積もニホニウムより何桁か小さいから、低温核融合のままだと「ヒット三本」には何百年もかかる。だから理研はオガネシアンを見習い、高温核融合にギアシフトした。

線形加速器の改造はおおごとになる。当座の手直しだけで四〇億円以上をかけた。延與の解説を聞こう。「線形加速器の磁石は、まだ全部が超伝導になってはいません。超伝導磁石なら、電荷の小さい状態もつくりやすい。超伝導への切り替えに二年はかかるため、その間、サイクロトロンも使おうと決めました。性能面でサイクロトロンは線形加速器に劣りますけど、いいイオン源があれば弱点も解消できます。線形加速器のビーム強度を上げるまでは、これで119番の探索にかかる予定です」

マシンを改造したら、次の難題も待ち受ける。83番ビスマスに30番・亜鉛のイオンをぶつけてニホニウムをつくったころ、おもな経費は電気代だった。亜鉛もビスマスも安い。だが核融合で標的にするキュリウムは、オークリッジのHFIRに特注して買うしかないため、その経費が年に一億円を超す。だが何億円かかろうと、日の目を見るのが（予定ぎりぎりの）九年後だろうと、理研はけっして引き下がらない。

延與がこう締めくくった。「見つかるまで続けます。たとえ誰かが先んじることになろうとも」。「誰か」はユーリイ・オガネシアンだろう。理研がニホニウムの合成に挑んでいたころ、第7周期の最後尾を埋めた人だ。

第20章　既知の終点　二〇一五年前後、117番・118番

飛行機の貨物室には、ありとあらゆる珍品が収まる。ふつう旅客便の荷物は総重量が数トンにもなり、その中身は郵便物やペットから（空を飛ぶ動物は年に数百万匹）、高級レストラン用の生きたロブスター、金の延べ棒までいろいろだ。二〇一二年にはブリスベーン発メルボルン行きのカンタス航空で、貨物室のワニがケージを出て這い回り、最後は空港の荷物係が御用にした。馬の精子でも、移植手術に使う氷漬《づ》けの心臓でも、何かを急送したいなら飛行機に載せるしかない。

どこまで許すかの全権を機長が握る。機長の権限はひときわ強く、乗客の搭乗を拒んだり、荷物の収納を拒んだり、フライトをやめたりもできる。

二〇〇九年にニューヨークのＪＦＫ（ジョン・フィッツジェラルド・ケネディ）空港で、モスクワ行きのデルタ航空機に妙な荷物が収納された。申告書を見た機長は眉根を寄せる。ゴマ粒ほどの重さの金属片を鉛の箱に入れ、放射能の警告シールが貼ってある。97番バークリウムの試料だった。

それが大西洋を渡るのは今回でなんと五回目。

ドブナではオガネシアンが数年来、117番の合成に挑んでいた。第7周期で空席だった四元素のうち三つまで（118番、115番、113番）は、ほぼ確実につくれている。問題は、20番カルシウム48のビームを使うかぎり、残る117番をつくるための標的が、バークリウム一択になるところ。しかし手元にバークリウムはない。

バークリウムの製造場所は、世界に二か所しかない。ロシア・ディミトロフグラードの原子炉科学技術研究所と、米国テネシー州オークリッジの高中性子束アイソトープ原子炉（HFIR）だ〔第3章〕。両組織とも、商売にならないバークリウムをつくる気はない。バークリウムは、98番カリホルニウムの製造で少しだけ副生する。カリホルニウム自体には、原子炉の起動や、金の鑑定、油井の探査など、確かな用途がある。左隣のバークリウムとちがってカリホルニウムは、初合成から六〇年間のうち、地球上でいちばん値の張る金属になっていた。いまメーカー希望価格は一グラム二七〇〇万ドル〔約三〇億円〕もする。

オガネシアンは、カリホルニウム合成で副生するバークリウムを回してくれるよう自国のディミトロフグラードに頼んできたが、色よい声が返らない。そこで異国のオークリッジに目をつけた。

二〇〇五年にオガネシアンは、テネシー州ナッシュビル市にあるヴァンダービルト大学のジョー・ハミルトンに連絡した。二〇年来の研究仲間で、共著論文が二〇〇本ほどある。冷戦など意に介さないハミルトンは半世紀近く前の一九五九年にドブナを訪れ、半年以上も滞在している。オークリッジにも縁のあるハミルトンがこう回想。「二人でHFIRを訪ね、スタッフと話した。

バークリウムを安く入手するには、カリホルニウム252と抱き合わせで発注すればいいと、こうです」。だが当時、カリホルニウム252を注文する人などいなかった。

ハミルトンは諦めない。以後の三年、三か月に一度はオークリッジに電話で矢の催促を続けた。そのしつこさはスタッフのあいだで語りぐさになっている。あきれたマーク・ストイヤーが感想をもらす。「ドアをがんがん叩いて、バークリウムをよこせ、バークリウムをよこせ……とわめき続けたようなもんですな」

二〇〇八年の八月、ハミルトンの粘り強さがついに報われる。原子炉の作業予定にカリホルニウム生産が組みこまれたのだ。翌九月、オガネシアンは米国のヴァンダービルト大学へ飛び、ハミルトンの核物理研究五〇周年を祝う。カナッペをつまむ歓談のなか、ハミルトンが朗報をくれた。昼食のときにオークリッジの副所長ジェームズ・ロベルトを共同研究に誘ったのだという。バークリウムの話を聞いてロベルトは、その意義をたちまちつかむ。ほどなくオークリッジとドブナ合同原子核研究所(JINR)、ヴァンダービルト大学、リヴァモア(バークリウム製造の経費を一部負担)、テネシー大学(ノックスビル市)の五機関が協力体制をつくった。

二〇〇八年一二月にHFIRでカリホルニウムの生産が始まり、副産物として二二ミリグラムのバークリウムができた。チームは時間との勝負に入る。半減期は三二七日しかない。試料の放射能が十分に減るまで九〇日、続く試料の精製に九〇日かかる。そのあと適切な包装品にしなければいけない。まず化学変化で硝酸バークリウムに変え、できた固体をガラスの小瓶(バイアル)に封入する。瓶が割れないようティッシュでくるみ、鉛の箱(コーヒーメーカーのガラス器サイズ)に入れる。密封した鉛の箱を筒に納めて厳封する。オークリッジのジュリー・エゾルドに言わせると、「その荷姿が『運輸省承認済』だというわけ。ほら、フェデックス国際便みたいでしょ」。フェデックスなみにことが進めばどんなによかったか。「ニューヨークのJFK空港からモスクワへ送ります。チームは何か月もかけ、書類をそろえてきました。でも航空会社が書類をすんなり通しません。突っ返され、指示どおりに直して返送しても、今度はモスクワ税関が突っ返す。半減期が短いので気が気じゃなかったわ。大西洋の上をいったい何往復するんだろうって」

五度目のフライトで望みが叶う。二往復で合計四万キロを飛んだあと、ようやくディミトロフグラードに届き、そこでJINR（ドブナ）へ送る標的づくりにかかる手筈《てはず》だった。けれどまだロシア税関の職員が中身を検《あらた》めたがる。幸い、空港に待機していたドブナのメンバーが、中身は見ないほうがいいよと職員を納得させた。

小瓶を載せたデルタ航空の機長と、中身を見たがった税関の職員は、そうとは気づかないまま、元素発見史の（さしあたりの）最終章を仕上げるのに手を貸した。やがて二〇一〇年四月、ドブナ・リヴァモア合同チームは97番バークリウムにカルシウム48のイオンを一五〇日間も当て続け、117番の原子を六個つくったと発表。二〇一二年にも成功した。二〇一四年にはドイツのGSIが追試に成功する。こうして117番が見つかった。半減期はわずか五〇ミリ秒でも、「安定の島」がないとしたときより一〇桁（一〇〇億倍）も長い。117番のアルファ壊変系列は、娘（115番）を検出した際の結果ときれいに合って、万事が終わる。

二〇一二年の再実験で、棚ぼたの戦果があった。標的バークリウム（97番）のごく一部が、ベータ壊変で98番カリホルニウムに変わっていた。117番づくりに励むかたわら、ついでに「余計な」カリホルニウムもイオンで叩いたら、118番の原子が一個できた。半減期は一ミリ秒未満だったが、リヴァモアとドブナは、オークリッジの助けも少し受け、当面いちばん重い元素もつくってしまったのだ。

ＩＵＰＡＣ（国際純正・応用化学連合）とＩＵＰＡＰ（国際純粋・応用物理学連合）の合同作業部会は二〇一五年一二月、113番の命名権を理研に与えるとともに、ドブナが115番、117番、118番を合成したと発表する（118番の合成機関はドブナとリヴァモア）。* ユーリイ・オガネシアンの率いる共同研究には、いままでに世界六か所の研究所から計七二人が参加した。つくった超重元素は五つにのぼる。一〇〇年以上も「歯抜け」だった第7周期をついに埋めきったのだ。

本書刊行の三年半前、二〇一六年三月二三日に合同チームは一堂に会し、元素の命名を相談した。まずは117番。オークリッジ研究所があるテネシー州から「テネシン」とする。次に115番は、ドブナがあるロシアの首都名から「モスコビウム」に決めた。

リヴァモアにはワイン、ＪＩＮＲにはウォッカ、理研には日本酒がある。テネシー州とくればバーボンだ。そこで物理部門の主任クシュシトフ・リカチェフスキーが、リンチバーグ市にある

＊原子番号の順に元素が見つかれば素直なところ、現実は「114番→116番→115番→113番→118番→117番」だった。この先、119番より先に120番ができても驚いてはいけない。

ジャック・ダニエルの本社へ出向き、「テネシン」バーボンを特注した。ジュリー・エゾルドやリカチェフスキーに「いちばんの自慢」を問えば、新元素の発見ですよと返す。命名発表のあとエゾルドは、『ファラガットプレス』紙の取材にこう答えた。「うちは八歳の娘がいます。ママもあれに関係したのよ……と話してやるとき、天にも昇る心地ですね」。宇宙飛行用の電源をつくるのも火星に探査機を着陸させるのも、「新元素命名に関与」の前ではかすんでしまう。

元素の命名はそれほど重いのか？　ここでもジグルト・ホフマンの見解が最良だろう。「私見ですけど、命名にからんだ人は、一流の研究者になれた達成感と、あれは自分の元素だという心からの所有感覚を感じられるからでしょう。名前をつけるというのは、人間という生き物の本質をなすものなんでしょうな」

最後の118番は、ある人物の宝になった。テネシン命名のあとユーリイ・オガネシアンは、席を外してほしいと頼まれる。彼が部屋を出たあと米露のチームは、オガネシアンをグレン・シーボーグと同格にした。118番を「オガネソン」と名づけたのだ。

その逸話をご当人は取材の折に、ふうと大きな息をついてから語ってくれた。感きわまったかのように、見開いた目をしばたたかせて言う。「言葉になりませんね。仲間が私の名を提案してくれた。一緒に元素を見つけてきた仲間たちが。もちろん、身に余る光栄ですよ。けど、それを与えてくれたのは友人や仲間です。118番ができても、仕事はまだ尽きません。それが最後のピースだというわけでもないし」

理研のチームと同じくオガネシアンも夢を見続け、119番と120番を追いかける。頼もしい仲間は以前より増えている。

＊　＊　＊

新元素の発見にかかわったのは、元素を合成したラボだけ……。そう考えがちだが、とんでもない誤解だ。合成場所はバークレーやドブナ、GSI、理研だけれど、かりにラボ間の共同作業や人材と着想の交流がなかったとしたら、いまもって周期表の最後尾はウランだったろう。

今日、超重元素の世界は元素の発見だけでは語れない。フランスや日本、米国、英国、スウェーデン、ポーランドのあちこちで行われているみごとな研究が、さまざまな形で貢献をしている。現状の一端をつかもうと、今回の取材旅行では英国からいちばん遠い場所、オーストラリアのキャンベラ市にある加速器施設を訪れた。そこではオーストラリア国立大学（ANU）のチームが、未発見の119番、120番以降へ至る道路地図を描こうとしている。着いた日はたまたま大洪水のさなかで、現実の道路は水浸しだったけれど。

キャンベラは、首都の座をシドニーとメルボルンが争った際、妥協の産物として一九〇八年にできた首都だ。丘陵に囲まれた街を人工湖が二分する。手入れの行き届いた芝生や、区画化しすぎの感もある街の姿は、自然の豊かなバークレーやドブナに比べつくりもの感が強い。だが、完璧な計画都市もお天気には勝てない。二四時間フライトの時差ボケと戦っていた昨日、ひと晩で二か月分の豪雨が見舞い、サリヴァンズ運河があふれてANUの構内を水浸しにした。学校も会社も休みになって、オーストラリア原産のセアカゴケグモも高みへ逃れたという。だがビームタイムは貴重だから、洪水ごときで実験は止めない。だから私も作動中の加速器を見学できた。

事務は基幹職員しか出ていないのに、加速器部門の全員が取材のために来てくれた。加速器から徒歩ですぐ、キャンパスの端にある管理棟に集まった老若男女は、仲間意識が強そうだ。若手に修行を積ませるため、三名いる教授が私費を出し合って海外集会に派遣するという。仲良しムードは休憩室にも及ぶ。二つの冷蔵庫に、訪問者の署名がびっしりと残る。「これ、ビール用の冷蔵庫です」とひとりが指さす。「訪問者は帰るとき、一杯やって、冷蔵庫をビールで満杯にするのが決まり。満杯にした人だけが署名します」。それがオーストラリア流らしい*。

和気あいあいのまま建物を出て加速器に向かう。手狭な制御室にくたびれたソファーが並び、一九六八年製の古風な制御盤が目につく。小さな施設だとはいえ、運営と予算の確保、マシンの収納に工夫している。「大砲」が撃ち出すイオンの加速部は、高さ三三メートルの塔の内部で垂直に立つ。塔を囲むタンクに満たした二〇トンの六フッ化硫黄ガス（絶縁材）で、塔と壁の間にできる電位差（一四〇〇万ボルト）が起こす放電を防ぐ。秒速ほぼ一〇キロに加速した下向きのイオンビームを磁石で曲げたあと（サイクロトロンと同じ原理）、水平に飛ばす。そのあとは、ビームの一部を逸《そ》らせて実験に使い、ほかのビームは線形加速器に入れ、GSIと同じくパルス状に飛ばす（226ページ）。加速器の形はやや変わっている。狭い加速器室内のスペースを一センチも余さず使い、何個かのループでビームを曲げてから標的に向かわせる。スネークゲームさながらに、パイプをよじ登ったりくぐったりして部屋の反対側までビームをもっていく。

線形加速器の上部へと階段を上りながら、デヴィッド・ハインド氏がつぶやく。「これ、少々いわくつきの装置です」。重イオン加速器施設長の彼と、女性の実験物理学者ナンダ・ダスグプタが本日のガイドだ。「この加速器は、英国デアズベリーの核物理研究所から来ました。その前はオックスフォード大学にありましたが、予算カットで同学が手放したんです。手に入ったのはラッキーですけど、デアズベリーもオックスフォードも、この装置をもっていたところはみな倒れてしまった［資金難に陥った］。しかも二つのラボに所有されていたのに、一回も動いていません。それはともかく……イオンは塔内を下向きに飛んだあと向きを水平に変え……アクロバチックなルートをたどってから、ここに入るんですよ」

大きな研究室なら化学屋も物理屋も、装置の運用で気に揉《も》むことなどない。気がかりは、ビームタイムのやりくりだけ。だがANUでは、加速器用の技術員を三交代で雇う予算がなく、ハインド所長もダスグプタ女史も学生も、ビームや磁石、イオン源を自分で調整する。だがいい面もあり、ダスグプタに言わせると、自分の実験にぴったり合うように微調整できるという。「異常に気づいたら直せばいいんです。先週なんか、お茶してたときに誰かが『これ測れたらいいよね、いつならできます？』と訊くから、『明日できるわよ！』と答えたわ」

安上がりでも精度よく……がANUのモットーらしい。女史が四角い金属の枠板を見せた。枠の

＊「ビール庫」にはランチも入れる。近ごろ加速器の運転中に「呑む」人はいないが、以前は冷蔵庫の脇にビームのモニターがあったというから……。

中、一平方センチの円内にグラフ用紙がはめてある。部屋の蛍光灯にかざすと、ピンで開けたくらいの小さな、焼けた穴が見える。「それがビームスポットのサイズね」。少し歩くと、ビームラインの端にある実験装置のところに来た。ビームを受ける「ファラデー・カップ」は直径が四・五ミリ。自作の検出器だという。超高純度の金めっきをした太さ〇・〇二ミリのタングステン線を何千本も使っている。もともとノルウェーの機関がCERN（ジュネーブの欧州原子核共同研究機構）向けにつくったもので、ノルウェーから輸入する。ANUにとってはファラデー・カップも自作が必須だが、ハインド所長は心配などしない。眉を上下させながら胸を張る。「僕はエアフィックス〔模型メーカー〕の世代でね、第二次大戦時代の飛行機や戦車をつくったよ。研究室の誰かが、何かを所定のサイズにできないと言ってきたら、『絶対できる！』とけしかける。戦闘機スピットファイアーの模型でコックピットにバックミラーを差しこめるなら、核融合産物の検出器をいじるなどちょろいもんだね」

装置の性能は、巨大ラボがもつマシンの足元にも及ばない。自作の「キット」だと、感度をピコバーン（一兆分の一バーン）まで上げるのは夢のまた夢。だがANUはそこまで必要としない。研究者が少なく予算も乏しいライト級でも、ヘビー級の仕事をする。「準核融合」の理論で世界を率い、核融合がうまく起きない理由をつかむのだ。ダスグプタ女史が解説してくれた。「うちの売りは理論解析です。クーロン障壁（電荷の反発）をかいくぐるトンネル現象もテーマ」。トンネル現象は、恒星内部の核融合を促す現象だ。恒星の温度・圧力だと、クーロン障壁を越えられるほどのエネルギーは生まれない。しかし、原子サイズ以下の世界にいる粒子は波の性質をもつため、壁があっても通り抜ける。*

ANUのマシンで重い元素はつくれない。ビームが弱いうえ、放射性の標的を扱うインフラ用の資金がない。だから、「どんな実験をしたらつくれそうか」を研究する。加速器実験で検証しながら、エネルギー値はどうするか、核反応がどう進むかなど、元素合成への近道を探るのだ。そんな話を聞きながら、バークレーのジャクリン・ゲイツが語ったことを思い出す。磁石の向きがわずか六％だけ狂って元素を「とり逃がした」話だ〔第5章〕。ANUの仕事が役立って元素ハンターは昨今、ビームと標的にどんな元素がよさそうか、どう検出すればいいかの見当をつけやすくなった。

ダスグプタの言いかたではこうなる。「『ウォーリーを探せ』みたいなもんですね。海賊の群れにまぎれこんだウォーリー。うちは要するに、海賊どもを一匹ずつ間引いてウォーリーを特定し、検出器に向かうべき道を教えるわけです」

ハインドとダスグプタの理論研究では、核の安定・不安定がどう決まり、身近な物体がなぜ「まとまっている」のかを突き詰める。また、不思議な力と物理法則が働く量子のミクロ世界から、日常感覚になじむマクロ世界への移行がどう起こるのかも教えてくれる。

ただし最大の貢献は、原子世界の「ウォーリーを探せ」ゲームを助けるところだ。新元素を目指す他国の科学者たちが、どんな助けもほしがっている。

＊トンネル現象は原子の素顔をつかむカギだけれど、量子力学の不思議世界に分け入ると迷子になるのがオチだから、本書では深入りしない。

＊　＊　＊

CBSテレビのコメディー番組『ビッグバン★セオリー』に登場するシェルドン・クーパー博士は、早くも二〇一三年に120番の合成法を思いつく。その場面から（CMを除き）一〇分もたたないうちに中国のチームが、サイクロトロン実験で「クーパー理論を実証！」と声をあげる。けれどクーパーの恋人エイミー・ファラ・ファウラーが、その見積もりは一万倍も狂っているわと鋭く指摘。そこでクーパーがこう言い繕う。「僕は天才じゃない。詐欺師だ。いや……詐欺師よりたちが悪い。なにせ生物学者だから」。クーパーの泣き言はさておき『ビッグバン★セオリー』は、こと元素合成の話なら、現実世界より少しだけ先に進んでいる。

おもしろいのは、クーパーがホワイトボードに書き散らかした核反応のあれこれだ。どれも120番の合成につながることを、現実世界の核科学者は否定しない。そしてどの反応も現に試されてきた（ただしクーパーが「画期的」とみたメンデレビウム法を除く。半減期がわずか五一日の101番メンデレビウムは標的に不向き）。現実世界では当面、うまくいってはいないのだけれど。

120番の合成で壁になるのは、確実な方法がまだないところ（119番も同様）。ビームには中性子の多い20番カルシウム48がぴったりだが、119番の合成に必要な標的の99番アインスタイニウムは当面、一回にナノグラム（一〇億分の一グラム）台しかつくれない。オークリッジ研究所を訪ねた折、元副所長のジェームズ・ロベルトがこう解説してくれた。「原理上は不可能じゃない。

もし原子炉が使えて、もし特殊な形の運転ができ、もし原料の98番カリホルニウムが一グラムあれば……何百万ドルの『もし』ですけどね……〇・〇四ミリグラムのアインスタイニウムがつくれます。ビーム径ぎりぎりのサイズなので、標的に使ったらたちまち『焼けて』しまう。何か月もビームを当て続けるのが必須の実験には、とうてい足りません」

とてつもなく不確実なことに、とてつもないお金を使う話だ。119番の合成を目指す日本の理研は、96番キュリウムの標的を23番バナジウムのイオンで叩く予備実験を二〇一八年に始めた（本格的な実験はRILACの増強を経て二〇二一年の初めに開始）。かたやドブナ・リヴァモア連合軍は、97番バークリウムの標的を（安定な同位体より中性子が六個も多い）22番チタン50で叩く（二〇二〇年の末に開始）。どちらのビームも、余分な中性子が八個もあるカルシウム48には及ばない。とはいえ、理研とドブナ・リヴァモアのどちらかが成功する可能性はある。

両チームとも標的用の重元素はオークリッジから購入する。どちらが119番や120番の合成で機先を制するか、誰にもわからない。「手詰まりじゃないんだけど、成算があるかと言われれば微妙ですね」というのがロベルト氏の感想。

次の120番をつくる選択肢は、ドブナ・リヴァモア連合軍や理研の実験、ドラマ中でクーパー博士が書き散らかした核反応式のほかにもある。二〇一一年にGSIでジグルト・ホフマンらは、120番ができるのではと、96番キュリウムに24番クロムのイオンをぶつけてみた。五月一八日の午前四時二〇分に「何か」がつかまる。ホフマンが言う。「何かの気配が見えました。壊変系列の一部は、二〇〇〇年ごろにドブナが見たものと同じです。けど二度目はなかったし、そのあと誰も再現していません」。元素ハンティングの常で、成功につながる道はいくつもあるが、どれかを実証してみせるのは至難の業だ。

別の候補もある。ロベルトは逆転の発想で、軽い標的（たとえば26番・鉄）に94番プルトニウムのイオンを当ててはと提案した。実験はできても重いイオンのビームは弱く、核融合の効率はぐっと小さくなる。また、かりにプルトニウムを飛ばしたら、加速器内に放射能が何千年も残ってしまう。リカチェフスキーはやや楽観的だ。「ＳＦの話ってわけじゃない。引退間際《まぎわ》の加速器があれば……完璧な実験ができるよ」。そのほか、重い核どうし、たとえば92番ウランに96番キュリウムのイオンをぶつけ、融合後に陽子と中性子が何個か吹き飛んでいく途上、新元素の核ができるかもしれない（多核子《たかくし》移行）。これまた理論上は問題なくて、中性子の多い同位体をうまく使えば、「安定の島」に飛び移れよう。とはいえ、いろんな核反応が一気に進むためノイズが強すぎ、つくった新元素を見つけるのは不可能に近い（当然、検証もできない）。道理で、ＡＮＵの理論研究にみんな熱い目を注ぐわけだ。

いまのところ、元素ハンターたちは前を見ている。これから五年以内に１１９番と１２０番がつかまるとみる人は少なくない。ただし当面、１２１番以降もできるかどうかはわからない。そこに最後の問いがある。周期表を「終わらせる」元素はいったい何か？……もしかすると私たちはもう「果て」に着いてしまった？

第21章　未知の始まり　二〇一七年

二〇一七年にニュージーランドのマッセイ大学と米国ミシガン州立大学の研究者が、『フィジカル・レビュー・レターズ』誌に共著論文を出した。その結論が正しいならば、私たちの慣れ親しんできた化学は終わる。

118番オガネソンは「電子殻《でんしかく》」をもたない——が結論だった。

18族のオガネソンは、ヘリウムやネオン、アルゴンと同じ貴ガスの仲間だ。高校でも習うとおり貴ガスは電子殻が満杯で、ほかの元素とほとんど働き合わない。だが最新の理論計算を使ってニュージーランドと米国のチームは、貴ガスのふるまいを、相対論的効果も考えて計算した。核が重いほど相対論的効果は強い。最新モデルで突き止めたオガネソンの電子は、居場所が殻《シエル》というより「スープ」のイメージだという。スープの別名「フェルミ気体」は、その存在を予言したエンリコ・フェルミにちなむ。八〇年前のフェルミはこんな話にも鋭く切りこんでいた。

事実そうならオガネソンは、「その位置から性質を予見できる」周期表の枠をはみ出す。小ぎれいな周期性やパターンに従わない。電子が自由に動けるオガネソンは、反応性が高いのか？ 高ければ、ほかの元素と簡単に化合物をつくる。室温ではガス（気体）ではなく固体だったりするかもしれない。ただし当面オガネソンは、ものの五ミリ秒で壊れる原子を、たった五個しかつくれていない。量がなくて寿命も短いため、実験的な検証はできそうにない。

論文に名を連ねる物理学者ヴィトルド・ナザレヴィッチは、故国ポーランドで学位を得たあと、ミシガン州立大学希少同位体イオンビーム施設の主任研究者になった。二〇二一年に施設が稼働したら、中性子たっぷりの放射性イオンビームを標的に当てる実験で、安定の島に近づけるかもしれない。

ナザレヴィッチのみるところ、オガネソン周辺の妙なふるまいはほんの始まりにすぎない。周期表はいずれ崩壊するにちがいないのだから。「いまできるのは、最善のモデルを使って核の性質を計算することだけ」。彼が使うモデルは、ウランの先がまだ闇だったころのモデル、つまり周期表は100番で尽き、核は水滴のようなもので、核子にはマジックナンバーがあると予言していたモデルと、本質的に変わらない。どんなモデルも、新しいことが見つかるたびに変更され、正確さと精密さを上げていく。どれほど日常感覚からずれたものになろうとも。「計算はできます。理論屋ってのは、いくら突飛なモデルだろうと、気ままに計算できるんですよ」

その計算が常識をくつがえす。核の「表面効果」と量子力学、電荷の反発（クーロン反発）なども考えてナザレヴィッチらは、陽子を保持しようとして核が変形するさまを描き出した。核の変形には、伸びたり縮んだり、ドーナツ形になったり……といろいろある。最新のモデルを使った結果、

140番の手前で妙なことが起こりそうだという。ナザレヴィッチが解説した。「重い核ほど不安定になります。陽子どうしのクーロン反発が強いため、妙な形にならなきゃいけない。陽子の分布に、穴や空洞ができたりするかもしれない。真相はまだわかりません。電子をもたず、陽子と中性子が集合しただけで終わりなのかも」

なんとも意表を突く予言だといえよう。新元素の定義には、「核が電子の衣をまとうのにかかる時間（一〇〇兆分の一秒）」を使うのだった〔第14章〕。すると、電子をもたない核は「元素」ではない。それなら、いずれ周期表には……埋めようのない空席ができてしまう？

ナザレヴィッチがうなずく。「そこには何にもありません。何ひとつ入らない「周期表の」空白です。化学は元素を扱いますが、原子じゃないもの、核だけのものもできてしまう。電子がなくなったら、化学の終わりです。化学は死んでしまうかもしれないし、ある原子番号で安定な核がいきなり現れるのかもしれない。その核の寿命が十分に長けりゃ……電子をまとって……化学が復活！　どうにも妙な、けどおもしろすぎる話ですね。ともかく、そんな世界もあるのではと思っています」

まぁ浮き足立つには及ばない。周期表は大丈夫。最新の核モデルは、いま探索中の元素よりだいぶ先の（重い）核についての話だし、そもそも見当ちがいかもしれない。まだ理論の域を出ないのだ。周期表の著作あれこれで名高いカリフォルニア大学ロサンゼルス校の化学者エリック・シェリーも、さしあたり周期表は安泰とみる。「問題なく使えるよ。現状に手入れするまでもない。相対論的効果が元素の性質を少し変えるとしても、周期表の姿をどうするかという話なら、修正は必要ない。当面このままでいっこうにかまわない」

周期表の姿を決めるのは、元素の性質だけではない。たとえば、ふつう「構成原理」と呼ぶマーデルング則がある〔ドイツの物理学者エルヴィン・マーデルングが一九三六年に提案〕。核外の電子が副殻《ふくかく》（軌道）をどんな順に占めていくのか、電子エネルギーの高低をもとに表すものだ。例外は多少あるものの、それも周期表のたたずまいを決めるルールになる。

１１９番と１２０番の位置はわかっている。それぞれ1族と2族の底、第8周期のスタート地点だ。ただし１２１番から先はまだわからない。第6周期と第7周期で三番目の元素は、それぞれランタノイド、アクチノイドという特別な集団（周期表の「脚注」）に属すのだった。同じパターンなら１２１番は、アクチノイドの下、「超アクチノイド」の出発点だろう。また最新の定義に従えば、１２６番以降は「超・超重元素」となるだろう。

ただし別の見かたもある。周期表が「終わる位置」の理論研究を率いるひとりに、ヘルシンキ大学のペッカ・ピューッコがいる。彼のモデルだと１２１番は、「脚注」の冒頭にくる点は同じでも、ランタノイドやアクチノイドとは別系統に属す。まったく新しい電子殻をもつ元素群の起点だという。その電子殻は核のごくそばにできる。ピューッコによると１３９番と１４０番は周期表の本体に復帰し、１４１番以降はまた新たにアクチノイドの下に系列をつくる。ピューッコが、「ややこしくなるけど、化学の目ではそれが素直な周期表なんですね」と解説した。

モデルの弱点は、現実にそうなるのかどうか誰も知らないところ。おなじみの周期表が「どこで終わる」のかわからない。「どんな脚注ができる」かもわからない。いまの周期表が正しいのかどうかさえわからない。いま有力なモデルでは、元素は172番まであありうるという。173番とみる人もいれば、もっと少ないとみる人もいる。果てなどないと思う物理学者もいる。理論屋に問えば、三人三様の答えが返る。

マーク・ストイヤーの解説を聞こう。「『172番まで』は化学屋の見積もりですが、172番ならいちばん内側の電子の相対論的効果は強烈〔ほぼ光速で動く〕でしょう。それが電子の質量を押し上げ、内側の軌道をぎゅっと縮める結果、内殻《ないかく》電子はかなりの時間を『核の内部』で過ごす。ヘンでしょ？　原子核の内部を電子が飛び回るなんて」

惑星が「太陽の内部を公転する」イメージか。どんな運動なのかは、オークリッジ国立研究所の「サミット」など超高速のスパコンでもまだ解けない。ストイヤーが続けた。「完全に計算できるのは軽い核だけ。6番・炭素から先は、もうお手上げです。7番より重い元素は、スパコンでも手に負えません。まぁ、だからこそ超重元素はおもしろいんですけどね」

いま理論屋はそんな話を楽しんでいる。私たちは、アントワーヌ・ラヴォアジエの「三三元素」からも、ドミトリー・メンデレーエフやヘンリー・モーズリー時代の「六〇〜七〇元素」からも、はるか遠くまで来た。いつかリヴァモアのナンシー・ストイヤーが言ったとおり、周期表は「生き物」なのだ。つくられ、壊され、リフォームされる。壁に貼られた周期表は「静物」に見えるけれど、じつは展性・延性をもつ金属のようなものか。化学の宇宙を読み解くガイドブックとして、しじゅう改訂されていく運命にある。

エリック・シェリーにまた訊いてみた。「ナザレヴィッチが正しけりゃ、話はどうなります？」。

要するに、空席のある周期表ができるとしたら？

化学屋と物理屋がくり広げた論争を思い出すのか、ため息をついてから彼は答えた。「現実に何が起こるか、という意味なら……大混乱が始まるかもしれないね」

＊　＊　＊

超重元素の理論研究は、ただの思考実験ではない。宇宙の基本原理にかかわるものだ。実際面では、天体物理学やコンピュータ、ナノマシン、エネルギー、医学などを一変させる可能性もある。しかしできることはただひとつ、周期表の先へと進み、１１９番以降の元素をつくることだ。ユーリイ・オガネシアンなど腕利きの元素ハンターがそこを目指している。

そのへんも考えたくてドブナを再訪した。前回と同じようにＪＩＮＲ（合同原子核研究所）の玄関をくぐる。オガネシアンは元素合成を打ち切る気がない。シーボーグやフリョロフ、ギオルソと同様、八十代の半ばになったいまも周期表の果てを見つめる。手段は元素合成だけではない。隕石を手に入れ、超重元素の痕跡を探す仕事もやめてはいない〔第11章〕。超ウラン元素が自然界に残した足跡を、たとえば隕石が含む橄欖石《かんらんせき》の中に探す。「隕石は、超重元素の検出に願ってもない『空飛ぶ実験室』ですからね」。超重元素のことは昔よりわかってきたため、自然界のどこらへんにありそうか（あったか）も見通しやすい。ただし温泉は候補から落ちた。超重元素の痕跡があるとすれば、南極や北極に落ちて氷に埋もれた隕石だろうという。とはいえオガネシアンがいちばん期待を寄せる武器は居室の外、雪道を少し歩いた場所にある。

セルゲイ・ドミトリエフ所長がドブナの方針を解説してくれた。「20番カルシウムより陽子が二個多い22番チタン50は、カルシウム48と同じ28個の中性子をもっています。融合核は不安定で、反応断面積もカルシウム48を使うときの一〇分の一未満でしょう。うちが118番をつくるとき「まさにいま」は、一か月に原子一個のペースです。断面積が一〇分の一に減れば、なんと一〇か月もかけてようやく原子一個。それほど長いビームタイムを使えるほど予算がないのが辛《つら》いところですね」。そんな事情もあって日本の理研は119番・120番の探索用に装置を改造し、ロシアのJINRは新型サイクロトロンをつくる。いま私たちがいるJINRのマシン室は、前回の訪問で所長室のモニターから見たものだ。加圧ホースでアセトン洗浄中の部品が、やがてサイクロトロンDC280になっていく。チームが「超重元素ファクトリー」と呼ぶDC280は、完成したら世界最強の元素合成マシンだろう。

オガネシアンは部品に歩み寄り、そっと手でなでる。部品はあちこちから調達した。国内のほか、米国やチェコ、ブルガリア、ルーマニア、スロバキアからの部品もある。虎の子の磁石はウクライナ産だ。ウクライナの東側国境で起きた騒乱（二〇一四年春）のさなか、紛争地帯を通る貨物列車に一一〇〇トンの磁石を積んで、JINRへと運んだ。ニコライ・アクショーノフがウクライナの工場に段取り確認の電話を入れたとき、受話器から銃声が聞こえたという。いまは笑い半分で話せても、そのときは彼も工場のスタッフも、笑うどころではなかっただろう。

オガネシアンはこうみている。「これ、何が出るか楽しみなパンドラの箱ですね。最新の設備……最新の加速器……従来のマシンより一〇倍も強力で、いずれはさらに一〇倍上げます。エネルギーの変動を減らしたのも改良点。……超重元素合成の専用機として私が設計しました」

サイクロトロンDC280が完成したら、まず、既知の核種の壊変系列をつかまえて、マシンが正しく働くのを確かめる。そのあと核の生産量を上げていく。床を這う加圧ホースをまたいでオガネシアンが説明した。「一〇倍に増やし、さらに一〇〇倍へ。114番や115番の合成なら、いまは一日に原子一個のところ、一〇〇個に増えます。大量とはいえなくても、まずまずの量なので、性質の調べもできそう。DC280が完成した暁には、さらにその先ができるんですね」

新しいマシンをつくるのは、ドブナがチタン50のビームに自信たっぷりだから。カルシウム48を使う場合より反応断面積が小さいとしても、新元素の合成確率は一〇倍に上がる。いま119番と120番を目指すには、ベストな計画だろう。いや、さらにその先もある。うまくいけば十分な量の原子ができ、目に見えるモノもつくれたら、化学的性質を割り出せる。一ミリ秒で消える原子を何個かつくっても、その元素を「見つけた」とは言いにくい。超重元素ファクトリーは、そこに風穴を開けるのではないか。

向こう一〇年のうちには、超重元素の化学研究も進むだろう。どんな性質が見つかるかはまだ読めないが、たぶん超重元素の現物は「存在できて」、また一段階、宇宙の素顔に迫っていける。そうなれば超重元素も、「周期表の脚注に並ぶあやしげなものたち」ではなくなる。

オガネシアンの顔をまじまじと見た。彼がしてきた発見のあれこれや、超重元素が宇宙の理解を進歩させてきたことはさておき、ひとつの問いが私の胸になお残る。重元素の研究を六〇年続けてきたいま、いったい何が、さらに先へとあなたを駆り立てるのでしょう?
肩をすくめて彼は言う。「道具があるなら、やってみるしかないでしょ」

エピローグ——元素ハンターたちのその後

王立協会はロンドンの都心、バッキンガム宮殿から目と鼻の先にある〔互いの距離は一キロ弱〕。世界屈指の科学組織とみてよい王立協会の年鑑には、アイザック・ニュートンやマイケル・ファラデー、スティーブン・ホーキングなど、創立（一六六〇年）以来のフェロー（特別会員）全員のサインが載っている。原子や元素の研究者も多く、アーネスト・ローレンスやエンリコ・フェルミ、リーゼ・マイトナー、グレン・シーボーグなどのサインが私の目を奪う（一九四五年まで女性はフェローになれなかったため、マリー・キュリーのサインはない）。二階の大ホールでは、何世代もの科学者たちが、折々の巨人を讃えてきた。

二〇一八年の三月一三日。夕刻の大ホールには、ユーリイ・オガネシアンを讃える人々が詰めかけた。[*] つい一週間前、ロシアの元諜報員セルゲイ・スクリパリと娘ユリアがソールズベリー（ロンドンの西南西一三〇キロ。郊外にストーンヘンジがある）で毒殺されかけ、諸国がロシア政府を下手人に名指ししたため、英国外務省は控えめな会合にしてほしいと要請していた。ちょうどそのころ超重元素の研究界にも、どことなく不穏な空気がぶり返していた。117番の信頼性をめぐる論争だ。117番テネシンが「できた」のを疑う余地はないのだが、論争は意味論めいて、二〇一〇年にドブナ・リヴァモア合同チームがやった実験を117番の「確認」とみていいのかどうかという言い合いだった。ある会合でロシアに同様な疑問が突きつけられた際、彼らがいっせいに席を蹴ったのを思い起こそう〔第14章〕。

だが口論の場ではない。深呼吸して気を静め、オガネシアンを祝う場だ。

元素ハンターたちの成果は私たちの自然観を深め、彼らの名は伝説《レジェンド》になった。本書を閉じるにあたり、元素ハンターたちのその後を「年鑑」ふうにまとめてみたい。

エドウィン・マクミランは一九七四年までバークレー研究所を率いた。一九八四年に最初の心臓発作が見舞い、八三歳となった一九九一年に糖尿病の合併症で他界する。ノーベル賞のメダルはワシントンDCの国立アメリカ歴史博物館に展示してある。

フィル・アベルソンは海軍力に魅せられ、一九四六年に原子力潜水艦の開発を促す報告書を出した（いまそれが各国の標準装備になっている）。二〇〇四年に死去。

アル・ギオルソは夜明け前から元素探索を率い続けた。第一線を退いて安穏に暮らすつもりはさらさらなく、高齢までバークレー研究所で働いた。元祖・元素ハンター「最後の生き残り」だった彼は二〇一〇年に九五歳で死去。シーボーグの妻ヘレンと共謀して彼を元素合成に引き入れた細君ウィルマは、一九九五年に世を去っていた。

ケネス・ストリートはバークレーへ戻り、最後は研究所の副所長になる。二〇〇六年に死去。

グレゴリー・チョピンはフロリダ州立大学の教員になり、いま化学科の教授職は彼の名を冠する。二〇一五年に死去。

バーナード・ハービーはバークレーに長く勤め、数々の成果を残した。二〇一六年に死去。

ジェームズ・ハリスは一九八八年に定年退職した。黒人科学者の支援活動を進め、不遇な人々への科学教育に大きな足跡を印す。五人の子を残して二〇〇〇年に死去。

ケン・ヒューレットは、ドブナ・リヴァモアの共同研究が始まった直後に一身上の都合で退職した。二〇一〇年に死去。


二〇一九年八月現在、なお存命の元素ハンターも多い。マッティ・ヌルミアとマッティ・レイノは母国フィンランドに戻り、ユヴァスキュラ大学の教員をしている。カリ（夫）とピルッコのエスコラ夫妻も母国フィンランドに在住。

ドイツ・GSIのペーター・アルムブルスターは、退職後の余生をフランスで送る。

ゴットフリート・ミュンツェンベルクとジグルト・ホフマンは、GSIを公式に退職しながらも、

＊オガネシアンは、「英国・ロシア科学教育年」行事の一環として王立化学協会から名誉フェローの称号を受け、授章式と祝賀会が催された。

超重元素がらみの会議にしじゅう顔を出す。

ドーン・ショーネシーはまだリヴァモアにいて、銀河の不思議に迫る研究と、女性科学者の支援に忙しい。二〇一八年には五四歳で米国化学会のフェロー（特別会員）となった。ナンシーとマークのストイヤー夫妻もリヴァモアに残り、化学者と物理学者が共存できることを実証中。

ジェームズ・ロベルトとケヴィン・スミスはオークリッジを退職した。ほか数人の仲間は残留し、元素合成で小さな奇跡を起こし続ける。

ロシアと日本の研究者は全員、新元素探索を継続中。元素の発見を夢に見ている。

118番のデータ捏造を咎められたヴィクトル・ニノフは超重元素から足を洗った。知人にも音信不通だというが、カリフォルニア州内に在住らしい。

超重元素の世界にかかわった人には、他分野で目覚ましい成果をあげた人物がいる。以下の三人が、元素合成以外の研究でノーベル賞をとっている。

エミリオ・セグレはバークレーのベバトロンで反陽子（陽子の反粒子。負電荷をもつ）を見つけた（一九五九年ノーベル物理学賞）。一九八九年に死去。

ルイス・アルバレスは素粒子の研究でノーベル物理学賞（一九六八年）に輝き、当世屈指の物理学者だった。一九八〇年に発表した「アルバレス仮説」（いまや定説）は、六六〇〇万年前に起きた恐竜絶滅の原因を小惑星の衝突とみる。一九八八年に死去。

三人目のメルビン・カルビン（シーボーグ夫妻のキューピッド）は植物のしくみ解明に関心を移

した。光合成を化学の知恵で解析し、二酸化炭素固定の「カルビン回路」を明るみに出す（一九六一年ノーベル化学賞）。一九九七年に死去。

元素ハンティングの気運を生んだ人々も忘れてはいけない。

ラヴォアジエの妻マリー＝アンヌ・ピエレット・ポールズ・ラヴォアジエはフランス革命を生き延びて、「熱の仕事当量」を決めた英国の物理学者ランフォード伯と再婚する。前夫に貞節を尽くした証《あかし》として、一八三六年の他界まで名前から「ラヴォアジエ」を落とさなかった。

物理学史に燦然《さんぜん》と輝くアーネスト・ラザフォードは一九三七年に死去し、ロンドンのウェストミンスター寺院に埋葬された。

ラザフォードとともに「元素変換」を見つけたフレデリック・ソディはいくぶん不運な晩年を送った。同位体の成果でノーベル賞を得たものの、一九二〇年代になって経済学や反ユダヤ主義で異端ふうの発想にとりつかれる。一九五六年に死去。

ジェームズ・チャドウィックは、マンハッタン計画への貢献でナイトに叙せられたあと、ケンブリッジ大学ゴンヴィル・アンド・キーズ・カレッジの校長になる。一九七四年に死去。

オットー・ハーンは、東西分裂後の西ドイツでも強い影響力を保ち続けた。彼を科学的公正さのお手本とみる人は多い。自分の見つけた核分裂が核兵器を生んだという寝覚めの悪さもあってか、核兵器廃絶運動のリーダー格となった。

リーゼ・マイトナーは一九四六年、米国のナショナルプレスクラブが「今年の女性」に選んだ。

マリー・キュリー以来いちばん影響力の強い女性科学者だったといえよう。ハーンとは生涯の交流を続け、二人は奇《く》しくも同じ一九六八年に他界する。

ローラ・フェルミは一九五四年に夫の伝記を出版した。おびただしい「教皇」紹介本のうち、彼女の本がいちばんよくフェルミの素顔を伝える。二人の子を残して一九七七年に死去。

ヘレン・シーボーグは夫との間に七人の子をもうけ、児童福祉の活動で人々に記憶されている。夫と楽しんだ散歩の副産物として、カリフォルニア州をまたぐハイキングルートの整備に貢献した。夫妻が散歩した道は、いま「アメリカ発見の道」の一部をなす。二〇〇六年に死去。

本書の冒頭に登場したケネス・ベインブリッジはマンハッタン計画のあとハーバード大学に戻り、やがて物理学科の主任になる。核兵器開発の経験から、余生を核兵器の廃絶運動に捧げた。一九九六年に九一歳で死去。

マリア・ゲッペルト＝マイヤーは一九七二年に他界した。彼女が提案した核の殻《シェル》モデルは、いまなお超重元素研究の核心をなす。金星表面の「ゲッペルト＝マイヤー・クレーター」は彼女の名にちなむ。

飛行兵ジミー・ロビンソンの娘ベッキー・ミラーはフロリダ州に住み、元原爆開発関係者の支援活動をしている。彼女を通じ、ロビンソンを源とする自然科学への貢献は次世代へ引き継がれた。孫娘が大学で化学を専攻している。

ケン・グレゴリッチは二〇一八年にバークレーを退職した。後任のジャクリン・ゲイツがサイクロトロンの業務をこなす。

ウォルター・ラブランドはオレゴン州立大学で元素の研究に従事中。

ポール・キャロルはカーネギー・メロン大学の教員になり、元素発見者を特定するIUPAC・IUPAP合同作業部会の主力委員を務める。

デヴィッド・ハインドとナンダ・ダスグプタはオーストラリア国立大学で周期表の拡張に向けた仕事を続けている（いまも客員研究員には出発の折、冷蔵庫をビールで満杯にさせる）。

ハインツ・ゲーゲラーとロベルト・アイヒラーも、スイスで研究を継続中。

いま九十代のダーリーン・ホフマンはカリフォルニアに住み、化学界で崇拝級の尊敬を集める。二〇一七年に米国化学会の機関誌『ケミカル&エンジニアリング・ニュース』が彼女を、「ノーベル賞にふさわしい女性化学者一三名」のひとりに選ぶ。あいにく元素は一個も見つけなかったが、同僚だった人たちが心底懐かしむところを思えば、それ以上の何かを見つけたにちがいない。


以上の人々は、七〇年に及ぶ元素発見史のスナップショットにすぎない。世界各地の研究者や理論屋、実験屋、技術補佐員、教授、学生たちが、超重元素の研究に貢献した。中国やフランスには、「自分の元素」をつかまえたい若手も育っている。そんな人たちのことを私は忘れたわけではない。

これからの五年間、超重元素研究界の大きなゴールは見えている。まず何はさておき、119番と120番をつくる。ロシア（ドブナ）と日本（理研）の直接対決になりそうだけれど、勝者がどちらかはまだ読めない。本書のために出かけた旅先のあちこちで、勝者になりそうな組織の関係者から、１１９番と１２０番の名称候補を伺った。ただし現物ができるまでは口外しないでおく。

第二の目標は、「安定の島」にできるだけ近づくこと。もし島に上陸できたら超重元素は、実験室でたちまち消えるものではなく、「世界の一部」になる。どれほど役に立ちそうか、さしあたり誰も知らないにせよ。

そして最後に、超重元素のどれかを大量につくりたい。つくれたら、時間に追われたりせずいろいろな化学実験ができる。安定な超重元素は宇宙の理解を深めるだろう。おなじみの周期表が意味をもつのは１１８番オガネソンまでかもしれないし、そうではないかもしれない。目に見えるモノができるまで、それを知る手立てはない。

少々あやうい面もある。超重元素の研究界も高齢化が進み、若い血が入りにくくなった。研究費も減っている。オークリッジのＨＦＩＲなど、命運を決する装置が存続するかどうかも未知数だ。いま米国政府に、寿命のきた装置を更新する予定はない。そのため、五年以内に１１９番や１２０番ができるとみる研究者は多いのだが、その先の五年に確信をもてる人は多くない。

王立協会に話を戻す。私は人いきれの中、オガネシアンをじっと見つめた。八十代の半ばを過ぎても、超重元素の世界で群を抜く人だ。物理学界のロックスターといえようか。ほか全員に先んじて第7周期にケリをつけた男。ノーベル賞委員会の議論は秘密らしいけど、彼が何度か候補になったのは聞いている。ふつうの人は元素名の「オガネソン」を一瞬だけ目にしたあと忘れるだろうが、彼の遺産は永遠に残る。

私は本書の冒頭に書いた。ほとんどの人は、周期表の末尾に並ぶ二六元素を「役立たず」と思いがちだと。それればかりか、原子一個ずつしかできず、一秒未満で消えてしまう超重元素を「本物の元素」とみない人さえいる。まだ具体的な用途はない。実物を手でさわれたりもしない。読者がここを読んでいる瞬間、たいていの超重元素は宇宙のどこにも存在しない。幽霊のようなものだ。だがお化けでも、現実に存在することを私たちは知った。科学と魂が交わるとき、そこには人々を突き動かし、未知の領域へと向かわせる何かがある。そのおかげで、いままで浮上もしなかった問いへの答えが見つかる。超重元素ハンティングは、そんな「知への希求」の好例だろう。

私自身は楽観的にみている。二〇世紀に重元素の研究界は、わだかまりや争いに満ちた混迷期にあっても、宇宙のジグソーパズルを完成に近づけてきた。いまや各陣営が大同団結を果たし、絆も最強になっている。

だから超重元素の物語は、終わったとみるべきではない。

また新しく始まるのだ。

謝辞

初体験のノンフィクション本は、私にとって最高難度の仕事となった。おもしろい逸話もできるだけ織りこみ、わくわく元素ハンティング物語を忠実・公平・正確にお伝えしようと四苦八苦が続いた。取材時の体験あれこれは、たぶん死ぬまで忘れない。筆がすらすら運ぶ高揚期と、どうまとめればいいのかと頭を抱える沈滞期が交互にくり返す二年余りのうち、折々の助けをくれた以下の方々にお礼申し上げる。

まずは中身の科学面をチェックしてくれた方々。マークとナンシーのストイヤー夫妻は第一稿を隅々まで読み、貴重な助言と励ましをくれた。助言と激励では母シーラ・チャップマンにも大感謝。ジェニファー・ニュートンは私の文章に雅味を添え、自称「スーパー科学ガール」のネッサ・カーソンは義理もないのに原稿を読んでくれた。暴走しがちな筆を抑えてくれたヒラリー・スクラー、尊敬する先輩ジャーナリストのアリソン・ホロウェイにも感謝する。大きなミスはほぼ撲滅できたと思うけれど、まだ残っていたら全責任は私にある。

快く取材に応じ、素人の質問に答えてくれた延與《えんよ》秀人《ひでと》、ジュリー・エゾルド、ジャクリン・ゲイツ、ジグルト・ホフマン、ポール・キャロル、マッティ・レイノ、ゴットフリート・ミュンツェンベルク、マッティ・ヌルミア、ユーリイ・オガネシアン、ジェームズ・ロベルトには感謝の言葉もない。ベッキー・ミラーは、父君ジミー・ロビンソン（第6章）にからむ記述を点検してくれた。執筆を温かく見守ってくれた版元のブルームズベリー・シグマ社にも感謝する。

　友人も家族も、何かにつけて本書のことを話したがる私に、いやな顔もせずつき合ってくれた。王立化学協会『ケミストリー・ワールド』編集部のアダム・ブラウンセル、フィリップ・ブロードウィズ、ジェイミー・デュラニ、カトリーナ・クレイマー、スコット・オリントン、クリストファー・ピンク、フィリップ・ロビンソン、エマ・ストイー、レベッカ・トレーガー、ベン・ヴァルスラー、パトリック・ウォルター、ニール・ウィザーズにもご面倒をかけた。アレックスとジェンのコーベット夫妻、マルコ・ガレア、アレックス・パーネル、アダム・ロバーツは、ご自身の好き嫌いに関係なく科学史ネタを提供してくれた。

　ものごとの実像をつかむには直接取材が欠かせない。面談や電話（または両方）のほか現地見学にも時間を割いていただいたオーストラリア国立大学（ＡＮＵ）、ドイツのヘルムホルツ重イオン研究センター（ＧＳＩ）、ロシアのドブナ合同原子核研究所（ＪＩＮＲ）、米国のローレンス・バークレー国立研究所とローレンス・リヴァモア国立研究所、オークリッジ国立研究所、日本の理化学研究所（理研）、ストックホルム大学の関係者に心からお礼申し上げる。アルゴンヌ国立研究所とロスアラモス国立研究所の広報室からは、冒頭に書いた原爆開発にからむ情報をいただいた。

取材の折は、研究者以外の方々にもずいぶんお世話になった。車ではるばるドブナへ連れていってくれたアレクサンドル・マドゥマロフ、ギルマン棟に案内してくれたラルス・エールストレーム、一緒に逮捕されそうになったアラーラ・スリウィンスキー、街の張り紙めぐりにつき合ってくれたシャノン・スミス。スカンジナビア旅行の手配（と原稿の査読）をしてくれたスチュワート・カントリル、本書の中身を口頭発表させてくれたアリス・ウィリアムソン、専門知識を提供してくれたクリスティー・ターナーとシーラ・カナニ、DCコミックス社と漫画界のことを教えてくれたジェームズ・ホロウェイにも感謝したい。

最後に、ありがとうガメラ。のろまな亀のくせに第一稿をあわや台無しにするところだったけど、いつもかわいい相棒だったよ。

訳者あとがき

ボクシングの階級名めいた本書の原題『*Superheavy*（スーパーヘビー）』は、そのまま和訳すれば「超重元素」です。超重元素とは、周期表の第7周期で「アクチノイド」に続く元素たち、原子番号（本来の意味は「元素番号」）でいうと104番ラザホージウムから118番オガネソンまで一五個の元素を意味します。けれど本書は、目次のチラ見でおわかりのとおり、92番ウランがらみの話を起点として93〜118番の二六元素（超ウラン元素）をもれなく扱い、ほぼ中間点の第10章から超重元素の話題に入ります。そのため邦題は、実体に合う『元素創造——93〜118番元素をつくった科学者たち』としました。

第二次大戦への暗雲が漂う一九三五年ごろの科学者たちは、「ウランより重い元素は存在しない」とみていました（第1章）。しかし大戦が始まり、泥沼化の様相を呈していた時期、原子爆弾の製造計画をきっかけに「ウランの先」が見え始めます。当初は独走する米国が超ウラン元素を次々に合成・発見し、戦後になってソ連（ロシア）とドイツ、日本も加わる合成レースがくり広げられた結果、ほぼ八〇年間に二六個の重い元素が見つかったのです。

宇宙というジグソーパズルのピースにあたる新元素の発見はノーベル賞級の業績ですから、「重元素合成レース」はたいそう苛烈なものでした。できる核の寿命（半減期）がどんどん短くなるなか装置の性能を上げながらも、なにしろ未知の世界に分け入る話なので失敗も続きます。

研究者たちは自身と組織の名誉やメンツをかけ、（ときには自国の）競合相手を出し抜こうと、情報を隠したり裏工作をしたり、疑心暗鬼にとらわれたり、果てはデータを捏造したりと、ドロドロの戦いを続けました。いかにも生身の人間らしい営みだったといえましょう（現在の研究界でも、論文捏造がときどきニュースになるのはご存じのとおり）。一九七〇～九〇年代に新元素いくつかの名前がコロコロ変わったのも、おおむね意地の張り合いのせいでした（第15章）。

なお八〇年の半分を超す四四年間（一九四五～八九年）は米ソの冷戦時代だったため、自陣の威信をかけた代理戦争という側面もあったようです。

周期表の第7周期がついに埋まる二〇一六年の末まで、誰が何を思ってどういうことをしてきたのか……その実像を、ほぼ三世代に及ぶ科学者たちの人となりにも光を当てつつ浮き彫りにするのが本書だといえます。国際政治の動きをも組みこんで織り上げた本書は、第二次大戦前夜から二〇一八年までの現代史を振り返るうえで、格好の副読本にもなるでしょう。

＊　　＊　　＊

元素がらみの本や解説記事の中でもっと強調されてもいいと思うのですが、実のところ日本は、重元素の分野で特筆すべき国でした。ポイントは三つあります。

第一は原子爆弾の話です。ウランの先へ一歩を踏み出すカリフォルニア大学バークレー校の研究チームが、まずは純粋な科学的好奇心から、真珠湾攻撃の直前にあたる一九四〇年の春から冬にかけ、93番ネプツニウムと94番プルトニウムをつくります。うちプルトニウムが分裂可能とわかり、参戦まぢかの米国政府がそれに深い関心を寄せたため、ウラン原爆（広島型）と並行する形で、プルトニウム原爆（長崎型）の製造も進みました。しくみ（爆縮法）が特殊だから事前に首尾を確かめておこうと、投下のわずか三週間前、できた二個のうち一個を試したのが、「プロローグ」に描かれる人類史上初の核実験シーンです。

93番と94番の合成で勢いづいた米国は、終戦から一〇年のうち、水爆実験の「棚ぼた」もあって、101番メンデレビウムまで計九元素の発見・合成に成功します。そのへんまでが米国の独壇場でした。歴史に「もし」は禁句でしょうが、かりに原爆の製造・投下という動機がなかったとしたら、超ウラン元素合成・研究の歩みはだいぶ遅れたのかもしれません。

二つ目は、理研（理化学研究所）が113番ニホニウムをつくった快挙です（第19章）。日本ばかりか、アジアの地名や人名にちなむ初の元素名なので、なんとも画期的な成果だったといえましょう。合成実験の途上だった二〇一一年三月の東日本大震災で「節電せよ」外圧に見舞われ、ほかの業務を放棄して合成実験に集中したおかげ……という面もあったようですが、足かけ九年もの実験で三個のニホニウム原子をつかまえた理研チームの忍耐強さには、この場をお借りして心から敬意を表します。

そして三つ目が、第8周期（119番以降）への探索につき、全世界から日本（理研）に大きな期待が寄せられている現状です。米国が合成実験から撤退し、ドイツ（重イオン研究センター）が休眠中の（ただし再開の可能性は残る）いま、日本のライバルはロシア（ドブナ合同原子核研究所）だけ。96番キュリウムに23番バナジウムをぶつける理研も、97番バークリウムに22番チタンをぶつけるドブナも、二〇二〇年の暮れから二〇二一年の初めにかけ、119番の合成実験を本格始動させました。両国の方法には一長一短があり、どちらが「勝つ」のかはまだ見通せません。標的用のキュリウムとバークリウムは米国オークリッジ国立研究所の原子炉施設（HFIR。第3章）に頼るため、日露のどちらが成功しても米国は「共同発見国」になるでしょう。そういう最新情報を、二〇二一年一月二四日付の産経新聞・科学面が手際よく紹介していました。

つまり重元素研究の分野で日本は、①最初のきっかけを（不幸な形ながら、また間接的にせよ）提供し、②明確に一個（113番ニホニウム）をつくったうえ、③119番以降もつくれそうな国として世界から熱い目を注がれているわけです。いま引いた記事には、「数年内の一番乗りを目指す」という、本書にも登場する理研の超重元素研究開発部長・森田浩介博士の頼もしい決意表明が載っています。吉報を楽しみにして待ちましょう。

＊　＊　＊

本文中のカタカナ表記についてひとこと触れておきます。地名のカリフォルニアと98番カリホルニウム、人名のラザフォードと１０４番ラザホージウムやフリョロフと１１４番フレロビウム……の食いちがいに首をかしげた読者がおられるかもしれません。元素名のカタカナ表記をどうするかは日本化学会の命名法委員会に一任され、同委員会が決めた表記に部外者が口をはさむ余地はない、という慣行があるからです。

とはいえ、１００番を現地イタリアの読みでフェルミウムと呼びながら（英語読みならファーミウム）、１１０番は英語読みのダームスタチウムとするなど、首尾一貫性に欠けるところは、権威ある組織もやはり生身の人間が運営するせいでしょう（後者は、地名のドイツ語読み「ダルムシュタット」を尊び、せめてダルムスタチウムにしてほしかったと、ドイツに浅からぬ縁がある訳者は思っています）。

* * *

原著がまったく同じものを巻頭と巻末の両方に載せていた周期表は巻頭に一本化したうえ、原子量（原子の相対質量）を概数値に変えました。さらに、重要な場所の位置関係をお伝えしたくて、原著にはない略地図を目次の後に添えてあります。

また、原著の刊行（二〇一九年）から二〇二一年の春までに起きた出来事、とりわけ１１９番と１２０番の合成に向け理研（日本）とドブナ（ロシア）がどう動こうとしているのかを、関連箇所に少し加筆しました。
末筆ながら、訳稿を綿密に当たってミスなどを鋭く指摘され、二人三脚レベルのご尽力をいただいた㈱白揚社の筧　貴行氏に、心よりお礼申し上げます。

コロナ禍がまだ尾を引く二〇二一年七月

渡辺　正

Seaborg, G. (1989). *Nuclear Fission and the Transuranium Elements.* Berkeley: Lawrence Berkeley Laboratory

Seaborg, G. (1996). *A Scientist Speaks Out: A Personal Perspective on Science, Society and Change.* Singapore: World Scientific

Seaborg, G. & Corliss, W. (1971). *Man and Atom.* New York: EP Dutton & Co.

Seaborg, G. & Seaborg, E. (2001). *Adventures in the Atomic Age: From Watts to Washington.* New York: Farrar, Straus and Giroux

Seaborg, G. (ed.) (1979). *Proc. Symp. Commemorating the 25th Anniversary of Elements 99 and 100,* LBL-Report 7701. Berkeley: Lawrence Berkeley Laboratory

Segrè, E. (1939). An Unsuccessful Search for Transuranic Elements. *Physical Review* 55: 1104. DOI: 10.1103/PhysRev.55.1104

Slater, J. (1973). Putting Soul into Science. *Ebony*, May: 144–150

Snow, C. (1981). *The Physicists.* Boston: Little, Brown & Co.

Superman Strip Gives Office of Censorship Atomic Headache. *Independent News*, September–October 1945

Sutton, M. (2006). Transmutations and Isotopes. *Chemistry World.* Available from: https://www.chemistryworld.com/3004868.article

The Breath of the Dragon. *Newsletter for America's Atomic Veterans*, ed. E. Ritter, October 2013: 3–11

Thompson, S. *et al.* (1950). The New Element Californium (Atomic Number 98). *Physical Review* 80: 790–796. DOI: 10.1103/PhysRev.80.790

Thompson, S., Ghiorso, A. & Seaborg, G. (1950). The New Element Berkelium (Atomic Number 97). *Physical Review* 80: 781–789. DOI: 10.1103/PhysRev.80.781

Thornton, B. & Burdette, S. (2014). Nobelium Non-Believers. *Nature Chemistry* 6: 652. DOI: 10.1038/nchem.1979

Thornton, B. & Burdette, S. (2017). Frantically Forging Fermium. *Nature Chemistry* 9 (7): 724. DOI: 10.1038/nchem.2806

Thornton, B. & Burdette, S. (2019). Neutron stardust and the elements of Earth. *Nature Chemistry* 11 (1): 4. DOI: 10.1038/s41557-018-0190-9

US Air Force (1963). *History of Air Force Atomic Cloud Sampling.* Washington DC: US Air Force

Wapstra, A. (1991). Criteria That Must Be Satisfied for the Discovery of a New Chemical Element to Be Recognized. *Pure and Applied Chemistry* 63: 879–886. DOI: 10.1351/pac199163060879

McMillan, E. & Abelson, P. (1940). Radioactive Element 93. *Physical Review* 57: 1185. DOI: 10.1103/PhysRev.57.1185.2

Medvedev, Z. (1999). Stalin and the Atomic Bomb, in K. Coates, ed., *The Short Millennium.* Nottingham: Spokesman Books, 50–65

Meitner, L. & Frisch O. (1939). Disintegration of Uranium by Neutrons: A New Type of Nuclear Reaction. *Nature* 143: 239. DOI: 10.1038/143239a0

Nazarewicz, W. (2018). The Limits of Nuclear Mass and Charge. *Nature Physics* 14: 537–541. DOI: 10.1038/s41567-018-0163-3

Ninov, V. *et al.* (1999). Observation of Superheavy Nuclei Produced in the Reaction of ^{86}Kr with ^{208}Pb. *Physical Review Letters* 83: 1104–1107. DOI: 10.1103/PhysRevLett.83.1104 [Retracted]

Nishina, Y. (1947). A Japanese Scientist Describes the Destruction of his Cyclotrons. *Bulletin of the Atomic Scientists* 3: 145–167. DOI: 10.1080/00963402.1947.11455874

Nobel Prize (1938). The Nobel Prize in Physics. Available from: https://www.nobelprize.org

Öhrström, L. & Holden, N. (2016). The Three-Letter Element Symbols. *Chemistry International* 38: 4–8. DOI: 10.1515/ci-2016-0204

Periodic Videos (2013). *Seaborgium*, Periodic Table of Videos. Available from: https://youtu.be/UWq0djr790E

Periodic Videos (2017). *The Element Creator*, Periodic Table of Videos. Available from: https://youtu.be/1VaY9N7Alq0

Periodic Videos (2018). *The Office of Georgy Flyorov*, Periodic Table of Videos. Available from: https://youtu.be/UMa21BUinsI

Principe, L. (2013). A Fresh Look at Alchemy. *Chemistry World.* Available from: https://.www.chemistryworld.com/6296.article

Pyykkö, P. (2016). Is the Periodic Table All Right ('PT OK')? *EPJ Web of Conferences* 131: 01001. DOI: 10.1051/epjconf/201613101001

Rhodes, R. (1987). *The Making of the Atomic Bomb.* London: Simon & Schuster〔『原子爆弾の誕生（上下）』紀伊國屋書店、1995年〕

Robinson, J. (1944). Speech to Lion's Club. Memphis, US, 17 October

Sargeson, A. *et al.* (1994). Names and Symbols of Transfermium Elements. *Pure and Applied Chemistry* 66: 2419–2421

Schädel, M. & Shaughnessy, D. (eds) (2014). *The Chemistry of Superheavy Elements.* Heidelberg: Springer

Schwartz, A. & Boring, W. (2018). *Superman: The Golden Age Dailies, 1944–1947.* New York: IDW

Seaborg G. (1946). The Impact of Nuclear Chemistry. *Chemical & Engineering News* 24: 1192: 375–381

Seaborg, G. (1951). Nobel Banquet Speech. Available from: https://.www.nobelprize.org

Seaborg, G. (1978). Stanley Thompson – a Chemist's Chemist. *Chemtech* 8: 408

Nationalism and Physics, 1940–1945. *Historical Studies in the Physical and Biological Sciences* 33: 61–86. DOI: 10.1525/hsps.2002.33.1.61
Jeannin, Y. & Holden, N. (1985). The Nomenclature of the Heavy Elements. *Nature* 313: 744. DOI: 10.1038/313744b0
Jerabek, P. *et al.* (2018). Electron and Nucleon Localization Functions of Oganesson: Approaching the Thomas-Fermi Limit. *Physical Review Letters* 120: 053001. DOI: 10.1103/PhysRevLett.120.053001
Johnson, G. (2002). At Lawrence Berkeley, Physicists Say a Colleague Took Them for a Ride. *New York Times*, October 2015
Joint Institute for Nuclear Research (2008). *Academician Yuri Tsolakovich Oganessian: 75th Anniversary.* Dubna: JINR
Joint Institute for Nuclear Research. (2018). *FLNR History: G. N. Flerov.* Available from: flerovlab.jinr.ru/flnr/history/flerov_cont.html
Karol, P. (1996). *On Naming the Transfermium Elements*, White Paper
Karol, P. *et al.* (2016a). Discovery of the Elements with Atomic Numbers Z= 113, 115 and 117 (IUPAC Technical Report). *Pure and Applied Chemistry* 88: 139–153. DOI: 10.1515/pac-2015-0502
Karol, P. *et al.* (2016b). Discovery of the Element with Atomic Number Z=118 Completing the 7th Row of the Periodic Table (IUPAC Technical Report). *Pure and Applied Chemistry* 88: 155–160. DOI: 10.1515/pac-2015-0501
Khariton, Y. *et al.* (1993). The Khariton Version. *Bulletin of the Atomic Scientists* 49 (4), 20–32. DOI: 10.1080/00963402.1993.11456341
Koppenhol W. *et al.* (2016). The Four New Elements are Named. *Pure and Applied Chemistry* 88: 401
Kragh, H. (2018). *From Transuranic to Superheavy Elements: A Story of Dispute and Creation.* Switzerland: Springer International Publishing
Kramer, K. (2017). Game Over for Original Kilogram as Metric System Overhaul Looms. *Chemistry World.* Available from: https://www.chemistryworld.com/3007760.article
Lachner, J. *et al.* (2012). Attempt to Detect Primordial ^{244}Pu on Earth. *Physical Review C* 85: 015801. DOI: 10.1103/PhysRevC.85.015801
Lansdale, J. (1948). Superman and the Atom Bomb. *Harper's Magazine*, April 1948: 355
Lee, I-Y *et al.* (2001). Independent Study of the Synthesization of Element 118 at the LBNL 88-Inch Cyclotron. Lawrence Berkeley National Laboratory, January 25
Loveland, W., Morrissey, D. & Seaborg, G. (2017) *Modern Nuclear Chemistry 2nd Edition.* Hoboken: Wiley
Magueijo, J. (2009). *A Brilliant Darkness: The Extraordinary Life and Mysterious Disappearance of Enrico Fermi.* New York: Basic Books
Maly, Ya. (1965). On the Possibility of Producing Unexcited Compound Nuclei of the Heavy Transuranic Elements. *Soviet Physics–Doklady* 10: 1153–1156

DOI: 10.1103/PhysRev.58.89.2
Garden, N. & Dailey, C. (1959). *High-Level Spill at the HILAC.* Berkeley: University of California
Ghiorso, A. to Fermi, L. (1955). 私信, April
Ghiorso, A. *et al.* (1958). Attempts to Confirm the Existence of the 10-Minute Isotope of 102. *Physical Review Letters* 1: 18–21. DOI: 10.1103/PhysRevLett.1.17
Ghiorso, A. *et al.* (1993). Responses on 'Discovery of the Transfermium Elements' by Lawrence Berkeley Laboratory, California; Joint Institute for Nuclear Research, Dubna; and Gesellschaft fur Schwerionenforschung, Darmstadt Followed by Reply to Responses by the Transfermium Working Group. *Pure and Applied Chemistry* 65: 1815–1824. DOI: 10.1351/pac199365081815
Gilchriese, M. *et al.* (2002). Report from the Committee on the Formal Investigation of Alleged Scientific Misconduct by LBNL Staff Scientist Dr Victor Ninov. Lawrence Berkeley National Laboratory, March 27
Goeppert Mayer, M. (1949). On Closed Shells in Nuclei. II. *Physical Review* 75: 1969. DOI: 10.1103/PhysRev.75.1969
Goro, F. (1946). Plutonium Laboratory. *Life*, 8 July: 69–83
Harvey, B. *et al.* (1954). Further Production of Transcurium Nuclides by Neutron Irradiation. *Physical Review* 93: 1129. DOI: 10.1103/PhysRev.93.1129
Haxel, O., Jensen, J. & Suess, H. (1949). On the 'Magic Numbers' in Nuclear Structure. *Physical Review* 75: 1766. DOI: 10.1103/PhysRev.75.1766.2
Hinde, D. (2018). Fusion and Quasifission in Superheavy Element Synthesis. *Nuclear Physics News* 28: 15–22
Hoffman, D. *et al.* (1971). Detection of Plutonium-244 in Nature. *Nature* 234: 132–134. DOI: 10.1038/234132a0
Hoffman, D., Ghiorso, A. & Seaborg, G. (2000). *The Transuranium People: The Inside Story.* London: Imperial College Press
Hofmann, S. (2002). *On Beyond Uranium: Journey to the End of the Periodic Table.* London: Taylor & Francis
Hofmann, S. & Münzenberg, G. (2000). The Discovery of the Heaviest Elements. *Review of Modern Physics* 72: 733. DOI: 10.1103/RevModPhys.72.733
Holden, N. & Coplen, T. (2004). The Periodic Table of Elements. *Chemistry International* 26 (1): 8–9
Holloway, D. (1994). *Stalin and the Bomb: The Soviet Union and Atomic Energy 1939–1956.* New Haven: Yale University Press〔『スターリンと原爆（上下）』大月書店、1997年〕
Ikeda, N. (2011). The Discoveries of Uranium 237 and Symmetric Fission – From the Archival Papers of Nishina and Kimura. *Proceedings of the Japan Academy, Series B, Physical and Biological Sciences* 87: 371–376
Ito, K. (2002). Values of 'Pure Science': Nishina Yoshino's Wartime Discourse between

参考文献

Alvarez, L. (1987). *Alvarez: Adventures of a Physicist.* New York: Basic Books

Armbruster, P. & Munzenberg, G. (2012). An Experimental Paradigm Opening the World of Superheavy Elements. *European Physical Journal H* 37: 237–309. DOI: 10.1140/epjh/e2012-20046-7

Atterling, H. *et al.* (1954). Element 100 Produced by Means of Cyclotron-Accelerated Oxygen Ions. *Physical Review* 95: 585–586. DOI: 10.1103/PhysRev.95.585.2

Bainbridge, K. (1975). A Foul and Awesome Display. *Bulletin of the Atomic Scientists* 31 (5): 40–46. DOI: 10.1080/00963402.1975.11458241

Barber, R. *et al.* (1993). Discovery of the Transfermium Elements. Part II: Introduction to Discovery Profiles. Part III: Discovery Profiles of the Transfermium Elements. *Pure and Applied Chemistry* 65: 1757–1814. DOI: 10.1351/pac199365081757

Carlson, P. (ed.) (1989). *Fysik i Frescati 1937–1987.* Stockholm: Gotab Carnall, W. & Fried, S. (1976). *Proc. Symp. Commemorating the 25th Anniversary of Elements 97 and 98* , LBL-Report 4366. Berkeley: Lawrence Berkeley Laboratory

Chapman, K. (2016). What It Takes to Make a New Element. *Chemistry World.* Available from: https://www.chemistryworld.com/1017677.article

Chiera, N. *et al.* (2017). Attempt to Investigate the Adsorption of Cn and Fl on Se surfaces. *ResearchGate.* DOI: 10.13140/RG.2.2.13335.57766

Choppin, G. (2003). Mendelevium. *Chemical & Engineering News.* Available at: pubs.acs.org/cen/80th/mendelevium.html

Cochran, T., Norris, R. & Bukharin O. (1995). *Making the Russian Bomb: From Stalin to Yeltsin.* Boulder: Westview Press

Discovery of Mendelivium [sic] (1955 [film]). San Francisco: KQED

Edelstein, N. (ed.) (1982). *Actinides in Perspective: Proceedings of the Actinides–1981 Conference.* Oxford: Pergamon

Fermi, L. (1954). *Atoms in the Family: My Life with Enrico Fermi.* Chicago: University of Chicago Press〔『フェルミの生涯――家族の中の原子』法政大学出版局、1977年〕

Fields, P. *et al.* (1957). Production of the New Element 102. *Physical Review* 107: 1460–1462. DOI: 10.1103/PhysRev.107.1460

Flerov, G. & Petrjak, K. (1940). Spontaneous Fission of Uranium. *Physical Review* 58: 89.

理研　→理化学研究所
リバモリウム　306–8, 322
粒子加速器　20, 35, 50–1, 84, 108–9, 161, 224, 309, 314, 316, 335–7
レイノ，マッティ　179–80, 204, 239, 272–3, 287
レニウム　39, 310
レントゲニウム　287
ロヒード，ロン　212–3, 239–40, 269
ロビンソン，ジミー　117–23
ロベルト，ジェームズ　69–70, 77–80, 331, 340–2
ローレンシウム　171, 175–6, 249, 255, 257, 259, 261
ローレンス，アーネスト　21, 29, 50–1, 54, 59–60, 63, 84–7, 100, 103, 112, 125, 138, 164
ローレンス・バークレー国立研究所　104, 165

反応断面積　133–4
ビスマス　76, 210–1, 226, 231–2, 235, 275, 317, 320, 327
ヒューレット，ケン　212–5, 238–9
ファックラー，ポール　118–9, 123
不安定の海　185, 187
フェルミウム　128–30, 168–9, 173–4, 185, 188, 211
フェルミ，エンリコ　17, 32–45, 59, 65, 68, 99, 128
フリョロフ，ゲオルギー　153–7, 159–61, 163, 171–4, 178, 186, 189, 191, 207–9, 211–5, 222, 230–2, 238–40, 257, 306
プルトニウム　19, 56, 64, 68, 71, 78, 93–9, 114, 135, 148, 157, 342
——239　65, 76–7, 86–7, 188
——244　125, 198–200, 270
フレロビウム　257, 306–7, 322
ベインブリッジ，ケネス　15–18, 21
ベータ壊変　35, 37
ベバトロン　108, 237
ヘリウム　34–5, 93, 108
ヘルマン，ギュンター　189, 222
ボーア，ニールス　29, 41, 175, 250–1, 258
ホフマン，ジグルト　229–30, 232, 234, 238, 251, 258, 271–6, 281–2, 286–9, 294–5, 299–300
ホフマン，ダーリーン　193–200, 235, 243, 277–81, 284, 334, 341
ポペコ，アンドレイ　177, 189–90, 256, 287
ボーリウム　175, 245, 255, 259–60, 322
ポロニウム　192, 286

ま行

マイトナー，リーゼ　44–5, 47, 157, 183, 251, 260
マイトネリウム　251, 255, 258–9, 271
マクミラン，エドウィン　51–4, 56, 59, 64, 87, 111–3, 201
マジックナンバー　186–7, 206, 210, 218, 268, 270, 344
マンハッタン計画　16, 48, 65, 67, 101, 103–4, 195
ミュンツェンベルク，ゴットフリート　221–3, 231, 223–4, 250, 258, 275
ムーディー，ケン　210, 239, 269, 300
メンデレーエフ，ドミトリー　28, 139, 347
メンデレビウム　139, 168, 249, 255, 257, 259, 340
モーガン，レオン　93, 96
モスコビウム　333
モーズリー，ヘンリー　30, 347
森田浩介　316, 320

や行

ユウロピウム　102, 146

ら行

ラヴォアジエ，アントワーヌ　27–9, 242, 347
ラザフォード，アーネスト　28–32, 34, 175, 242
ラザホージウム　12, 20, 175–6, 242, 249, 255–6, 258–60, 304
ラジウム　35
ラブランド，ウォルター　280, 283–4, 289, 290, 321
ランタノイド　52, 92–3, 95, 102, 325, 346
理化学研究所　310–1, 313–27, 333–5, 341, 349
リカチェフスキー，クシュシトフ　333–4, 342

ズヴァラ，イヴォ　179, 191
ストイヤー，マーク　85, 269–70, 296, 298–300, 306, 318, 323, 326, 331, 347
ストリート，ケネス　110, 126
スーパーHILAC　201, 237, 278
スミス，ケヴィン　77–8, 80
スモラニチュク，ロベルト　278–81, 289
セグレ，エミリオ　36, 41, 50, 52, 59, 71, 97, 128
セリウム　192, 198–9, 251
セレン　251, 302–4
遷移金属　93, 95
線形加速器　84–5, 164, 223–5, 273, 316, 327, 336–7
ソディ，フレデリック　28–9, 34

た行

ダスグプタ，ナンダ　337–9
ダームスタチウム　287
チタン　231–2, 341, 349–50
チャドウィック，ジェームズ　16, 31–2, 53, 86
中性子　30–2
中性子捕獲　37
超重元素（スーパーヘビーエレメント） 12, 20, 180–1, 188
チョピン，グレゴリー　131–2, 135, 137–8
低温核融合　209–12, 230–3, 271, 275, 316–7, 326
デーヴィー，ハンフリー　113, 247
テクネチウム　41, 50, 97, 324
テネシン　333–4, 354
テラー，エドワード　118, 125–6
電子殻　29–30, 92, 184, 343, 346
同位体　31–2
ドブニウム　250, 255, 258–9
ドミトリエフ，セルゲイ　160–1, 349
トリウム　29, 34, 92, 310–1
トンプソン，スタンリー　73, 75–7, 102, 108–10, 125–7, 131, 136, 138–9, , 191, 219–20

な行

ナザレヴィッチ，ウィトルド　300, 344–5
鉛　187, 190–1, 210–2, 226, 234, 274–5, 279, 283, 286, 302–3, 305
仁科芳雄　309–13, 315
ニノフ，ヴィクトル　272–6, 279–81, 283–90, 295–6, 298–9
ニホニウム　323, 326
ニールスボーリウム　175–6, 250, 258
ヌルミア，マッティ　175, 177–8, 204–5, 212, 246, 248, 278
ネオン　147–8, 163, 173, 235
ネプツニウム　20, 64, 93, 96–7, 311
ノダック，イーダ　39, 45
ノーベリウム　149–50, 173–4, 176, 185, 255, 259–60
ノーベル賞　29, 41–3, 55, 61, 111–3, 206, 251, 354, 356–7

は行

ハインド，デヴィッド　337–9
バークリウム　110–1, 203, 329–32, 341
ハッシウム　250, 259–60, 269, 274
バナジウム　341, 370
ハーニウム　176, 249, 255–6, 258, 260
羽場宏光　323–5
ハービー，バーナード　137–8
ハリス，ジェームズ　202–3, 205, 212
バーン　133
ハーン，オットー　44–5, 47–8, 157, 175, 250, 260
半減期　34

エゾルド，ジュリー　88–91, 332, 334
延與秀人　315–8, 321, 327
オガネシアン，ユーリイ　159–60, 163, 172–3, 186, 208–9, 211–3, 215, 230–1, 244–5, 258, 262, 267–71, 274–5, 316, 327, 330–1, 334, 348–50, 353–4
オガネソン　20, 334, 343–5, 360
小川正孝　310–1, 313, 315, 323
オークリッジ（国立研究所）　68–70, 72, 77, 79, 88–92, 192, 197, 312, 327, 330–3, 340–1, 347
オッペンハイマー，ロバート　16, 18, 48, 87

か行

壊変系列　37
核子　32
核分裂　45
カルシウム 48　218, 269–70, 298, 330, 332, 340–1, 349–50
カルホルニウム　110–1, 114, 126, 185, 213, 232, 261, 330–1, 333, 341
ギオルソ，アル　74–5, 88, 93–5, 109–10, 125–8, 131–8, 150, 167–71, 179, 187, 201, 204–6, 212–5, 217–9, 233, 236–8, 243–4, 247–9, 258, 262, 279–82, 285, 289
貴ガス　253, 310, 343
希土類　52, 93, 102
キャロル，ポール　174, 256
キュリウム　102, 108–10, 114, 148, 168–72, 189, 218, 238, 327, 341–2
キュリー，マリー　28, 35, 39, 194, 220
クリプトン　43, 253, 279, 282–3
クルチャトビウム　174–6, 244, 250, 257
クルチャトフ，イーゴリ　154, 156, 244, 260
クロム　212, 232, 341
クーロン障壁　35
ゲイツ，ジャクリン　104–7, 197, 304
ゲーゲラー，ハインツ　177, 179–80, 191–2, 207–8, 231, 273, 290
ゲッペルト＝マイヤー，マリア　184, 186
原子爆弾　15–23, 58–60, 61–77, 154–7, 311–2
元素周期表　28, 31, 92–4, 129–30, 176, 303–5, 325–6, 344–8
高温核融合　298, 316, 327
コペルニシウム　288, 303–4
コンプトン，アーサー　60, 63

さ行

サイクロトロン　50–1, 59, 83–9, 93, 103–5, 109, 135–7, 148, 157, 161–3, 224, 268, 278, 280, 295, 309, 311–2, 326–7, 349–50
シェリー，エリック　345, 347
シェルベリ，アンダーシュ　146–7, 149–51
シーボーギウム　249–50, 256–61, 304, 325–6
シーボーグ，グレン　48–50, 53–4, 56–65, 68–9, 71, 73–77, 88, 92–4, 96–7, 100–2, 107–14, 125–8 132–3, 137–41, 179, 186–7, 203, 214–5, 232, 235–6, 244, 248–50, 258–62
重水素　51, 53, 88, 118
シュペヒト，ハンス　282–3
ショーネシー，ドーン　75, 293–8, 300–1, 304–7
ジョリオ＝キュリー，フレデリック　34, 174, 176, 260
ジョリオチウム　174, 176, 255, 258
シンクロトロン　108–9, 226
水銀　303, 305
水素爆弾　117–27

索　引

FAIR（反陽子・イオン研究施設） 221, 227
GSI（ヘルムホルツ重イオン研究センター） 220–34, 235, 237–8, 250–1, 254, 256, 271–5, 278–80, 282–3, 286–9, 298, 332, 341
HFIR（高中性子束アイソトープ原子炉） 77–79, 89, 140, 327, 330–1, 360
HILAC（重イオン線形加速器） 164–65, 167, 170
IUPAC（国際純正・応用化学連合） 240, 242–3, 251–4, 256–60, 267, 281, 305, 317, 322–3, 333
IUPAP（国際純粋・応用物理学連合） 240, 243, 251, 254, 267, 333
JINR（合同原子核研究所） 158–63, 173, 177, 206–12, 238, 244, 267–71, 301–4, 307, 331–3, 348–51
REDC（放射化学工学開発センター） 88, 140
RILAC（理研重イオン線型加速器） 316, 320, 323, 326, 341
SASSY 237–8, 278
SHIP（重イオン反応産物分離装置） 227, 230–1, 272
TWG（超フェルミウム作業部会） 240, 242–6
UNILAC（重イオン線形加速器） 223–9, 273

あ行

アイゼンハワー，ドワイト 132, 140
アイヒラー，ロベルト 301–4, 325
アインシュタイン，アルベルト 58–9, 85, 128
アインスタイニウム 128, 134–7, 340–1
亜鉛 275, 303, 317, 320, 327
アクショーノフ，ニコライ 160–2, 349
アクチニウム 92–3
アクチノイド 92, 94–5, 102, 115, 171, 288, 346
アスタチン 37, 59, 97
アベルソン，フィル 48, 52–3, 87, 311
アメリシウム 102, 108–9, 114–5, 261
アルゴン 211
アルゴンヌ研究所 105, 124–7, 148
アルバレス，ルイス 47–8, 54, 87, 100, 128, 164, 247
アルファ壊変 34–5
アルミニウム 35, 148
アルムブルスター，ペーター 223, 234, 258, 273–4
安定の島 186–8
ウィグナー，ユージン 69–70, 186
ウィルキンソン，デニス 243, 245
ウラン 28, 37, 43–4, 52–3, 58–60, 64, 71–2, 121, 173, 188, 226, 230, 311, 324, 342
エスコラ夫妻 204–5, 212

キット・チャップマン（Kit Chapman）
英国のフリーランス科学ジャーナリスト。1983年サウサンプトン生まれ。『ネイチャー』、『ニューサイエンティスト』、『デイリーテレグラフ』などの誌紙に寄稿し、テレビ・ラジオにレギュラー出演中。2006年ブラッドフォード大学修士課程（薬学）修了。2020年にサンダーランド大学で博士号（科学史・科学哲学）を取得。本書は著者初のノンフィクション作品で、いま2冊目の*Racing Green*を執筆中。

渡辺　正（わたなべ・ただし）
1948年鳥取県生まれ。1976年東京大学大学院博士課程修了（工学博士）。1992年同大学教授、2012年定年退職（名誉教授）。2012～21年東京理科大学教授。専門は物理化学・環境科学・理科教育。著訳書に『教養の化学』（東京化学同人）、『「地球温暖化」狂騒曲』（丸善出版）、『交響曲第6番「炭素物語」』（化学同人）、『フォン・ノイマンの生涯』（筑摩書房）など約190点がある。

Superheavy: Making and Breaking the Periodic Table by Kit Chapman

This translation is published by Hakuyo-sha by arrangement with Bloomsbury Publishing Plc through Tuttle-Mori Agency, Inc.

元素《げんそ》創造《そうぞう》　93～118番元素をつくった科学者たち

二〇二一年八月二十四日　第一版第一刷発行

著者　キット・チャップマン

訳者　渡辺《わたなべ》　正《ただし》

発行者　中村幸慈

発行所　株式会社　白揚社　© 2021 in Japan by Hakuyosha
東京都千代田区神田駿河台一―七　郵便番号一〇一―〇〇六二
電話（03）五二八一―九七七二　振替〇〇一三〇―一―二五四〇〇

装幀
地図　尾崎文彦（株式会社トンプウ）

印刷所　株式会社　工友会印刷所

製本所　牧製本印刷株式会社

ISBN978-4-8269-0230-4